高职高专电气工程类专业系列教材

电机及拖动(第二版)

主　编　马爱芳　刘娇娇
主　审　丁官元

U0302767

华中科技大学出版社
中国·武汉

内 容 提 要

此次修订增加了同步电动机的电力拖动等内容,另外对磁场分析、繁杂的公式推导等进行了删减。全书共分 7 章,主要内容有变压器、三相异步电动机、异步电动机的电力拖动、同步电机及同步电动机的电力拖动、直流电机及直流电动机的电力拖动、控制电机、电力拖动系统中电动机的选择等。

本教材的特点是注重定性分析和物理意义的阐述,在阐述物理意义的基础上给出公式,减少繁杂的公式推导;各章后面附有小结、典型例题、思考题及习题,供学生复习和练习,引导学生掌握本课程的主要内容,并培养学生解决工程实际问题的能力。

图书在版编目(CIP)数据

电机及拖动/马爱芳,刘娇娇主编.—2 版.—武汉:华中科技大学出版社,2018.2
ISBN 978-7-5680-3803-4

Ⅰ.①电… Ⅱ.①马… ②刘… Ⅲ.①电机-高等学校-教材 ②电力传动-高等学校-教材
Ⅳ.①TM3 ②TM921

中国版本图书馆 CIP 数据核字(2018)第 028320 号

电机及拖动(第二版)
Dianji ji Tuodong

马爱芳 刘娇娇 主编

策划编辑:谢燕群
责任编辑:谢燕群
封面设计:原色设计
责任校对:曾 婷
责任监印:周治超
出版发行:华中科技大学出版社(中国·武汉)   电话:(027)81321913
         武汉市东湖新技术开发区华工科技园   邮编:430223
录   排:武汉市洪山区佳年华文印部
印   刷:武汉科源印刷设计有限公司
开   本:710mm×1000mm 1/16
印   张:18.25
字   数:376 千字
版   次:2018 年 2 月第 2 版第 1 次印刷
定   价:39.80 元

第 2 版前言

本书是在 2009 年第 1 版基础上修订而成的。"电机及拖动"是高等职业技术学院供用电技术、电气自动化技术和机电一体化技术等专业学生必修的一门主干课程。

根据高职教育的特点和要求,结合当前学生的文化基础,正确处理知识传授和能力培养之间的关系编写了本书。在保留课程体系的同时,注意吸收新的科技成果,注重加强基本概念、基本分析方法和基本技能的培养和训练。在内容叙述上,力求通俗易懂,由浅入深地阐明问题。对于一些理论性较强的内容,以定性分析为主,使教材易教易学。

本书将电机学、电力拖动、控制电机等课程有机地结合在一起,编写的重点放在使用较多的电机上。全书共分 7 章,主要内容有变压器、三相异步电动机、异步电动机的电力拖动、同步电机及同步电动机的电力拖动、直流电机及直流电动机的电力拖动、控制电机与电力拖动系统中电动机的选择等。此次修订增加了全密封变压器、三相异步电动机软启动、同步电动机的电力拖动等内容,另外对磁场分析、繁杂的公式推导等进行了删减。本书特点如下:

(1) 在内容的叙述上,强调电机的结构、工作原理、主要性能和实际应用意义。

(2) 对理论的分析采用淡化的手段,采用图解图示方法,并强调基本理论的实际应用。

(3) 对内容进行了较大的改动,删除了陈旧过时、偏多、偏深的内容,努力反映新技术、新元件。

(4) 加强定性分析和物理意义的阐述,在阐述物理意义的基础上给出公式,减少繁杂的公式推导。

(5) 书中有典型例题,各章后面附有小结、思考题及习题供学生复习和练习。题目具有典型性、规范性、启发性,能引导学生掌握本课程的主要内容,并培养学生解决工程实际问题的能力。

本书的绪论、第 1、4 章由马爱芳编写,第 2、3 章由陈小梅编写,第 5 章由刘姣姣编写,第 6、7 章由毛晓英编写。由马爱芳和刘姣姣担任主编,丁官元担任主审。

在编写本书时,参阅了许多同行专家编著的教材和资料,得到了不少启发和教益,在此向他们致以诚挚的谢意!

由于编者水平有限,书中难免存在错误和不足之处,敬请读者指正。

第1版前言

"电机及拖动"是高等职业技术学院供用电技术、电气自动化技术和机电一体化技术等专业学生必修的一门主干课程。我们根据高职教育的特点和要求,结合当前学生的文化基础,正确处理知识传授和能力培养之间的关系编写本书。在保留课程体系的同时,注意吸收新的科技成果,注重加强基本概念、基本分析方法和基本技能的培养和训练。在内容叙述上,力求通俗易懂,由浅入深地阐明问题。对于一些理论性较强的内容,以定性分析为主,使教材易教易学。

本书将电机学、电力拖动、控制电机等课程有机地结合在一起,编写的重点放在使用较多的电机上。全书共分九章,主要包括直流电机、直流电动机的电力拖动、变压器、三相异步电动机、异步电动机的电力拖动、同步电机、控制电机、电力拖动系统中电动机的选择等内容。

本书特点如下:

1. 在内容的叙述上,强调电机的结构、工作原理、主要性能和实际应用意义。

2. 对理论的分析采用淡化的手段,采用图解图示方法,并强调基本理论的实际应用。

3. 内容上进行了较大的改动,删除了陈旧过时、偏多、偏深的内容,努力反映新技术、新元件。

4. 加强定性分析和物理意义的阐述,在阐述物理意义的基础上给出公式,减少繁杂的公式推导。

5. 书中有典型例题,各章后面附有小结、思考题及习题,供学生复习和练习。题目具有典型性、规范性、启发性,能引导学生掌握本课程的主要内容,并培养学生解决工程实际问题的能力。

本书由湖北水利水电职业技术学院马爱芳副教授主编,其中第1、2、3、7章马爱芳编写,第4、5、6章由陈小梅编写,第8、9章由毛晓英编写。全书由马爱芳统稿审定。

本书在编写时,参阅了许多同行专家编著的教材和资料,得到了不少启发和教益,在此向编著者致以诚挚的谢意!

由于编者水平有限,书中难免存在错误和不足之处,敬请读者指正。

目　　录

绪　　论

1. 电机的定义和分类

1）电机的定义

电机是生产、传输、分配和使用电能的主要设备。它以电磁感应和电磁力定律为基本工作原理，是工业、农业、交通运输业和家用电器等各个行业的重要设备，对国民经济发展起着重要作用。

电机是进行电能的传递或机电能量转换的设备，电机只能转换或传递能量，它本身不是能源。所以，电机在能量转换过程中必须保持能量守恒原则，也就是说，要电机输出能量就一定要先给电机输入能量，它不能自行产生能量。

2）分类

在实际生产应用中，有许许多多的各种类型的电机。这些电机可以按不同的方法进行分类。如：按电流的种类来分，有交流电机和直流电机；按电机职能分，有变压器、发电机、电动机、控制电机。现将主要应用的各种电机，归纳如下：

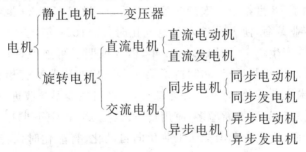

发电机把机械能转换成电能，即发电；变压器升高或降低电压，实现电能的传递；电动机把电能转换成机械能，拖动各种生产机械设备运转。

2. 电机在国民经济中的作用

电能是现代生产和人们生活最主要的能源，而电能的生产、输送、转换及使用过程中的核心设备就是电机，它不仅是工业、农业、交通运输业、国防工业、IT 技术产业的重要设备，而且在日常生活中的应用也越来越广泛。

人类早期使用的原动力是畜力、水力和风力，后来发明了蒸汽机、柴油机、汽油机，十九世纪发明了电动机。电动机有以下优点：

（1）电机的效率高，运行经济；

（2）电能的传输和分配比较方便；

（3）电能容易控制。

用电动机拖动各种生产机械运转就是电力拖动,如图 0-1 所示。

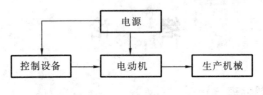

图 0-1 电力拖动系统

在现代工、农业生产和交通运输中,需要使用各种各样的生产机械。由于电力拖动控制简单、方便、经济,能实现远距离控制,并能实现自动调节的功能,因此大多数生产机械都采用电力拖动。

让电机运转需要电能,而电能主要来自发电机。为了经济地传输和分配电能就需要变压器,可见,变压器和发电机是电力工业的主要设备。各类电动机则是工业企业中用以拖动各类机械设备的动力之源。另外随着自动化程度的不断提高,自动控制技术得到空前的发展,出现了各种各样的控制电机,各种微特电机广泛地应用在自动控制领域,作为检测、转换、执行等元件。此外,在文教、医疗卫生、信息产业及日常生活中,电机的应用将会愈加广泛。

3. 电机的发展概况

蒸汽机启动了 18 世纪第一次产业革命以后,19 世纪末到 20 世纪上半叶电机又引发了第二次产业革命,使人类进入了电气化时代。1831 年,法拉第发现了电磁感应现象,为电机的产生奠定了基础;1833 年,楞次证明了可逆原理;1889 年,多里-多勃罗沃尔斯基提出三相制,设计和制造了第一台三相变压器和三相异步电动机。从此以后,电机技术不断发展和完善,如冷却技术、材料性能不断改进,电机的容量不断增大,性能不断提高,类型不断增多,应用日益广泛。20 世纪下半叶的信息技术引发了第三次产业革命,使生产和消费从工业化向自动化、智能化时代转变,推动了新一代高性能电机驱动系统与伺服系统的研究与发展。

电机的发展也伴随着电力拖动技术的发展而发展。电力拖动的任务就是电动机拖动生产机械装置进行启动、运行、调速、制动等工作,因此电动机是电力拖动的关键。

电动机出现后,电力拖动大量替代了蒸气和水力拖动。最初为"组拖动系统",一台电机拖动一组生产机械,通过大量的轴传动、皮带传动实现能量从电动机到机械装置的传递。20 世纪 20 年代以来,大量采用"单电动机拖动系统",一台电机拖动一台生产机械,便于通过对电动机的控制来实现对机械装置的电气控制,从而实现生产自动化。20 世纪 30 年代,随着生产机械装置的日益复杂,一台生产机械装置为完成复杂的工作往往有许多运动部件,因此,使用"多电动机拖动系统",即在一个机械装置中,每个部件的每个传动工作或运动方式均由一台电机驱动,使得传动机构大大减少,从而简化机械系统,提高传动效率。

近年来,随着计算机技术、微电子技术、电力电子技术、现代控制技术以及网络通信等新技术的发展和广泛应用,自动化元件和控制技术不断发展,通过对每台电机的控制就可对机械装置的每个工作动作进行电气控制,实现生产过程自动化。

4. 我国电机工业发展概况

解放前的电机工业极端落后,我国仅几个城市有电机制造厂。解放后,电机工业发展很快,第一个五年计划结束时,年产量和单机容量都较解放前提高了几十倍。改革开放以来,我国电机工业在引进、吸收和消化国外先进技术的基础上对原有电机进行了优化设计,使电机性能大大提高,并相继研制和开发了多种新系列电机,不仅满足了国内生产需要,而且向国外出口。目前我国已开发制成 125 个系列,900 多个品种,几千种规格的各种电机。

电机工业发展趋势是电子与电机工业结合,开展新原理、新结构、新材料电机的研究与研制工作。

5. 本课程的性质和内容

"电机及拖动"这门课程是电气自动化技术、电气技术、供用电技术、机电一体化技术等专业的一门主干课程。它既是一门基础课,又是一门专业课。同时电机确实是应用广泛的重要设备,是学生今后的工作对象。

本课程主要讲述电机的基本理论及其在电力拖动系统中的应用,包括变压器、交流电机及拖动、直流电机及拖动、控制电机及电力拖动系统中电动机的选择等几部分内容。

在学习了本课程后,应掌握直流电机、变压器、异步电机、同步电机的基本结构、工作原理、电磁过程、基本方程、等效电路等内容。学习电力拖动部分时主要掌握直流电动机、异步电动机的各种机械特性、电动机的起动、调速、制动运行的特性分析及其相关计算等内容。掌握选择电机的原理与方法。了解电机与电力拖动系统的实验方法与发展方向。

"电机及拖动"这门课程为学生学习后续课程"自动控制系统"、"电气与 PLC 控制技术"、"交直流调速与变频技术"等作好准备,为掌握本专业知识和日后工作打下必要的理论基础。

6. 本课程的特点及学习方法

本程课既是一门理论性很强的专业基础课,又具有专业课的性质。不仅有理论的分析推导、电磁的抽象描述,还要用理论知识去分析工程实际问题。

本课程的学习方法:

(1) 注意对基本原理的掌握和基本概念的理解。

(2) 本书每一章的小结中均列出了重点和要点,注意对这些知识点的学习,建立较系统的知识体系。

（3）注意进行比较,比如对变压器、异步电机和同步电机的相关比较,以准确把握相关基本概念、明确各类电机特点,有利于电机理论系统化。

（4）注意与实践的结合,运用相关的知识要点解释和解决具体的生活、生产中的电机问题。

7. 本课程常用的基本定律

1）全电流定律

电流的周围存在着磁场,即磁场总是伴随着电流而存在,而电流则永远被磁场所包围。

$$\oint H \cdot \mathrm{d}l = \sum I$$

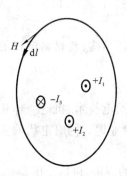

电流磁场的方向由安培定则(右手螺旋定则)来判定。

（1）直线电流的磁场:用右手握直导体,拇指的方向指向电流方向,弯曲四指的指向即为磁场方向。

（2）环形电流的磁场:用右手握螺线管,弯曲四指表示电流方向,则拇指所指方向就是磁场方向。

2）电磁感应定律

无论何种原因使与闭合线圈交链的磁链 ψ 随着时间 T 的变化而变化时,线圈中将会产生感应电动势 e,即法拉第电磁感应定律。

（1）变压器电动势:线圈不动,穿过线圈的磁通 Φ 发生变化,这样在线圈内将产生感应电动势,其大小与线圈的匝数和磁通变化率成正比,方向由楞次定律决定。

对于 N 匝线圈,设通过线圈的磁通量为 Φ,其感应电势为

$$e = -N\frac{\mathrm{d}\Phi}{\mathrm{d}t}$$

线圈中感应电势的大小取决于线圈中磁通的变化率,而不取决于线圈中磁通本身的大小。

（2）切割(运动)电动势:磁通不变,线圈上的导体运动,使得穿过线圈的磁通随着时间的变化而变化。此时的感应电势叫做切割电动势。

对于在磁场中切割磁力线的直导体来说,计算感应电势的具体公式为

$$e = Blv\sin\alpha$$

直导体中的感应电动势的方向可用右手定则来判断,具体方法是:伸平右手,拇指与其余四指垂直,让磁力线穿过手心,当拇指指向表示导体运动方向时,四指的方向便是感生电动势的方向。

3）电磁力定律

载流导体在磁场中所受到的作用力称为电磁力。实验证明,电磁力的大小与导

体中通过的电流强度成正比,与导体的有效长度成正比,并与载流导体所在位置的磁感应强度成正比。即

$$f = Bil$$

在旋转电机中,作用在转子载流导体上的电磁力将使转子受到一个力矩,我们称之为电磁转矩。电磁转矩是电机实现机电能量转换的重要物理量。

载流导体在磁场中所受到的作用力的方向与磁力线的方向及电流方向有关,可以用左手定则来判定:将左手伸平,拇指与四指垂直,让磁力线垂直穿过手心,四指指向电流方向,则拇指所指方向就是导体受力方向。

4)电路定律

(1)欧姆定律:$U = IR$。

(2)基尔霍夫第一定律(电流定律):$\sum I = 0$。

(3)基尔霍夫第二定律(电压定律):在电路中,对任一回路,沿回路环绕一周,回路内所有电动势的代数和等于所有电压降的代数和,即

$$\sum e = \sum u$$

5)磁路及磁路定律

无论是静止的电机还是旋转的电机,磁场是电机必不可缺的工作环境。电流在它周围的空间建立磁场,磁场的分布我们常用一些闭合的磁力线来描述。

电路:电流流过的路径我们称之为电路。

磁路:磁力线所经过的路径称为磁路。

磁路欧姆定律

$$\Phi = \frac{Ni}{l/\mu S} = \frac{F}{R_{\mathrm{m}}}$$

它与电路欧姆定律相似,磁通 Φ 相当于电流 i,磁通势 Ni 相当电动势 E,磁阻 R_{m} 相当电阻 R。

$$R_{\mathrm{m}} = l/\mu S$$

可见,当铁芯的几何尺寸一定时,磁导率越大,则磁阻越小。因此,铁芯的磁阻很小。如果要获得一定的磁通,为了减小磁通势,应尽量选用高磁导率的铁磁材料做铁芯,而且尽可能缩短磁路中不必要的气隙长度。原因是空气磁导率小,磁阻大。

6)磁化与磁性材料

当把一根铁棒插入原来不能吸引铁屑的载流线圈中时,我们就会发现铁屑被吸引。这是铁棒被磁化的缘故。使原来没有磁性的物质具有磁性的过程称为磁化。凡是铁磁材料都能被磁化。铁磁材料有如下性质:

(1)能被磁体吸引。

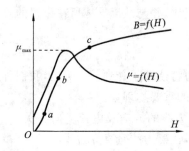

（2）能被磁化并且有剩磁和磁滞损耗。

（3）磁导率不是常数，每种铁磁材料都有一个最大值。

（4）磁感应强度有一个饱和值。

铁磁材料有软磁材料、硬磁材料和矩磁材料三种。硅钢片、纯铁属软磁材料，常用来做电机的铁芯。钨钢、钴钢属硬磁材料，常用来做各式永久磁铁。矩磁材料主要用来做记忆元件。

第1章 变 压 器

学习目标

1. 了解变压器的种类和用途,掌握变压器的基本工作原理。
2. 掌握变压器各主要部件的结构及其作用,了解变压器的冷却方式。
3. 理解变压器铭牌数据的含义,熟悉额定值之间的换算。
4. 理解变压器空载、负载运行的物理过程,理解空载电流和空载损耗意义。
5. 理解变压器空载、负载运行时的基本方程、等值电路及相量图。
6. 掌握变压器空载、短路、负载试验方法,初步学会变压器参数的计算。
7. 了解变压器外特性与效率特性,掌握变压器运行特性的分析与计算。
8. 掌握三相变压器绕组的连接方法,理解常用连接组别的含义。
9. 初步学会变压器连接组别的实验判定方法。
10. 理解三相变压器并联运行的意义,掌握并联运行的条件。
11. 了解三绕组变压器、自耦变压器的用途、结构特点及工作原理。

变压器是一种静止的电器。它通过线圈间的电磁感应作用,可以把一种电压等级的交流电能转换成同频率的另一种电压等级的交流电能。

1.1 变压器的基本知识和结构

1.1.1 变压器的基本知识

1. 变压器的基本工作原理

变压器是利用电磁感应原理工作的,图 1-1 所示为其工作原理示意图。在一个闭合的铁芯上套有两个绕组,这两个绕组具有不同的匝数且互相绝缘,两绕组间只有

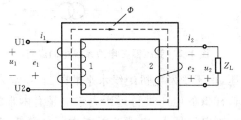

图 1-1 变压器工作原理示意图

磁的耦合而没有电的联系。其中,接于电源侧的绕组称为原绕组或一次绕组,一次绕组各量用下标"1"表示;用于接负载的绕组称为副绕组或二次绕组,二次绕组各量用下标"2"表示。

若将绕组 1 接到交流电源上,绕组中便有交流电流 i_1 流过,在铁芯中产生交变磁通 Φ,与外加电压 u_1 具有相同频率,且与原、副绕组同时交链,分别在两个绕组中感应出同频率的电动势 e_1 和 e_2。

$$e_1 = -N_1 \frac{\mathrm{d}\Phi}{\mathrm{d}t}$$

$$e_2 = -N_2 \frac{\mathrm{d}\Phi}{\mathrm{d}t} \tag{1-1}$$

式中:N_1——原绕组匝数;N_2——副绕组匝数。

若把负载接于绕组 2,在电动势 e_2 的作用下,就能向负载输出电能,即电流 i_2 将流过负载,实现了电能的传递。

由式(1-1)可知,原、副绕组感应电动势的大小正比于各自绕组的匝数,而绕组的感应电动势又近似于各自的电压,因此,只要改变一次或二次绕组的匝数比,就能达到改变电压的目的,这就是变压器的工作原理。

2. 变压器的应用与分类

1) 应用

在电力系统中,变压器是输配电能的主要电气设备。其应用如图 1-2 所示。

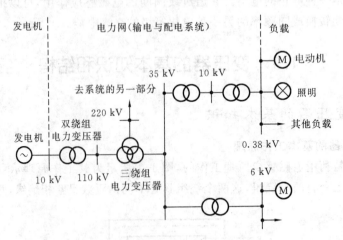

图 1-2　变压器在电力系统中的应用

发电机输出的电压,由于受发电机绝缘水平的限制,通常为 6.3 kV、10.5 kV,最高不超过 27 kV。用这样低的电压进行远距离输电是有困难的,因为当输送一定功率的电能时,电压越低,则电流越大,电能有可能大部分消耗在输电线上。为此需要采用高压输电,即用升压变压器把电压升高到输电电压,如 110 kV、220 kV 或

500 kV 等,以降低输送电流,因而线路上的电压降和功率损耗明显减小,线路用铜量也可减少,节省投资费用。一般来说,输电距离越远,输送功率越大,则要求的输电电压越高。输电线路将几万伏或几十万伏高电压的电能输送到负荷区后,由于受用电设备绝缘及安全的限制,必须经过降压变压器将高电压降低到适合于用电设备使用的低电压。通常大型动力设备采用 6 kV 或 10 kV,小型动力设备和照明则为 380/220 V。为此,在供、用电系统中需要大量的降压变压器,将输电线路输送的高电压变换成各种不同等级的低电压,以满足各类负荷的需要。因此变压器在电力系统中得到广泛应用。变压器的安装容量可达发电机总装机容量的 6~8 倍,因此变压器对电力系统有着极其重要的意义。

用于电力系统升、降电压的变压器称为电力变压器。另外,变压器的用途还很多,如用于测量系统中的仪用互感器,用于实验室调压的自耦调压器。

2) 分类

为适应不同的使用目的和工作条件,变压器种类很多,因此变压器的分类方法有多种,通常可按用途、绕组数目、相数、铁芯结构、调压方式和冷却方式等划分类别。

(1) 按用途分有电力变压器(如升压变压器、降压变压器、配电变压器、联络变压器等)和特种变压器(如试验用变压器、仪用变压器、电炉变压器、电焊变压器和整流变压器等)。

(2) 按绕组数目分有单绕组(自耦)变压器、双绕组变压器、三绕组变压器和多绕组变压器。

(3) 按相数分有单相变压器、三相变压器和多相变压器。

(4) 按铁芯结构分有心式变压器和壳式变压器。

(5) 按调压方式分有无励磁调压变压器和有载调压变压器。

(6) 按冷却介质和冷却方式分有干式变压器、油浸变压器(包括油浸自冷式、油浸风冷式、油浸强迫油循环式和强迫油循环导向冷却式)和充气式冷却变压器。

1.1.2 变压器的基本结构

变压器的基本结构部件有铁芯、绕组、油箱、冷却装置、绝缘套管和保护装置等如图 1-3 所示。

1. 铁芯

铁芯是变压器的主磁路,又是它的支撑骨架。铁芯由铁芯柱和铁轭两部分组成,铁芯柱上套装绕组,铁轭的作用则是使整个磁路闭合。为了提高磁路的导磁性能和减少铁芯中的磁滞和涡流损耗,铁芯用厚 0.35 mm、表面涂有绝缘漆的硅钢片叠成。

叠片式铁芯的结构型式有心式和壳式两种。心式铁芯结构的变压器,其铁芯被绕组包围着,如图 1-4 所示。心式变压器的结构简单,绕组的装配及绝缘设置也较容易,国产电力变压器铁芯主要用心式结构。壳式铁芯结构的变压器,它的特点是铁芯

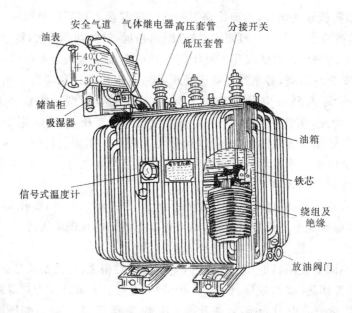

图 1-3 油浸电力变压器结构示意图

包围线圈,如图 1-5 所示。壳式变压器的机械强度好,但制造复杂、铁芯材料消耗多,只在一些特殊变压器(如电炉变压器)中采用。

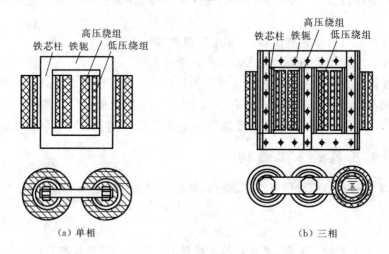

(a) 单相　　　　　　　　　　　　　　　(b) 三相

图 1-4 心式变压器结构

叠片式铁芯的装配一般均采用交迭式叠装,使上、下层的接缝错开,减小接缝间隙以减小励磁电流。当采用冷轧硅钢片时,由于冷轧硅钢片顺碾压方向的导磁系数高,损耗小,故用斜切钢片的叠装方法,如图 1-6 所示。

叠装好的铁芯的铁轭用槽钢(或焊接夹)及螺杆固定。铁芯柱则用环氧无纬玻璃

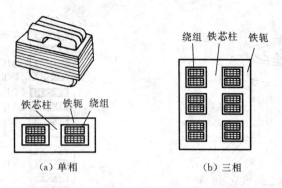

（a）单相　　　　　（b）三相

图 1-5　壳式变压器结构

丝粘带绑扎。铁芯柱的截面在小容量变压器中常采用方形或矩形,大型变压器为充分利用线圈内圆空间而常采用阶梯形截面。当铁芯柱直径超过 380 mm 时,还设有冷却油道。铁轭的截面有矩形及阶梯形的,铁轭的截面通常比铁芯柱大 5 ％～10 ％,以减少空载电流和损耗。

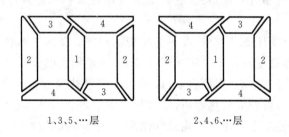

1、3、5、…层　　　　　2、4、6、…层

图 1-6　斜切钢片的叠装法

　　近年来,出现了一种渐开线形铁芯变压器。它的铁芯柱硅钢片是在专门的成型机上采用冷挤压成型方法轧制的,铁轭则是由同一宽度的硅钢带卷制而成,铁芯柱按三角形方式布置,三相磁路完全对称,如图 1-7 所示。渐开线形铁芯变压器的主要优点在于节省硅钢片、便于生产机械化和减少装配工时。

　　2. 绕组

　　绕组是变压器的电路部分,它一般用绝缘铜线或铝线绕制而成。根据高、低压绕组在铁芯柱上排列方式的不同,变压器的绕组可分为同心式和交叠式两种。同心式的高、低压绕组同心地套在铁芯柱上,如图 1-4 所示。为了便于绝缘,通常低压绕组靠近铁芯,高压绕组放在外面,中间用绝缘纸筒隔开。这种绕组结构简单,制造方便。国产电力变压器均采用此种线圈。

　　交叠式绕组的高低压绕组交替地套在铁芯柱上,如图 1-8 所示。这种绕组都做成饼式,高、低压绕组之间的间隙较多,绝缘比较复杂,但这种绕组的漏电抗小、引线方便、机械强度好,主要用在电炉和电焊等特种变压器中。

图 1-7　渐开线形铁芯

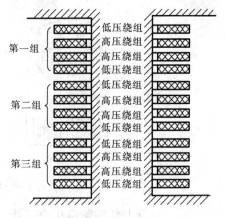

图 1-8　交叠式绕组

3. 油箱和冷却装置

油浸变压器的器身浸在充满变压器油的油箱里。变压器油既是绝缘介质,又是冷却介质,它受热后通过对流,将铁芯和绕组的热量带到箱壁及冷却装置,再散发到周围空气中。

油箱的结构与变压器的容量、发热情况密切相关。变压器的容量越大,发热问题就越严重。在小容量变压器中采用平板式油箱;容量稍大的变压器采用排管式油箱,在油箱侧壁上焊接许多冷却用的管子,以增大油箱散热面积。若装设排管不能满足散热需要,则先将排管做成散热器,再把散热器安装在油箱上,这种油箱称为散热器式油箱。此外,大型变压器还采用强迫油循环冷却等方式,以增强冷却效果。强迫油循环的冷却装置称为冷却器,不强迫油循环的冷却装置称为散热器。

为了检修方便,变压器重量大于 15 t 时,通常将变压器做成钟罩式油箱,检修时只需把上节油箱吊起,避免了必须使用重型起重设备。图 1-9 所示为器身检修时的起吊状况。

4. 绝缘套管

变压器绝缘套管将线圈的引出线对地(外壳)绝缘,又起着固定引线的作用。套管大多数装于箱盖上,中间穿有导电杆,套管下端伸进油箱与绕组引线相连,套管上部露出箱外,与外电路连接。

套管的结构型式主要决定于电压等级。1 kV 以下采用纯瓷套管,10～35 kV 采用空心充气或充油套管,110 kV 以上的采用电容式套管。为增加表面放电距离,高压绝缘套管外部做成多级伞形。图 1-10 所示为 35 kV 充油式绝缘套管的结构示意图。

5. 分接开关

分接开关用于改变高压绕组的匝数,从而调整电压比的装置。双绕组变压器的

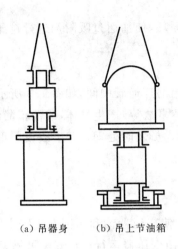

(a) 吊器身　　(b) 吊上节油箱

图 1-9　器身检修时的起吊

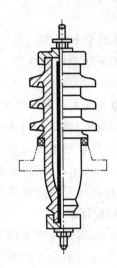

图 1-10　35 kV 充油式绝缘套管结构示意图

一次绕组及三绕组变压器的一、二次绕组一般都有 3～5 个分接头位置,相邻分接头的电压相差±5 ％,多分接头的变压器相邻分接头的电压相差±2.5 ％。

分接开关的操作部分装于变压器顶部,经传杆伸入变压器油箱内。分接开关分为两种:一种是无载分接开关;另一种是有载分接开关。后者可以在带负荷的情况下进行切换、调整电压。

6. 保护装置

1) 储油柜

储油柜又称油枕,是一种油保护装置,水平地安装在变压器油箱盖上,用弯管与油箱连通,柜内油面高度随变压器油的热胀冷缩而变动。储油柜的作用是保证变压器油箱内充满油,减少油和空气的接触面积,从而降低变压器油受潮和老化的速度。

2) 吸湿器

吸湿器又称呼吸器,通过它使大气与油枕内连通。吸湿器内装有硅胶或活性氧化铝,用于吸收进入油枕中空气的水分,以防止油受潮。

3) 安全气道

安全气道又称防爆筒或压力释放阀,装于油箱顶部,如图 1-3 所示。它是一个长钢圆筒,上端口装有一定厚度的玻璃板或酚醛纸板,下端口与油箱连通。它的作用是当变压器内部因发生故障引起压力骤增时,让油气流冲破玻璃或酚醛纸板喷出,以免造成箱壁爆裂。现在改用压力释放阀,尤其在全密封变压器中,都采用压力释放阀进行保护。动作时膜盘被顶开,释放压力;平时膜盘靠弹簧拉力紧贴阀座(密封圈),起密封作用。

4) 净油器

净油器又称热虹吸净油器,它是利用油的自然循环,使油通过吸附剂进行过滤,以改善运行中变压器油的性能。

5) 气体继电器

气体继电器又称瓦斯继电器,它装在油枕和油箱的连通管中间,如图 1-3 所示。当变压器内部发生故障(如绝缘击穿、匝间短路、铁芯事故等)产生气体,或油箱漏油使油面降低时,气体继电器动作,发出信号以便运行人员及时处理。若事故较严重,可使断路器自动跳闸,对变压器起保护作用。

此外,变压器还有测温及温度监控装置等。

7. 全密封变压器

近年来,油浸式变压器采用了全密封式的结构,使变压器油和周围空气完全隔绝,有效防止和减缓了变压器油受潮和老化的速度,使变压器运行更加安全可靠、正常运行,可以免维护。目前主要密封形式有空气密封型、充氮密封型和全充油密封型。全充油密封型变压器和普通型油浸式变压器相比,取消了储油柜,当绝缘油体积发生变化时,由波纹油箱壁或膨胀式散热器的弹性形变做补偿,解决了变压器油的膨胀问题。当变压器内部因发生故障引起压力骤增时,压力释放阀的膜盘被顶开,释放压力。膜盘平时靠弹簧拉力紧贴阀座(密封圈),起密封作用。图 1-11 所示为全密封变压器。

图 1-11 全密封变压器

8. 其他变压器

1) 干式变压器

干式变压器是指铁芯和绕组不浸渍在绝缘液体中的变压器。在结构上可分为以固体绝缘包封绕组和不包封绕组。

（1）环氧树脂绝缘干式变压器。

环氧树脂是一种早就被广泛应用的化工原料，它不仅是一种难燃、阻燃材料，而且具有优越的电气性能，已逐渐为电工制造业所采用。

用环氧树脂浇注或浸渍作包封的干式变压器称为环氧树脂干式变压器。

（2）气体绝缘干式变压器。

气体绝缘干式变压器为在密封的箱壳内充以 SF_6（六氟化硫）气体代替绝缘油，利用 SF_6 气体作为变压器的绝缘介质和冷却介质。它具有防火、防爆、无燃烧危险，绝缘性能好，与油浸变压器相比重量轻，防潮性能好，对环境无任何限制，运行可靠性高，维修简单等优点；其缺点是过载能力稍差。

气体绝缘干式变压器的结构特点：气体绝缘变压器的工作部分（铁芯和绕组）与油浸变压器的基本相同；为保证气体绝缘变压器有良好的散热性能，气体绝缘干式变压器需要适当增大箱体的散热面积，一般采用片式散热器进行自然风冷却；气体绝缘干式变压器测量温度的方式为热电偶式，同时还需要装有密度继电器和真空压力表；气体绝缘干式变压器的箱壳上还装有充/放气阀门。

（3）H 级绝缘干式变压器。

近年来除了常用的环氧树脂真空浇注型干式变压器外，又推出一种 H 级绝缘干式变压器。用做绝缘的 NOMEX 纸具有非常稳定的化学性能，可以连续耐 220 ℃ 高温，在起火情况下，具有自熄能力。即使完全分解，亦不会产生烟雾和有毒气体，它的电气强度高，介电常数较小。

2）非晶态合金铁芯变压器

变压器的运行费用除维护费外，能量损耗费占了很大的比例，特别是变压器的空载损耗（铁芯损耗）占了能量损耗的主要部分。

为了降低变压器空载损耗，采用高导磁率的软磁材料，将非晶态合金应用于变压器，制成非晶态合金铁芯变压器。非晶态合金引起的磁化性能得到改善，其 B-H 磁化曲线很狭窄，因此其磁化周期中的磁滞损耗就会大大降低。又由于非晶态合金带厚度很薄，并且电阻率高，其磁化涡流损耗也大大降低。据实测，非晶态合金铁芯的变压器与同电压等级、同容量硅钢合金铁芯变压器相比，空载损耗要低 60%～80%，空载电流可下降 80% 左右。

3）低损耗油浸变压器

（1）加强线圈层绝缘，使绕组线圈的安匝数平衡，控制绕组的漏磁道，降低杂散损耗。

（2）变压器油箱上采用片式散热器代替管式散热器，提高了散热系数。

（3）铁芯绝缘采用了整块绝缘，绕组出线和外表面加强绑扎，提高了绕组的机械强度。

1.1.3 变压器的铭牌

每台变压器上都装有铭牌,在铭牌上标明了变压器工作时的规定使用条件,主要有:型号、额定值、器身重量、制造编号和制造厂家等有关技术数据。

1. 变压器型号

变压器的型号表示一台变压器的结构、额定容量、电压等级、冷却方式等内容,如表 1-1 所示。例如,SL—500/10 表示三相油浸自冷双绕组铝线、额定容量 500 kVA、高压侧额定电压 10 kV 级电力变压器。

SFPL—63000/110 表示三相强迫油循环风冷式双绕组铝线、额定容量 63000 kVA、高压侧额定电压 110 kV 级电力变压器。

表 1-1 电力变压器分类和型号

型号中代表符号 排列顺序	分类	类别	代表符号
1	绕组耦合方式	自耦	O
2	相数	单相	D
		三相	S
3	冷却方式	油浸自冷	—
		干式空气自冷	G
		干式浇注绝缘	C
		油浸风冷	F
		油浸水冷	S
		强迫油循环风冷	FP
		强迫油循环水冷	SP
4	绕组数	双绕组	—
		三绕组	S
5	绕组导线材质	铜	—
		铝	L
6	调压方式	无励磁调压	—
		有载调压	Z

2. 额定值

额定值是制造厂根据设计或试验数据,对变压器正常运行状态所作的规定值,简介如下。

1) 额定容量 S_N

额定容量是指在额定使用条件下所能输出的视在功率,对三相变压器而言,额定容量指三相容量之和,单位为 kVA。由于变压器效率很高,双绕组变压器原、副边的额定容量按相等设计。

2) 额定电压 U_{1N}/U_{2N}

额定电压是指变压器长时间运行时所能承受的工作电压。一次额定电压 U_{1N} 是指根据绝缘强度规定加到一次侧的工作电压;二次额定电压 U_{2N} 是指变压器一次加额定电压,分接开关位于额定分接头时二次空载端电压。在三相变压器中,额定电压指的是线电压。

3) 额定电流 I_{1N}/I_{2N}

额定电流是指变压器在额定容量下,允许长期通过的电流。同样,三相变压器的额定电流也是指线电流。

额定容量、电压、电流之间的关系为

单相变压器 $$S_N = U_{1N}I_{1N} = U_{2N}I_{2N} \tag{1-2}$$

三相变压器 $$S_N = \sqrt{3}U_{1N}I_{1N} = \sqrt{3}U_{2N}I_{2N} \tag{1-3}$$

4) 额定频率 f_N

我国规定标准工频为 50 Hz。

此外,铭牌上还有效率、温升等额定值。除额定值外,铭牌上还标有变压器的相数、连接组别、阻抗电压(或短路阻抗相对值或标幺值)、接线图等。

例 1-1　一台三相油浸自冷式铝线变压器,$S_N = 200$ kVA,$U_{1N} = 10$ kV,$U_{2N} = 0.4$ kV,Y,y_n 接线,求:(1)变压器一、二次额定电流;(2)变压器原、副绕组的额定电流和额定电压。

解　(1)
$$I_{1N} = \frac{S_N}{\sqrt{3}U_{1N}} = \frac{200 \times 10^3}{\sqrt{3} \times 10 \times 10^3} \text{ A} = 11.55 \text{ A}$$

$$I_{2N} = \frac{S_N}{\sqrt{3}U_{2N}} = \frac{200 \times 10^3}{\sqrt{3} \times 0.4 \times 10^3} \text{ A} = 288.68 \text{ A}$$

(2) 由于采用 Y,y_n 接线,所以有

一次绕组的额定电压
$$U_{1N\phi} = \frac{U_{1N}}{\sqrt{3}} = \frac{10}{\sqrt{3}} \text{ kV} = 5.77 \text{ kV}$$

一次绕组的额定电流 $$I_{1N\phi} = I_{1N} = 11.55 \text{ A}$$

二次绕组的额定电压 $$U_{2N\phi} = \frac{0.4}{\sqrt{3}} \text{ kV} = 0.23 \text{ kV}$$

二次绕组的额定电流 $$I_{2N\phi} = I_{2N} = 288.68 \text{ A}$$

1.2　变压器的空载运行

电力系统中三相电压是对称的,即大小一样、相位互差 120°。三相电力变压器

每一相参数的大小是一样的。三相变压器正常运行状态是对称的。分析对称运行的三相变压器,只需分析其中一相,便可得出另外两相的情况。或者说三相变压器的一相和单相变压器的没有什么区别。因此本节单相变压器的基本方程、等效电路、相量图分析方法及其结论等完全适用于三相变压器。

1.2.1 空载运行时的电磁关系

变压器的空载运行是指变压器一次绕组接在额定频率、额定电压的交流电源上,而二次绕组开路时的运行状态。此时由于二次绕组开路,故 $\dot{I}_2 = 0$。

1. 空载运行时的物理情况

如图 1-12 所示,当一次绕组接入交流电压为 $\dot{U}_1$ 的电源后,一次绕组内便有一个交变电流 $\dot{I}_0$ 流过,此电流称为空载电流 $\dot{I}_0$。空载电流 $\dot{I}_0$ 在一次绕组中产生空载磁动势 $\dot{F} = N_1 \dot{I}_0$,它建立交变的空载磁场。通常将它分成两部分进行分析:一部分是以铁芯作闭合回路的磁通,既交链于一次绕组又交链于二次绕组,称为主磁通,用 $\dot{\Phi}_0$ 表示;另一部分只交链于一次绕组,以非磁性介质(空气或油)作闭合回路的磁通,称为一次漏磁通,用 $\dot{\Phi}_{1\sigma}$ 表示。根据电磁感应原理,主磁通 $\dot{\Phi}_0$ 将在一、二次绕组中感应主电动势 $\dot{E}_1$ 和 $\dot{E}_2$;漏磁通 $\dot{\Phi}_{1\sigma}$ 在一次绕组中感应一次漏磁电动势 $\dot{E}_{1\sigma}$。此外空载电流 $\dot{I}_0$ 还将在一次绕组产生电阻压降 $r_1 \dot{I}_0$。各电磁量的假定参考方向如图 1-12 所示。它们间的关系如下。

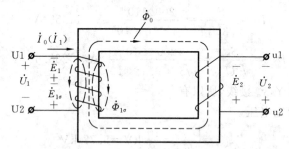

图 1-12 单相变压器空载运行示意图

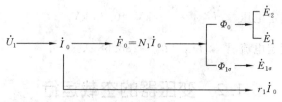

2. 主磁通和漏磁通

由于路径不同,主磁通和漏磁通有很大差异,主要反映在以下三个方面。

（1）在性质上，主磁通磁路由铁磁材料组成，具有饱和特性，Φ_0 与 I_0 呈非线性关系；而漏磁通磁路不饱和，$\Phi_{1\sigma}$ 与 I_0 呈线性关系。

（2）在数量上，因为铁芯的磁导率比空气（或变压器油）的磁导率大很多，铁芯磁阻小，所以磁通的绝大部分通过铁芯而闭合，故主磁通远大于漏磁通，主磁通一般可占总磁通的 99 % 以上，而漏磁通仅占 1 % 以下。

（3）在作用上，主磁通在二次绕组中感应电动势，若接负载，就有电功率输出，故起传递能量的媒介作用；而漏磁通只在一次绕组中感应漏磁电动势，仅起漏抗压降的作用。

3. 感应电动势分析

1）主磁通感应的电动势

设主磁通按正弦规律变化，即

$$\Phi_0 = \Phi_m \sin\omega t$$

按照图 1-12 中参考方向的规定，一、二次绕组感应电动势瞬时值为

$$e_1 = -N_1 \frac{\mathrm{d}\Phi_0}{\mathrm{d}t} = -N_1\omega\Phi_m\cos\omega t = 2\pi f N_1 \Phi_m \sin(\omega t - 90°)$$

$$= E_{1m}\sin(\omega t - 90°) \tag{1-4}$$

$$e_2 = -N_2 \frac{\mathrm{d}\Phi_0}{\mathrm{d}t} = -N_2\omega\Phi_m\cos\omega t = 2\pi f N_2 \Phi_m \sin(\omega t - 90°)$$

$$= E_{2m}\sin(\omega t - 90°) \tag{1-5}$$

一、二次感应电动势的有效值分别为

$$E_1 = \frac{E_{1m}}{\sqrt{2}} = \frac{\omega N_1 \Phi_m}{\sqrt{2}} = \frac{2\pi f N_1 \Phi_m}{\sqrt{2}} = 4.44 f N_1 \Phi_m \tag{1-6}$$

$$E_2 = \frac{E_{2m}}{\sqrt{2}} = \frac{\omega N_2 \Phi_m}{\sqrt{2}} = \frac{2\pi f N_2 \Phi_m}{\sqrt{2}} = 4.44 f N_2 \Phi_m \tag{1-7}$$

一、二次感应电动势的相量表达式为

$$\dot{E}_1 = -\mathrm{j}4.44 f N_1 \dot{\Phi}_m \tag{1-8}$$

$$\dot{E}_2 = -\mathrm{j}4.44 f N_2 \dot{\Phi}_m \tag{1-9}$$

由此可知，一、二次感应电动势的大小与电源频率、绕组匝数及主磁通最大值成正比，且在相位上滞后主磁通 90°。

2）漏磁通感应的电动势

用同样的方法可推得

$$E_{1\sigma} = \frac{2\pi}{\sqrt{2}} f N_1 \Phi_{1\sigma m} = 4.44 f N_1 \Phi_{1\sigma m} \tag{1-10}$$

$$\dot{E}_{1\sigma} = -\mathrm{j}4.44 f N_1 \dot{\Phi}_{1\sigma m} \tag{1-11}$$

式（1-11）也可用电抗压降的形式来表示，即

$$\dot{E}_{1\sigma} = -j\frac{2\pi}{\sqrt{2}}f\frac{N_1\dot{\Phi}_{1\sigma m}}{\dot{I}_0}\dot{I}_0 = -j2\pi fL_{1\sigma}\dot{I}_0 = -j\dot{I}_0 x_1 \tag{1-12}$$

式中：$L_{1\sigma} = \dfrac{\Psi_{1\sigma}}{I_0} = \dfrac{N_1\Phi_{1\sigma}}{I_0}$，称为一次绕组的漏感系数；$x_1 = 2\pi fL_{1\sigma}$，称为一次绕组漏电抗。

因漏磁通主要经过非铁磁路径，磁路不饱和，故磁阻很大且为常数，漏电抗 x_1 很小也为常数，它不随电源电压及负载情况而变。

1.2.2　空载电流和空载损耗

1. 空载电流

1）空载电流的作用与组成

变压器的空载电流 $\dot{I}_0$ 包含两个分量：一个是励磁分量，其作用是建立主磁通 Φ_0，其相位与主磁通 Φ_0 的相位相同，为一无功电流，用 $\dot{I}_{0r}$ 表示；另一个是铁损耗分量，其作用是供给主磁通在铁芯中交变时产生磁滞损耗和涡流损耗（统称为铁耗），此电流为一有功分量，用 $\dot{I}_{0a}$ 表示。空载电流 $\dot{I}_0$ 可写成

$$\dot{I}_0 = \dot{I}_{0a} + \dot{I}_{0r} \tag{1-13}$$

2）空载电流的性质和大小

电力变压器空载电流的无功分量总是远远大于有功分量，故变压器空载电流可近似认为是无功性质的。即 $I_{0r} \gg I_{0a}$，当忽略 I_{0a} 时，则 $I_0 \approx I_{0r}$。故有时把空载电流近似称为励磁电流。空载电流越小越好，其大小常用百分值 $I_0\%$ 表示，即

$$I_0\% = \frac{I_0}{I_N} \times 100\% \tag{1-14}$$

一般的电力变压器，采用导磁性能良好的硅钢片，$I_0\% = 0.5\% \sim 3\%$，容量越大，I_0 相对越小，大型变压器的 $I_0\%$ 在 1% 以下。

3）空载电流的波形

空载电流波形与铁芯磁化曲线有关，由于磁路的饱和，空载电流 I_0 与由它所产生的主磁通呈非线性关系。由图 1-13 可知，当磁通按正弦规律变化时，受磁路饱和的影响，空载电流呈尖顶波形。尖顶波的空载电流除基波分量外，三次谐波分量为最大。

从上述分析可知，实际的空载电流并不是正弦波形，但为了分析、测量和计算的方便，在相量图和计算式中，均用等效正弦电流来代替实际的空载电流。

2. 空载损耗

变压器空载运行时，一次绕组从电源中吸取了少量的电功率 p_0，这个功率主要用来补偿铁芯中的铁损耗 p_{Fe} 及少量的绕组铜损耗 $r_1 I_0^2$。由于 I_0 和 r_1 均很小，故 $p_0 \approx p_{Fe}$，即空载损耗可近似等于铁损耗。这部分功率变为热能散发至周围。

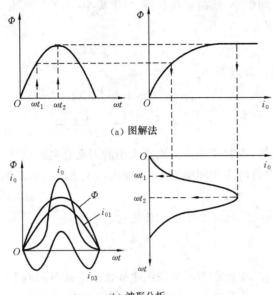

(a) 图解法

(b) 波形分析

图 1-13　空载电流波形

对于已制成的变压器，p_{Fe} 可用试验方法测得，也可用如下的经验公式计算，即

$$p_{Fe} = p_{1/50} B_m^2 \left(\frac{f}{50} \right)^{1.3} G \tag{1-15}$$

式中：$p_{1/50}$——频率为 50 Hz、最大磁通密度为 1 T 时，每千克材料的铁芯损耗（可从有关材料性能数据中查得）；

　　　G——铁芯质量（kg）。

从式(1-15)可知，铁损耗与材料性能、铁芯中最大磁通密度、交变频率及铁芯质量等有关。

对于电力变压器来说，空载损耗不超过额定容量的 1 %，而且随变压器容量的增大而下降。由于电力变压器在电力系统中的使用量大，且常年接在电网上，所以减少空载损耗具有重要意义。

1.2.3　空载时的电动势方程、等效电路和相量图

1. 电动势平衡方程式和变比

1) 电动势平衡方程

根据基尔霍夫第二定律，由图 1-12 得

$$\dot{U}_1 = -\dot{E}_1 - \dot{E}_{1\sigma} + r_1 \dot{I}_0 = -\dot{E}_1 + r_1 \dot{I}_0 + jx_1 \dot{I}_0 = -\dot{E}_1 + Z_1 \dot{I}_0 \tag{1-16}$$

式中：$Z_1 = r_1 + jx_1$，为一次绕组的漏阻抗。

由于 I_0 和 Z_1 均很小,故漏阻抗压降 $Z_1 I_0$ 更小($<0.5 \% U_{1N}$),分析时常忽略不计,式(1-16)可变成

$$\dot{U}_1 \approx -\dot{E}_1 \tag{1-17}$$

把式(1-17)改写成有效值为

$$U_1 \approx E_1 = 4.44 f N_1 \Phi_m$$

则

$$\Phi_m = \frac{E_1}{4.44 f N_1} \approx \frac{U_1}{4.44 f N_1} \tag{1-18}$$

由式(1-18)可知,影响变压器主磁通大小的因素有电源电压 U_1 和频率 f_1,还有结构因素 N_1。当电源电压和频率不变时,变压器主磁通大小基本不变。

2)变比

变比 k 定义为一、二次绕组主电动势之比,即

$$k = \frac{E_1}{E_2} = \frac{N_1}{N_2} \approx \frac{U_1}{U_{20}} = \frac{U_{1N}}{U_{2N}} \tag{1-19}$$

由式(1-19)可知,变比亦为两侧绕组匝数比或空载时两侧电压之比。

对三相变压器,变比是指一、二次侧相电动势之比,也就是一、二次侧额定相电压之比。而三相变压器的额定电压是指线电压,故其变比与原、副边额定电压之间的关系为

对于 Y,d 连接

$$k = \frac{U_{1N}}{\sqrt{3} U_{2N}} \tag{1-20}$$

对于 D,y 连接

$$k = \frac{\sqrt{3} U_{1N}}{U_{2N}} \tag{1-21}$$

对于 Y,y 和 D,d 连接,其关系式与式(1-19)相同。前面提到的符号 Y,y 是指三相绕组星形连接,而 D,d 则指三相绕组为三角形连接,逗号前面的大写字母表示高压绕组的接法,逗号后面的小写字母表示低压绕组的接法。

2. 空载时的等效电路

在变压器运行时,既有电路、磁路问题,又有电和磁之间的相互耦合问题,尤其当磁路存在饱和现象时,将给分析和计算变压器带来很大困难。若能将变压器运行中的电和磁之间的相互关系用一个模拟电路的形式来等效,就可以使分析与计算大为简化。所谓等效电路就是基于这一概念而建立起来的。

前已述及,空载电流 $\dot{I}_0$ 在一次绕组产生的漏磁通 $\dot{\Phi}_{1\sigma}$ 感应出一次漏磁电动势 $\dot{E}_{1\sigma}$,其在数值上可用空载电流 $\dot{I}_0$ 在漏抗 x_1 上的压降 $x_1 \dot{I}_0$ 表示。同样,空载电流 $\dot{I}_0$ 产生主磁通 $\dot{\Phi}_0$ 在一次绕组感应出主电动势 $\dot{E}_1$,它也可用某一参数的压降来表示,但交变主磁通在铁芯中还产生铁损耗,还需引入一个电阻参数 r_m,用 $r_m I_0^2$ 来反映变压器的铁损耗,因此可引入一个阻抗参数 Z_m,把 $\dot{E}_1$ 与 $\dot{I}_0$ 联系起来。此时,$-\dot{E}_1$ 可看

作空载电流 $\dot{I}_0$。在 Z_m 上的阻抗压降,即

$$-\dot{E}_1 = Z_m \dot{I}_0 = (r_m + jx_m)\dot{I}_0 \qquad (1-22)$$

式中:Z_m——励磁阻抗,$Z_m = r_m + jx_m$;

　　r_m——励磁电阻,对应于铁损耗的等效电阻;

　　x_m——励磁电抗,对应于主磁通的电抗。

把式(1-22)代入式(1-16),便得

$$\dot{U}_1 = -\dot{E}_1 + Z_1 \dot{I}_0 = Z_m \dot{I}_0 + Z_1 \dot{I}_0 = \dot{I}_0(r_1 + jx_1 + r_m + jx_m) \qquad (1-23)$$

式(1-23)对应的电路即为变压器空载时的等效电路,如图 1-14 所示。

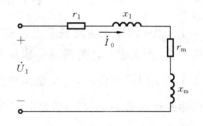

由前面分析可知,一次漏阻抗 $Z_1 = r_1 + jx_1$ 为定值。由于铁芯磁路具有饱和特性,励磁阻抗 $Z_m = r_m + jx_m$ 随着外加电压 U_1 增大而变小。在变压器正常运行时,外施电压 U_1 波动幅度不大,基本上为恒定值,故 Z_m 可近似认为是个常数。

图 1-14　变压器空载等效电路

对于电力变压器,由于 $r_1 \ll r_m$,$x_1 \ll x_m$,$Z_1 \ll Z_m$,例如,一台容量为 1 000 kVA 的三相变压器,其 $Z_1 = 2.75$ Ω,$Z_m = 2 000$ Ω,故有时可把一次漏阻抗 $Z_1 = r_1 + jx_1$ 忽略不计,则变压器空载等效电路就成为只有一个励磁阻抗 Z_m 元件的电路了。所以在外施电压一定时,变压器空载电流的大小主要取决于励磁阻抗的大小。从变压器运行的角度看,希望空载电流越小越好,因而变压器采用高导磁率的铁磁材料,以增大 Z_m,减小 I_0,提高其运行效率和功率因数。

1.3　变压器的负载运行

变压器的一次侧接在额定频率、额定电压的交流电源上,二次侧接上负载的运行状态,称为变压器的负载运行。此时,二次绕组有电流 $\dot{I}_2$ 流向负载,电能就从变压器的一次侧传递到二次侧。如图 1-15 所示。

1.3.1　负载运行时的电磁关系

变压器空载运行时,只在一次绕组中流过空载电流 $\dot{I}_0$,建立作用在铁芯上的磁动势 $\dot{F}_0 = N_1 \dot{I}_0$,它在铁芯中产生主磁通 $\dot{\Phi}_0$,而 $\dot{\Phi}_0$ 在一、二次绕组中感应主电动势 $\dot{E}_1$ 和 $\dot{E}_2$,电源电压 $\dot{U}_1$ 与一次绕组的反电动势 $(-\dot{E}_1)$ 和漏阻抗压降 $Z_1 \dot{I}_0$ 相平衡,此时变压器处于空载时的电磁平衡状态。

当变压器二次绕组接上负荷后,便有电流 $\dot{I}_2$ 流过,它将建立二次磁动势 $\dot{F}_2 =$

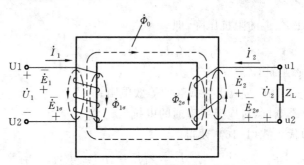

图 1-15　变压器负载运行示意图

$N_2 \dot{I}_2$，也作用于主磁路铁芯上。由于电源电压 $\dot{U}_1$ 为一常值，相应地，主磁通 Φ_0 应保持不变，产生主磁通的磁动势也应保持不变。因此，当二次磁动势力图改变铁芯中产生主磁通的磁动势时，一次绕组中将产生一个附加电流(用 $\dot{I}_{1L}$ 表示)。附加电流 $\dot{I}_{1L}$ 产生的磁动势为 $N_1 \dot{I}_{1L}$，恰好与二次磁动势 $N_2 \dot{I}_2$ 相抵消。此时一次电流就由 $\dot{I}_0$ 变成了 $\dot{I}_1 = \dot{I}_0 + \dot{I}_{1L}$，而作用在铁芯中的总磁动势即为 $N_1 \dot{I}_1 + N_2 \dot{I}_2$，它产生负载时的主磁通。

变压器负载运行时，除由合成磁动势 $\dot{F}_1 + \dot{F}_2$ 产生的主磁通在一、二次绕组中感应交变电动势 $\dot{E}_1$ 和 $\dot{E}_2$ 外，$\dot{F}_1$ 和 $\dot{F}_2$ 还分别产生只交链于各自绕组的漏磁通 $\dot{\Phi}_{1\sigma}$ 和 $\dot{\Phi}_{2\sigma}$，并分别在一、二次绕组中感应漏磁电动势 $\dot{E}_{1\sigma}$ 和 $\dot{E}_{2\sigma}$。

另外，由于绕组有电阻，一、二次绕组电流 $\dot{I}_1$ 和 $\dot{I}_2$ 分别产生电阻压降 $r_1 \dot{I}_1$ 和 $r_2 \dot{I}_2$。各电磁量之间的关系如下。

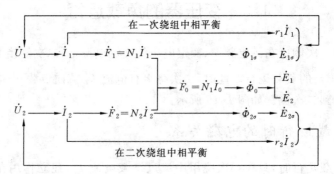

1.3.2　负载运行时的基本方程

1. 磁动势平衡方程

综上分析可知，负载时产生主磁通的合成磁动势和空载时产生主磁通的励磁磁动势基本相等，即

$$\dot{F}_1 + \dot{F}_2 = \dot{F}_0$$

或 $$N_1 \dot{I}_1 + N_2 \dot{I}_2 = N_1 \dot{I}_0 \tag{1-24}$$

将式(3-24)两边除以 N_1,便得 $\quad \dot{I}_1 + \dfrac{N_2}{N_1} \dot{I}_2 = \dot{I}_0$

改写为 $$\dot{I}_1 = \dot{I}_0 + \left(-\frac{N_2}{N_1} \dot{I}_2\right) = \dot{I}_0 + \left(-\frac{\dot{I}_2}{k}\right) = \dot{I}_1 + \dot{I}_{1L} \tag{1-25}$$

式中:$\dot{I}_{1L}$——一次绕组的负载分量电流,$\dot{I}_{1L} = -\dfrac{\dot{I}_2}{k}$。

式(1-25)表明,变压器负载运行时,一次电流 $\dot{I}_1$ 由两个分量组成:一个是励磁电流 $\dot{I}_0$,用来建立负载时的主磁通 $\dot{\Phi}_0$,它不随负载大小而变动;另一个是负载分量电流 $\dot{I}_{1L} = -\dfrac{\dot{I}_2}{k}$,用以抵消二次磁动势的作用,它随负载大小的不同而变动。这说明变压器负载运行时,通过磁势平衡关系,将一、二次电流紧密联系起来了,二次电流增加或减少的同时必然引起一次电流的增加或减少,相应地当二次输出功率增加或减少时,一次侧从电网吸取的功率必然同时增加或减少。

变压器负载运行时,由于 $I_0 \ll I_1$,故可忽略 I_0,这样一、二次侧的电流关系变为

$$\dot{I}_1 \approx -\frac{\dot{I}_2}{k}$$

或 $$\frac{I_1}{I_2} \approx \frac{1}{k} = \frac{N_2}{N_1} \tag{1-26}$$

式(1-26)表明,一、二次侧电流的大小近似与绕组匝数成反比。高压绕组匝数多,电流小;低压绕组匝数少,电流大。可见,两侧绕组匝数不同,不仅能变电压,而且也能变电流。

2. 电动势平衡方程

根据基尔霍夫第二定律,可得

对于一次侧

$$\dot{U}_1 = -\dot{E}_1 - \dot{E}_{1\sigma} + r_1 \dot{I}_1 = -\dot{E}_1 + (r_1 + jx_1)\dot{I}_1 = -\dot{E}_1 + Z_1 \dot{I}_1 \tag{1-27}$$

式中:$\dot{E}_{1\sigma}$——一次漏磁电动势,$\dot{E}_{1\sigma} = -jx_1 \dot{I}_1$;

$\quad Z_1$——一次漏阻抗,$Z_1 = r_1 + jx_1$。

对于二次侧

$$\dot{U}_2 = \dot{E}_2 + \dot{E}_{2\sigma} - r_2 \dot{I}_2 = \dot{E}_2 - \dot{I}_2(r_2 + jx_2) = \dot{E}_2 - Z_2 \dot{I}_2 \tag{1-28}$$

式中:$\dot{E}_{2\sigma}$——二次漏磁电动势,$\dot{E}_{2\sigma} = -jx_2 \dot{I}_2$;

$\quad x_2$——二次漏电抗;

$\quad Z_2$——二次漏阻抗,$Z_2 = r_2 + jx_2$。

变压器二次端电压 $\dot{U}_2$ 也可写成

$$\dot{U}_2 = Z_L \dot{I}_2 \tag{1-29}$$

式中：Z_L——负载阻抗。

综上所述,将变压器负载时的基本电磁关系归纳起来,可得以下基本方程式组,即

$$\left.\begin{array}{l} \dot{U}_1 = -\dot{E}_1 + (r_1 + \mathrm{j}x_1)\dot{I}_1 \\[2mm] \dot{U}_2 = \dot{E}_2 - (r_2 + \mathrm{j}x_2)\dot{I}_2 \\[2mm] \dot{I}_1 = \dot{I}_0 + (-\dot{I}_2/k) \\[2mm] E_1/E_2 = k \\[2mm] \dot{E}_1 = -Z_m \dot{I}_0 \\[2mm] \dot{U}_2 = Z_L \dot{I}_2 \end{array}\right\} \tag{1-30}$$

1.3.3 变压器的等效电路

变压器的基本方程反映了变压器内部的电磁关系,利用式(1-30)便能对变压器进行定量计算。一般已知外加电源电压 $\dot{U}_1$、变压器变比 k、阻抗 Z_1、Z_2 和 Z_m 及负载阻抗 Z_L,便可解出六个未知数 $\dot{I}_0$、$\dot{I}_1$、$\dot{I}_2$、$\dot{E}_1$、$\dot{E}_2$ 和 $\dot{U}_2$。但联立复数方程的求解是相当烦琐的,并且由于电力变压器的变比 k 较大,使一、二次侧的电动势、电流、阻抗等相差很大,计算时精确度降低,也不便于比较,特别是画相量图更是困难。为此希望用一个纯电路来代替实际变压器,这种电路称为等效电路。要想得到等效电路,首先就要对变压器进行折算。

1. 折算

负载时变压器有两个独立的电路,相互间靠磁路联系在一起,主磁通作为媒介。折算就是假想二次匝数(或电动势)与一次匝数相等,即 $N_2' = N_1$,$\dot{E}_2' = \dot{E}_1$,实际上是把它看成是变比 $k=1$ 的变压器,与此同时,须对变压器二次侧的各电磁量均做相应的变换,以保持变压器两侧的电磁关系不变,即把二次侧的量折算到一次侧。为区别起见,便在二次侧量的右上角加一撇,如 $\dot{U}_2'$、$\dot{I}_2'$、$\dot{E}_2'$ 等。当然也可把一次侧的量往二次折算。图 1-16 所示中二次侧各量,其中标注"′"的为折算后的电磁量,而不标注"′"的为折算前的电磁量。

如何能把二次绕组匝数看成等于一次绕组匝数,且又保持其电磁关系不变呢?这就需遵循如下原则:①保持二次磁通势 $\dot{F}_2$ 不变;②保持副边各功率(或损耗)不变。这样就可保证变压器主磁通、漏磁通不变,保证原边从电网吸取同样的功率传递到副边,从而使得折算对原边物理量毫无影响,不致改变变压器的原电磁关系。

下面根据上述两项原则,可导出各量的折算值。

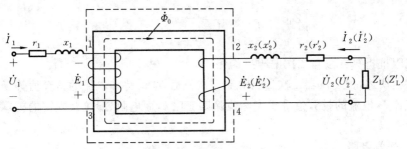

图 1-16　变压器折算时等效电路

1）二次电动势的折算值

由于折算前后主磁场和漏磁场均不改变，根据电动势与匝数成正比关系，得

$$\frac{E'_2}{E_2} = \frac{N'_2}{N_2} = \frac{N_1}{N_2} = k$$

则

$$E'_2 = kE_2 \tag{1-31}$$

即二次电动势的折算值为原二次电动势乘以 k。

2）二次电流的折算值

根据折算前后二次磁通势 $\dot{F}_2$ 不变的原则，可得

$$N_1 I'_2 = N_2 I_2$$

则

$$I'_2 = \frac{N_2}{N_1} I_2 = \frac{1}{k} I_2 \tag{1-32}$$

即二次电流的折算值为原二次电流除以 k。

3）二次漏阻抗的折算值

折算前后二次绕组铜损耗应保持不变，便得

$$r'_2 I'^2_2 = r_2 I^2_2$$

则

$$r'_2 = r_2 \left(\frac{I_2}{I'_2}\right)^2 = k^2 r_2 \tag{1-33}$$

折算前后二次绕组无功损耗不变，有

$$x'_2 I'^2_2 = x_2 I^2_2$$

则

$$x'_2 = \left(\frac{I_2}{I'_2}\right)^2 x_2 = k^2 x_2 \tag{1-34}$$

即二次漏阻抗的折算值为原二次漏阻抗乘以 k^2。

4）二次电压的折算值

$$\dot{U}'_2 = \dot{E}'_2 - Z'_2 \dot{I}'_2 = k\dot{E}_2 - k^2 Z_2 \frac{1}{k} \dot{I}_2 = k(\dot{E}_2 - Z_2 \dot{I}_2) = k\dot{U}_2 \tag{1-35}$$

即二次电压的折算值为原二次电压乘以 k。

5）负载阻抗的折算值

因阻抗为电压与电流之比，便有

$$Z'_L = \frac{U'_2}{I'_2} = \frac{kU_2}{\frac{1}{k}I_2} = k^2 \frac{U_2}{I_2} = k^2 Z_L \qquad (1\text{-}36)$$

即负载阻抗折算方法与二次漏阻抗的相同。

综上所述,把变压器二次侧折算到一次侧后,电动势和电压的折算值等于实际值乘以变比 k,电流的折算值等于实际值除以变比 k,而电阻、漏抗及阻抗的折算值等于实际值乘以 k^2。

2. 等效电路

进行折算后,就可以将两个独立电路直接连在一起了,然后再把铁芯磁路的工作状况用纯电路的形式代替,即得变压器负载时的等效电路。

1)"T"形等效电路

首先分别画出一次侧、二次侧的电路,如图 1-17(a)所示。图中二次侧各量均已折算到一次侧,即 $N'_2 = N_1$,$\dot{E}'_2 = \dot{E}_1$,也就是说图 1-17(a)中 3 与 4、1 与 2 点为等电位点,可用导线把它们连接起来,将两个绕组合并成一个绕组,这对一、二次回路无任何影响。如此就将磁耦合变压器变成了直接电联系的等效电路。合并后的绕组中有励磁电流 $\dot{I}_0 = \dot{I}_1 + \dot{I}'_2$ 流过,称为励磁支路,如图 1-17(b)所示。如同在空载时的等效电路一样,它可用等效阻抗 $Z_m = r_m + jx_m$ 来代替。这样就从物理概念导出了变压

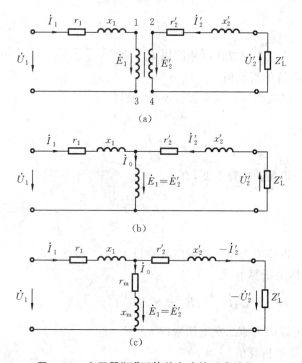

图 1-17　变压器"T"形等效电路的形成过程

器负载运行时的"T"形等效电路,如图 1-17(c)所示。

"T"形等效电路也可用数学方法导出,这里从略。

2) 近似等效电路

"T"形等效电路能正确反映变压器内部的电磁关系,但其结构为串、并联混合电路,计算比较繁杂,为此提出在一定条件下将等效电路简化。

在"T"形等效电路中,因 $I_0 \ll I_1$,$Z_1 \ll Z_m$,故 $Z_1 I_0$ 很小,可略去不计;而 $Z_1 I_1$ 也很小($<5\%U_{1N}$),也可忽略不计,这样便可把励磁支路从"T"形电路的中部移至电源端,得到如图 1-18 所示的近似等效电路。由于其阻抗元件支路构成一个"Γ",故亦称"Γ"形等效电路。

3) 简化等效电路

由于一般变压器 $I_0 \ll I_N$,通常 I_0 占 I_N 的 0.5%～3%,在进行工程计算时,可把励磁电流 I_0 忽略,即去掉励磁支路,而得到一个由一、二次侧的漏阻抗构成的更为简单的串联电路,如图 1-19 所示,称为变压器的简化等效电路。

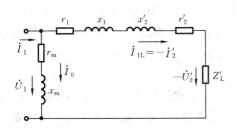

图 1-18 变压器的近似等效电路

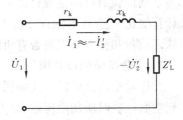

图 1-19 变压器的简化等效电路

图中:

$$\left.\begin{array}{l} r_k = r_1 + r_2' \\ x_k = x_1 + x_2' \\ Z_k = r_k + j x_k \end{array}\right\} \tag{1-37}$$

式中:r_k——短路电阻;x_k——短路电抗;Z_k——短路阻抗。

变压器的短路阻抗即为原、副边漏阻抗之和,其值较小且为常数。由简化等效电路可见,如变压器发生稳定短路,则短路电流 $I_k = U_1/Z_k$,可见,短路阻抗能起到限制短路电流的作用。由于 Z_k 很小,故短路电流值较大,一般可达额定电流的 10～20 倍。

3. 变压器带感性负载时的简化相量图

从简化等效电路中看出,$\dot{U}_2' = Z_L' \dot{I}_2'$,$\dot{I}_1 = -\dot{I}_2'$,$\dot{U}_1 = -\dot{U}_2' + r_k \dot{I}_1 + j x_k \dot{I}_1$,这三个关系式是画简化相量图的依据。如图 1-20 所

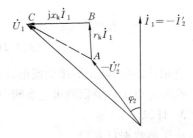

图 1-20 变压器感性负载时的简化相量图

示,短路阻抗 $Z_k = r_k + jx_k$ 的压降构成一个三角形 ABC,称为短路阻抗压降三角形。对已制成的变压器,这个三角形的形状是固定的,但它的大小和方位随负载变化而变化。

1.4　变压器参数的测定

从上节可知,当用基本方程式、等效电路或相量图分析变压器的运行性能时,必须知道变压器的参数。这些参数直接影响变压器的运行性能,在设计变压器时,可根据所使用的材料及结构尺寸把它们计算出来;对已制成的变压器,可用试验的方法求得。

1.4.1　空载试验

1. 空载试验目的

空载试验的目的是通过测量空载电流 I_0,一、二次电压 U_0 和 U_{20} 及空载功率 p_0 来计算变比 k、空载电流百分值 $I_0\%$、铁芯损耗 p_{Fe} 和励磁阻抗 $Z_m = r_m + jx_m$,从而判断铁芯质量和检查绕组是否有匝间短路故障等。

2. 空载试验的接线图

变压器空载试验的接线如图 1-21(a)所示。空载试验可以在任何一侧做,但考虑到空载试验时所加电压较高(为额定电压),电流较小(为空载电流),为了试验安全及仪表选择便利,通常在低压侧加压,而高压侧开路。由于空载电流小,电流表应接在靠近变压器侧,以减少误差。

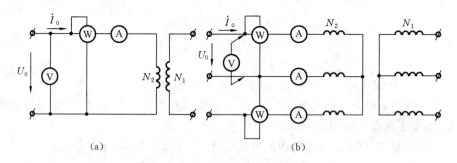

(a)　　　　　　　　　　　　(b)

图 1-21　空载试验接线图

空载试验时,调压器接交流电源,调节其输出电压 U_0 由零逐渐升至 U_N(变压器低压侧额定电压),分别测出它所对应的 U_{20}、I_0 及 p_0 值。

3. 计算

由所测数据可求得

$$k = \frac{U_{20}(高压)}{U_0(低压)} \left.\right\}$$

$$I_0\% = \frac{I_0}{I_{1N}} \times 100\% \qquad (1-38)$$

$$p_{Fe} = p_0$$

空载试验时,变压器没有输出功率,此时输入有功功率 p_0 包含一次绕组铜损耗 $r_1 I_0^2$ 和铁芯中铁损耗 $p_{Fe} = r_m I_0^2$ 两部分。由于 $r_1 \ll r_m$,因此 $p_0 \approx p_{Fe}$。

由空载等效电路,忽略 r_1、x_1,可求得实验侧励磁参数为

$$Z_m = \frac{U_0}{I_0} \left.\right\}$$

$$r_m = \frac{p_0}{I_0^2} \qquad (1-39)$$

$$x_m = \sqrt{Z_m^2 - r_m^2}$$

4. 注意事项

(1) 因空载电流、铁芯损耗及励磁阻抗均随电压大小的变化而变化,即与铁芯饱和程度有关,所以,空载电流和空载功率常取额定电压时的值,并以此求取励磁阻抗的值。

(2) 由于空载试验一般在低压侧进行,故测得的励磁参数是属于低压侧的数值,若要求取折算到高压侧的励磁阻抗,就必须乘以变比的平方,即高压侧的励磁阻抗为 $k^2 Z_m$。

(3) 对于三相变压器,应用式(3-41)时,必须采用相值,即用一相的损耗及相电压和相电流等来进行计算,而 k 值也应取相电压之比。

(4) 变压器空载运行时功率因数很低($\cos\varphi_0 < 0.2$),为减小误差,应采用低功率因数功率表来测量空载功率。

1.4.2 短路试验

1. 短路试验的目的

短路试验的目的是通过测量短路电流 I_k,短路电压 U_k 及短路功率 p_k 来计算短路电压百分值 $U_k(\%)$、铜损耗 p_{Cu} 和短路阻抗 $Z_k = r_k + jx_k$。

2. 短路试验的接线图

短路试验的试验接线如图 1-22(a)所示。短路试验也可以在任何一侧做,但由于短路试验时电流较大,可达额定电流,而所加电压却很低,一般为额定电压的4%~15%,因此一般在高压侧加压,而低压侧短路。由于试验电压低,电压表接在靠近变压器侧,以减少误差。

短路试验时,用调压器调节输出电压 U_k 由零值逐渐升高,使短路电流 I_k 由零升

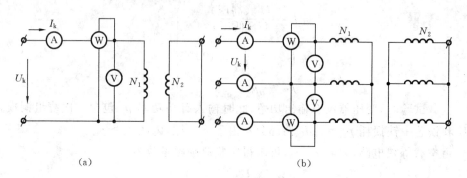

图 1-22 短路试验接线图

至 I_N(变压器高压侧额定电流),分别测出它所对应的 I_k、U_k 和 p_k 值。试验时,同时记录试验室的室温 $\theta(℃)$。

3. 计算

由于短路试验时外加电压较额定值低得多,铁芯中主磁通很小,铁耗和励磁电流很小,可略去不计,认为短路损耗即为一、二次绕组电阻上的铜损耗,即 $p_k = p_{Cu}$,也就是说,可以认为等效电路中的励磁支路处于开路状态,于是,由所测数据可求得短路参数为

$$\left.\begin{aligned} Z_k &= \frac{U_k}{I_k} = \frac{U_{kN}}{I_N} \\ r_k &= \frac{p_k}{I_k^2} = \frac{p_{kN}}{I_N^2} \\ x_k &= \sqrt{Z_k^2 - r_k^2} \end{aligned}\right\} \tag{1-40}$$

对于"T"形等效电路,可认为:$r_1 \approx r_2' = \frac{1}{2}r_k$,$x_1 \approx x_2' = \frac{1}{2}x_k$。

由于线圈电阻随温度而变化,而短路试验一般在室温下进行,故测得的电阻须换算到基准工作温度时的数值。按国家标准规定,油浸变压器的短路电阻应换算到 75 ℃时的数值。

对于铜线变压器 $\qquad r_{k75℃} = \dfrac{235 + 75}{235 + \theta} r_k$

$$\left.\begin{aligned} & \\ & \end{aligned}\right\} \tag{1-41}$$

对于铝线变压器 $\qquad r_{k75℃} = \dfrac{225 + 75}{225 + \theta} r_k$

式中:θ——试验时的室温,单位为 ℃。

75 ℃时的短路阻抗为

$$Z_{k75℃} = \sqrt{r_{k75℃}^2 + x_k^2} \tag{1-42}$$

短路损耗 p_k 和短路电压 U_k 也应换算到 75 ℃时的数值,即

$$p_{k75℃} = r_{k75℃} I_{1N}^2 \tag{1-43}$$

$$U_{k75\,°C} = Z_{k75\,°C} I_{1N} \tag{1-44}$$

4. 注意事项

（1）由于短路试验一般在高压侧进行，故测得的短路参数是属于高压侧的数值，若需要折算到低压侧，则应除以 k^2。

（2）对于三相变压器，在应用式（1-42）时，I_k、U_k 和 p_k 应该采用相值来计算。

5. 阻抗电压

在短路试验时，当短路电流为额定电流时一次侧所加的电压称为短路电压，记作 U_{kN}。

$$U_{kN} = Z_{k75\,°C} I_{1N} \tag{1-45}$$

它为额定电流在短路阻抗上的压降，故亦称作阻抗电压。

短路电压通常以额定电压的百分值表示，即

$$\left. \begin{aligned} U_k &= \frac{I_{1N} Z_{k75\,°C}}{U_{1N}} \times 100\% \\ U_{ka} &= \frac{I_{1N} r_{k75\,°C}}{U_{1N}} \times 100\% \\ U_{kr} &= \frac{I_{1N} x_k}{U_{1N}} \times 100\% \end{aligned} \right\} \tag{1-46}$$

式中：U_k——短路电压百分值；

$\qquad U_{ka}$——短路电压电阻（或有功）分量的百分值；

$\qquad U_{kr}$——短路电压电抗（或无功）分量的百分值。

短路电压的大小直接反映了短路阻抗的大小，而短路阻抗又直接影响变压器的运行性能。从正常运行的角度看，希望它小些，因负载变化时，副边电压波动小些；但从短路故障的角度看，则希望它大些，相应的短路电流就小些。一般中、小型电力变压器的 $U_k = 4\% \sim 10.5\%$，大型电力变压器的 $U_k = 12.5\% \sim 17.5\%$。

例 1-2　一台三相电力变压器型号为 SL—750/10，$S_N = 750$ kVA，$U_{1N}/U_{2N} =$ 10 000 V/400 V，Y，yn 接线。在低压侧做空载试验，测得数据为 $U_0 = 400$ V，$I_0 = 60$ A，$p_0 = 3\,800$ W。在高压侧做短路试验，测出数据为 $U_k = 440$ V，$I_k = 43.3$ A，$p_k = 10\,900$ W，室温 20 ℃。试求：（1）以高压侧为基准的"T"形等效电路参数（$r_1 = r_2'$，$x_1 = x_2'$）；（2）短路电压百分值及其电阻分量和电抗分量的百分值。

解　（1）由空载试验数据求励磁参数：

励磁阻抗　　　　　　　$Z_m = \dfrac{U_0/\sqrt{3}}{I_0} = \dfrac{400/\sqrt{3}}{60}$ Ω $= 3.86$ Ω

励磁电阻　　　　　　　$r_m = \dfrac{p_0/3}{I_0^2} = \dfrac{3\,800/3}{60^2}$ Ω $= 0.35$ Ω

励磁电抗　　　　　　　$x_m = \sqrt{Z_m^2 - r_m^2} = 3.83$ Ω

折算到高压侧的值：

变比
$$k = \frac{U_{1N}/\sqrt{3}}{U_{2N}/\sqrt{3}} = \frac{10\ 000/\sqrt{3}}{400/\sqrt{3}} = 25$$

$$Z'_m = k^2 Z_m = 25^2 \times 3.85\ \Omega = 2\ 406.25\ \Omega$$

$$r'_m = k^2 r_m = 25^2 \times 0.35\ \Omega = 218.75\ \Omega$$

$$x'_m = k^2 x_m = 25^2 \times 3.83\ \Omega = 2\ 393.75\ \Omega$$

由短路试验数据求短路参数：

短路阻抗
$$Z_k = \frac{U_k/\sqrt{3}}{I_k} = \frac{440/\sqrt{3}}{43.3}\ \Omega = 5.87\ \Omega$$

短路电阻
$$r_k = \frac{p_k/3}{I_k^2} = \frac{10\ 900/3}{43.3^2}\ \Omega = 1.94\ \Omega$$

短路电抗
$$x_k = \sqrt{Z_k^2 - r_k^2} = 5.54\ \Omega$$

换算到 75 ℃,有
$$r_{k75\,℃} = \frac{225+75}{225+20} \times 1.94\ \Omega = 2.38\ \Omega$$

$$Z_{k75\,℃} = \sqrt{r_{k75\,℃}^2 + x_k^2} = 6.03\ \Omega$$

则
$$r_1 = r'_2 = \frac{1}{2} r_{k75\,℃} = \frac{1}{2} \times 2.38\ \Omega = 1.19\ \Omega$$

$$x_1 = x'_2 = \frac{1}{2} x_k = \frac{1}{2} \times 5.54\ \Omega = 2.77\ \Omega$$

（2）一次额定电流：$I_{1N} = \frac{S_N}{\sqrt{3} U_{1N}} = \frac{750}{\sqrt{3} \times 10}$ A = 43.3 A

短路电压百分值及其分量的百分值分别为

$$U_k = \frac{I_{1N\phi} Z_{k75\,℃}}{U_{1N}/\sqrt{3}} \times 100\% = \frac{43.3 \times 6.03}{10\ 000/\sqrt{3}} \times 100\% = 4.52\%$$

$$U_{ka} = \frac{I_{1N\phi} r_{k75\,℃}}{U_{1N}/\sqrt{3}} \times 100\% = \frac{43.3 \times 2.38}{10\ 000/\sqrt{3}} \times 100\% = 1.78\%$$

$$U_{kr} = \frac{I_{1N\phi} x_k}{U_{1N}/\sqrt{3}} \times 100\% = \frac{43.3 \times 5.54}{10\ 000/\sqrt{3}} \times 100\% = 4.15\%$$

1.4.3 标幺值

在工程和科技计算中,各物理量的大小除了用具有"单位"的有效值表示外,还常用不具"单位"的标幺值(即相对值)来表示。

所谓标幺值,就是指某一物理量的实际值与选定的同一单位的固定数值的比值。把选定的同单位的固定数值叫做基准值,即

$$\text{标幺值} = \frac{\text{实际值(任意单位)}}{\text{基准值(与实际值同单位)}} \tag{1-47}$$

标幺值在各物理量原来符号的右上角加一个"＊"来表示。例如,有两个电压,它

们分别是 $U_1 = 198$ kV，$U_2 = 220$ kV。当选 220 kV 作为电压的基准值时，这两个电压的标幺值用符号 U_1^* 和 U_2^* 表示，分别为

$$U_1^* = \frac{U_1}{U_2} = \frac{198}{220} = 0.9$$

$$U_2^* = \frac{U_2}{U_2} = \frac{220}{220} = 1.0$$

这就是说，电压 U_1 是所选定基准值 220 kV 的 0.9 倍，电压 U_2 是基准值的 1 倍。

1. 基准值的选取与标幺值的计算

在电机和电力工程计算中，对于"单个"的电气设备，通常都是选其额定值作基准值。各基准值之间也应符合电路定律，当电压和电流的基准值选定为 U_B、I_B 之后，阻抗的基准值即为 $Z_B = \dfrac{U_B}{I_B} = \dfrac{U_N}{I_N}$，而容量的基准值则为

$$S_B = U_B I_B = U_N I_N = S_N$$

对于变压器，一、二次绕组电压和电流应选用各自的额定电压和额定电流为基准值，一、二次绕组的电压和电流的标幺值分别为

$$U_1^* = \frac{U_1}{U_{1B}} = \frac{U_1}{U_{1N}}, \quad U_2^* = \frac{U_2}{U_{2B}} = \frac{U_2}{U_{2N}}$$

$$I_1^* = \frac{I_1}{I_{1B}} = \frac{I_1}{I_{1N}}, \quad I_2^* = \frac{I_2}{I_{2B}} = \frac{I_2}{I_{2N}}$$

一、二次绕组的阻抗基准值则为

$$Z_{1B} = \frac{U_{1B}}{I_{1B}} = \frac{U_{1N}}{I_{1N}}, \quad Z_{2B} = \frac{U_{2B}}{I_{2B}} = \frac{U_{2N}}{I_{2N}}$$

上式中，对于三相变压器，应取额定相电压和额定相电流。

一、二次绕组的阻抗标幺值为

$$Z_1^* = \frac{Z_1}{Z_{1B}}, \quad Z_2^* = \frac{Z_2}{Z_{2B}}$$

$$r_1^* = \frac{r_1}{Z_{1B}}, \quad r_2^* = \frac{r_2}{Z_{2B}}$$

同理

$$x_1^* = \frac{x_1}{Z_{1B}}, \quad x_2^* = \frac{x_2}{Z_{2B}}$$

视在功率 S、有功功率 P 和无功功率 Q 的基准值为 $S_B = S_N$，则 S、P 和 Q 的标幺值分别为

$$S^* = \frac{S}{S_B} = \frac{S}{S_N}, \quad P^* = \frac{P}{S_B} = \frac{P}{S_N}, \quad Q^* = \frac{Q}{S_B} = \frac{Q}{S_N}$$

用以上方法选取基准值并求标幺值，在有名单位制中的各公式可直接用于标幺制中的计算，如求取励磁阻抗的公式可写成

$$Z_{\mathrm{m}}^{*} = \frac{U_{1N}^{*}}{I_0^{*}} = \frac{1}{I_0^{*}}$$

$$r_{\mathrm{m}}^{*} = \frac{p_0^{*}}{I_0^{*2}}$$
$$\left.\begin{array}{l}\\\\\\\end{array}\right\} \qquad (1\text{-}48)$$

$$x_{\mathrm{m}}^{*} = \sqrt{Z_{\mathrm{m}}^{*2} - r_{\mathrm{m}}^{*2}}$$

求取短路阻抗的公式可写成

$$Z_{\mathrm{k}}^{*} = \frac{U_{\mathrm{kN}}^{*}}{I_N^{*}} = U_{\mathrm{kN}}^{*}$$

$$r_{\mathrm{k}}^{*} = \frac{p_{\mathrm{kN}}^{*}}{I_N^{*2}} = p_{\mathrm{kN}}^{*} = \frac{p_{\mathrm{kN}}}{S_N}$$
$$\left.\begin{array}{l}\\\\\\\end{array}\right\} \qquad (1\text{-}49)$$

$$x_{\mathrm{k}}^{*} = \sqrt{Z_{\mathrm{k}}^{*2} - r_{\mathrm{k}}^{*2}}$$

已知标幺值和基准值,就很容易求得实际值,即

$$实际值 = 基准值 \times 标幺值 \qquad (1\text{-}50)$$

标幺值和百分值相类似,它们均属无量纲的相对单位制,它们间的关系为

$$百分值 = 标幺值 \times 100\% \qquad (1\text{-}51)$$

2. 采用标幺值的优点与缺点

1) 优点

(1) 便于比较变压器或电机的性能和参数。尽管变压器或电机的容量和电压等级差别可能很大,但采用标幺值表示时,其参数及性能参数的变化范围却不大,便于分析比较。例如,电力变压器的短路阻抗标幺值 $Z_{\mathrm{k}}^{*} = 0.04 \sim 0.175$;空载电流标幺值 $I_0^{*} = 0.02 \sim 0.1$。

(2) 采用标幺值表示电压和电流,可直观地反映变压器的运行情况。例如,$U_2^{*} = 0.9$ 表示变压器二次端电压低于额定值,又如,$I_2^{*} = 1.1$ 表示变压器已过载 10%。

(3) 采用标幺值表示后,折算前后各量相等,即可省去折算。例如,

$$Z_2'^{*} = \frac{Z_2'}{U_{1N}/I_{1N}} = \frac{k^2 Z_2}{\dfrac{kU_{2N}}{\dfrac{1}{k}I_{2N}}} = \frac{Z_2}{U_{2N}/I_{2N}} = Z_2^{*} \qquad (1\text{-}52)$$

(4) 采用标幺值表示后,某些物理量意义尽管不同,但它们具有相同的数值,例如,

$$Z_{\mathrm{k}}^{*} = \frac{Z_{\mathrm{k}}}{Z_B} = \frac{Z_{\mathrm{k}}}{U_N/I_N} = \frac{I_N Z_{\mathrm{k}}}{U_N} = U_{\mathrm{k}}^{*}$$

$$r_{\mathrm{k}}^{*} = U_{\mathrm{ka}}^{*}$$
$$\left.\begin{array}{l}\\\\\\\end{array}\right\} \qquad (1\text{-}53)$$

$$x_{\mathrm{k}}^{*} = U_{\mathrm{kr}}^{*}$$

(5) 在标幺制中,线电压、线电流标幺值与相电压、相电流标幺值相等,三相功率标幺值与单相功率标幺值相等。需注意的是,它们的基准值不同,前者的基准值为额

定线电压、额定线电流、额定三相功率,而后者为额定相电压、额定相电流和额定单相功率。由此可见,采用标幺制给计算带来了极大的方便。

2) 缺点

标幺值的缺点是没有单位,因而物理概念比较模糊,也无法用量纲作为检查计算结果是否正确的手段。

例 1-3　一台 $S_N=100\ kV\cdot A,U_{1N}/U_{2N}=6\ 300\ V/400\ V,Y,d$ 接线的三相电力变压器,$I_0\%=7\%,P_0=600\ W,U_k=4.5\%,P_{kN}=2250\ W$。试求:(1) 近似等效电路参数的标幺值;(2) 短路电压及其各分量的标幺值。

解　(1) 求近似等效电路参数标幺值。

励磁阻抗
$$Z_m^*=\frac{1}{I_0^*}=\frac{1}{0.07}=14.29$$

励磁电阻
$$r_m^*=\frac{P_0^*}{I_0^{*2}}=\frac{P_0/S_N}{I_0^{*2}}=\frac{0.6/100}{0.07^2}=1.225$$

励磁电抗
$$x_m^*=\sqrt{Z_m^{*2}-r_m^{*2}}=\sqrt{14.29^2-1.225^2}=14.24$$

短路阻抗
$$Z_k^*=U_k^*=0.045$$

短路电阻
$$r_k^*=\frac{P_{kN}^*}{I_N^{*2}}=P_{kN}^*=\frac{P_{kN}}{S_N}=\frac{2.25}{100}=0.0225$$

短路电抗
$$x_k^*=\sqrt{Z_k^{*2}-r_k^{*2}}=\sqrt{0.045^2-0.0225^2}=0.039$$

(2) 求短路电压及其各分量标幺值。
$$U_k^*=0.045\quad U_{ka}^*=r_k^*=0.0225\quad U_{kr}^*=x_k^*=0.039$$

1.5　变压器的运行特性

变压器的运行特性主要有外特性与效率特性。对于负载来讲,变压器二次侧相当于一个电源,它的输出电压随负载电流变化而变化的关系即为外特性,效率随负载变化而变化的关系即效率特性。表征变压器运行性能的主要指标有电压变化率和效率。电压变化率是变压器供电的质量指标,效率是变压器运行时的经济指标。下面分别加以讨论。

1.5.1　变压器的电压变化率与外特性

1. 电压变化率

所谓电压变化率是指在变压器原边施以交流 50 Hz 的额定电压时,副边空载电压 U_{20} 与带负载后在某一功率因数下副边电压 U_2 之差与副边额定电压 U_{2N} 的比值,用 ΔU 表示,即

$$\Delta U=\frac{U_{20}-U_2}{U_{2N}}\times100\%=\frac{U_{2N}-U_2}{U_{2N}}\times100\%=\frac{U_{1N}-U_2'}{U_{1N}}\times100\%\quad(1\text{-}54)$$

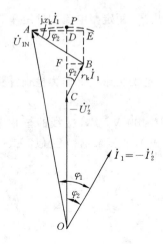

图1-23 感性负载时的简化相量图

电压变化率 ΔU 是表征变压器运行性能的重要指标之一,它的大小反映了供电电压的稳定性,一定程度上反映了电能质量。

电压变化率 ΔU 除可用定义式求取外,还可用简化相量图求出,图1-23为变压器感性负载时的简化相量图。延长线段 $\overline{OC}$,以点 O 为圆心、$\overline{OA}$ 为半径画弧交于 $\overline{OC}$ 的延长线于点 P,作 $\overline{BF}\perp\overline{OP}$,作 $\overline{AE}/\!/\overline{BF}$,并交于 $\overline{OP}$ 于点 D,取 $\overline{DE}=\overline{BF}$,则

$$U_{1N}-U'_2=\overline{OP}-\overline{OC}=\overline{CF}+\overline{FD}+\overline{DP}$$

因为 DP 很小,可忽略不计,又因为 $\overline{FD}=\overline{BE}$,故

$$U_{1N}-U'_2=\overline{CF}+\overline{BE}=\overline{CB}\cos\varphi_2+\overline{AB}\sin\varphi_2$$
$$=I_1 r_k\cos\varphi_2+I_1 x_k\sin\varphi_2$$

则

$$\Delta U=\frac{U_{1N}-U'_2}{U_{1N}}\times100\%$$
$$=\frac{I_1 r_k\cos\varphi_2+I_1 x_k\sin\varphi_2}{U_{1N}}\times100\%$$
$$=\beta(r_k^*\cos\varphi_2+x_k^*\sin\varphi_2)\times100\% \qquad (1\text{-}55)$$

式中:$\beta=\dfrac{I_1}{I_{1N}}=\dfrac{I_2}{I_{2N}}=I_1^*=I_2^*$,为负载电流的标幺值,又称负载系数。

由式(1-55)可知,电压变化率的大小与负载大小(β)、负载性质(φ_2)及变压器本身参数(r_k^*、x_k^*)有关。

(1)当变压器带纯电阻性负载($\varphi_2=0$)时,电压变化率较小;

(2)带阻感性负载($\varphi_2>0$)时,电压变化率较大,且为正值,这时的二次端电压较空载时低;

(3)带阻容性负载($\varphi_2<0$)时,ΔU 可能为正值,也可能为负值,当 $|x_k^*\sin\varphi_2|>r_k^*\cos\varphi_2$ 时,电压变化率为负值,说明此时的二次端电压比空载时的高。

一般情况下,在 $\cos\varphi_2=0.8$(感性)时,额定负载的电压变化率为5%左右。

2. 变压器的外特性

当电源电压和负载的功率因数等于常数时,将二次端电压随负载电流变化而变化的特性(曲线),即 $U_2=f(I_2)$ 称为变压器的外特性(曲线)。

由以上分析可知,在负载运行时,由于变压器内部存在电阻和漏抗,故当负载电流流过时,变压器内部将产生阻抗压降,使二次端电压随负载电流的变化而变化。图1-24所示为不同负载性质时变压器的外特性曲线。由图可知,变压器二次电压的大小不仅与负载电流的大小有关,而且还与负载的功率因数有关。

3. 变压器的电压调整

变压器负载运行时,二次端电压随负载大小及功率因数的变化而变化,如果电压变化过大,将对用户产生不利影响。为了保证二次端电压的变化在允许范围内,通常在变压器高压侧设置抽头,并装设分接开关来调节高压绕组的工作匝数、调节二次端电压。增加高压绕组匝数则二次端电压减少;反之,二次端电压增大。分接头之所以常设置在高压侧,是因为高压绕组套在最外面,便于引出分接头,而且高压侧

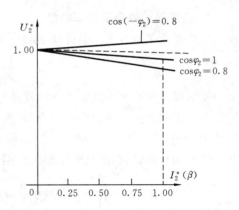

图 1-24　变压器的外特性曲线

电流相对也较小,分接头的引线及分接开关载流部分的导体截面也小,开关触点也易制造。

中、小型电力变压器一般有三个分接头,记作 $U_N \pm 5\%$。大型电力变压器则采用五个或更多的分接头,例如,$U_N \pm 2 \times 2.5\%$ 或 $U_N \pm 8 \times 1.5\%$ 等。

1.5.2　变压器的损耗、效率和效率特性

1. 变压器的损耗

变压器在能量传递过程中会产生损耗。变压器的损耗主要包括铁损耗和原、副绕组的铜损耗两部分。由于无机械损耗,故其效率比旋转电机的效率高,一般中、小型电力变压器效率在 95% 以上,大型电力变压器效率可达 99% 以上。

1) 铁损耗 p_{Fe}

变压器的铁损耗主要是铁芯中的磁滞和涡流损耗,它取决于铁芯中磁通密度大小、磁通交变的频率和硅钢片的质量。另外,还有由铁芯叠片间绝缘损伤引起的局部涡流损耗、主磁通在结构部件中引起的涡流损耗等。

变压器的铁损耗与一次侧外加电源电压的大小有关,而与负载大小无关。当电源电压一定时,变压器主磁通基本不变,其铁损耗也就基本不变了,故又称铁损耗为"不变损耗"。

2) 铜损耗 p_{Cu}

变压器的铜损耗主要是电流在原、副绕组直流电阻上的损耗,另外,还有因集肤效应引起导线等效截面变小而增加的损耗以及漏磁场在结构部件中引起的涡流损耗等。

变压器铜损耗的大小与负载电流的平方成正比,即与负载大小有关,故称铜损耗为"可变损耗"。可见,变压器总损耗为

$$\sum p = p_{Fe} + p_{Cu} \tag{1-56}$$

2. 变压器的效率及效率特性

变压器效率是指变压器的输出功率 P_2 与输入功率 P_1 之比,用百分数表示,即

$$\eta = \frac{P_2}{P_1} \times 100\% \tag{1-57}$$

变压器效率的大小反映了变压器运行的经济性能的好坏,是表征变压器运行性能的重要指标之一。由式(1-56)可知,变压器的效率可用直接负载法通过测量输出功率 P_2 和输入功率 P_1 来确定。但工程上常用间接法来计算变压器的效率,即通过空载试验和短路试验,求出变压器的铁损耗 p_{Fe} 和铜损耗 p_{Cu},然后按下式计算效率。

$$\eta = \left(1 - \frac{\sum p}{P_1}\right) \times 100\% = \left(1 - \frac{p_{Fe} + p_{Cu}}{P_2 + p_{Fe} + p_{Cu}}\right) \times 100\% \tag{1-58}$$

由前面分析可得以下结论。

(1) 额定电压下的空载损耗 p_0 等于铁损耗 p_{Fe},而铁损耗不随负载变化而变化,即 $p_{Fe} = p_0 =$ 常值。

(2) 额定电流时的短路损耗 p_{kN} 等于额定电流时的铜损耗 p_{CuN},而铜损耗与负载电流的平方成正比,即可得到

$$p_{Cu} = \left(\frac{I_2}{I_{2N}}\right)^2 p_{kN} = \beta^2 p_{kN} \tag{1-59}$$

(3) 变压器的电压变化率很小,负载时 U_2 的变化可不予考虑,可认为 $U_2 \approx U_{2N}$,于是输出功率

$$P_2 = U_{2N} I_2 \cos\varphi_2 = \beta U_{2N} I_{2N} \cos\varphi_2 = \beta S_N \cos\varphi_2 \tag{1-60}$$

式中,$\beta = I_2 / I_{2N}$ 为负载系数。

把式(1-59)和式(1-60)代入式(1-58),得

$$\eta = \left(1 - \frac{p_0 + \beta^2 p_{kN}}{\beta S_N \cos\varphi_2 + p_0 + \beta^2 p_{kN}}\right) \times 100\% \tag{1-61}$$

对于已制成的变压器,p_0 和 p_{kN} 是一定的,所以效率与负载大小及功率因数有关。

3. 变压器的效率特性

在功率因数一定时,变压器的效率与负载系数之间的关系曲线 $\eta = f(\beta)$ 称为变压器的效率特性曲线,如图 1-25 所示。

从图 1-25 可以看出,空载时,$\beta = 0$,$P_2 = 0$,$\eta = 0$;随着负载增大,效率增加很快;当负载达到某一数值时,效率最大,然后负载继续增大时,效率开始降低。这是因为随负载的增大,铜损耗按 β 的平方成正比增大,因此超过某一负载之后,铜损耗增大快,效率随 β 的增大反而变小了。

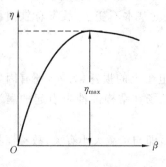

图 1-25 变压器效率特性曲线

将式(1-59)对 β 取一阶导数,并令其为零,得变压器产生最大效率的条件为

$$\beta_m^2 p_{kN} = p_0 \quad 或 \quad \beta_m = \sqrt{\frac{p_0}{p_{kN}}} \tag{1-62}$$

式中: β_m——最大效率时的负载系数。

式(1-62)说明,当铜损耗等于铁损耗,即可变损耗等于不变损耗时,效率最高。将 β_m 代入式(1-62)便可求得最大效率 η_{max}。

$$\eta_{max} = \left(1 - \frac{2p_0}{\beta S_N \cos\varphi_2 + 2p_0}\right) \times 100\% \tag{1-63}$$

由于电力变压器长期接在电网上运行,总有铁损耗,而铜损耗却随负载而变化,一般变压器不可能总在额定负载下运行,因此,为提高变压器的运行效益,设计时使铁损耗相对比较小些,一般取 $\beta_m = 0.5 \sim 0.6$。

例 1-4 一台三相电力变压器, $S_N = 100 \text{ kVA}$, $U_{1N}/U_{2N} = 6\,300 \text{ V}/400 \text{ V}$,Y,d 接线, $I_0\% = 7\%$, $p_0 = 600 \text{ W}$, $U_k = 4.5\%$, $p_{kN} = 2\,250 \text{ W}$, $r_k^* = 0.022\,5$, $x_k^* = 0.039$。试求:(1)额定负载且功率因数 $\cos\varphi_2 = 0.8$(滞后)时的二次端电压;(2)额定负载且功率因数 $\cos\varphi_2 = 0.8$(滞后)时的效率;(3) $\cos\varphi_2 = 0.8$(滞后)时的最大效率。

解 (1)额定负载且功率因数 $\cos\varphi_2 = 0.8$(滞后)时的二次端电压

$$\Delta U = \beta(r_k^* \cos\varphi_2 + x_k^* \sin\varphi_2) \times 100\%$$

$$= 1(0.022\,5 \times 0.8 + 0.039 \times 0.6) \times 100\% = 4.14\%$$

$$U_2 = (1 - \Delta U)U_{2N}$$

$$= (1 - 0.041\,4) \times 400 \text{ V} = 383.44 \text{ V}$$

(2)额定负载且功率因数 $\cos\varphi_2 = 0.8$(滞后)时的效率

$$\eta = \left(1 - \frac{p_0 + \beta^2 p_{kN}}{\beta S_N \cos\varphi_2 + p_0 + \beta^2 p_{kN}}\right) \times 100\%$$

$$= \left(1 - \frac{0.6 + 1^2 \times 2.25}{1 \times 100 \times 0.8 + 0.6 + 1^2 \times 2.25}\right) \times 100\%$$

$$= 96.56\%$$

(3) $\cos\varphi_2 = 0.8$(滞后)时的最大效率

$$\beta_m = \sqrt{\frac{p_0}{p_{kN}}} = \sqrt{\frac{0.6}{2.25}} = 0.516$$

$$\eta_{max} = \left(1 - \frac{2p_0}{\beta_m S_N \cos\varphi_2 + 2p_0}\right) \times 100\%$$

$$= \left(1 - \frac{2 \times 0.6}{0.516 \times 100 \times 0.8 + 2 \times 0.6}\right) \times 100\%$$

$$= 97.18\%$$

1.6 三相变压器

现代电力系统均采用三相制,因而三相变压器的应用极为广泛。从运行原理来看,三相变压器在对称负载下运行时,各相电压、电流大小相等,相位上彼此相差120°,就其一相来说,和单相变压器没有什么区别。因此单相变压器的基本方程式、等效电路、相量图及运行特性的分析方法及其结论等完全适用于三相变压器。

本节主要讨论三相变压器的磁路系统、电路系统,以及感应电动势的波形等几个特殊问题。

1.6.1 三相变压器的磁路系统

三相变压器的磁路系统按其铁芯结构可分为组式磁路和心式磁路。

1. 三相组式变压器的磁路系统

由三台单相变压器组成的三相变压器称为三相变压器组,其相应的磁路称为组式磁路。由于每相的主磁通 Φ 各沿自己的磁路闭合,因此彼此不相关联。对称运行时,三相主磁通对称,三相空载电流也对称。三相组式变压器的磁路系统如图 1-26 所示。

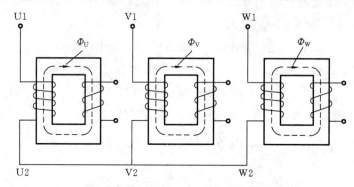

图 1-26 三相组式变压器的磁路系统

2. 三相心式变压器的磁路系统

用铁轭把三个铁芯柱连在一起的变压器称为三相心式变压器,三相心式变压器每相有一个铁芯柱,三个铁芯柱用铁轭连接起来,构成三相铁芯,如图 1-27 所示。从图上可以看出,任何一相的主磁通都要通过其他两相的磁路作为自己的闭合磁路。这种磁路的特点是三相磁路彼此相关。对称运行时,三相主磁通对称,但由于三相磁路的长度不同,磁阻不相等,故三相空载电流略有不同。

三相心式变压器可以看成是由三相组式变压器演变而来的,如果把三台单相变压器的铁芯合并成图 1-27(a)的形式,在外施对称三相电压时,三相主磁通是对称的,中间铁芯柱的磁通为 $\dot{\Phi}_U + \dot{\Phi}_V + \dot{\Phi}_W = 0$,即中间铁芯柱无磁通过,则可将中间铁芯柱省去,结果如图 1-27(b)所示。为制造方便和降低成本,把 V 相铁轭缩短,并把三个铁芯柱置于同一平面,便得到三相心式变压器铁芯结构,如图 1-27(c)所示。

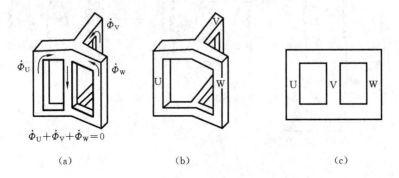

图 1-27　三相心式变压器的磁路系统

与三相组式变压器相比,三相心式变压器省材料,效率高,占地少,成本低,运行、维护方便,故应用广泛。只是在超高压、大容量巨型变压器中或受运输条件限制或为减少备用容量才采用三相组式变压器。

1.6.2　三相变压器的电路系统——连接组别

1. 三相绕组的连接方法

为了在使用变压器时能正确连接而不至发生错误,变压器绕组的每个出线端都给予一个标志,电力变压器绕组首、末端的标志如表 1-2 所示。

表 1-2　绕组的首端和末端的标志

绕 组 名 称	单相变压器		三相变压器		中性点
	首端	末端	首端	末端	
高压绕组	U1	U2	U1、V1、W1	U2、V2、W2	N
低压绕组	u1	u2	u1、v1、w1	u2、v2、w2	n
中压绕组	$U1_m$	$U2_m$	$U1_m$、$V1_m$、$W1_m$	$U2_m$、$V2_m$、$W2_m$	N_m

在三相变压器中,不论一次绕组或二次绕组,主要采用星形和三角形两种连接方法。把三相绕组的三个末端 U2、V2、W2(或 u2、v2、w2)连接在一起,而把它们的首端 U1、V1、W1(或 u1、v1、w1)引出,便是星形连接,用字母 Y 或 y 表示,如图 1-28(a)所示。把一相绕组的末端和另一相绕组的首端连在一起,顺次连接成一闭合回路,然后从首端 U1、V1、W1(或 u1、v1、w1)引出,如图 1-28(b)、(c)所示,便是三角形连接,用字母 D 或 d 表示。其中,在图 1-28(b)所示中,三相绕组按 U1—U2W1—W2V1—V2U1 的顺序连接,称为逆序(逆时针)三角形连接;在图 1-28(c)所示中,三相绕组按 U1—U2V1—V2W1—W2U1 的顺序连接,称为顺序(顺时针)三角形连接。

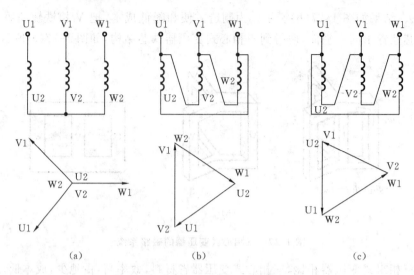

图 1-28 三相绕组连接方法及相量图

2. 单相变压器的连接组别

单相变压器连接组别反映变压器原、副边电动势(电压)之间的相位关系。

1) 同极性端

单相变压器(或三相变压器任一相)的主磁通及原、副绕组的感应电动势都是交变的,无固定的极性。这里所讲的极性是指瞬间极性,即任一瞬间,高压绕组的某一端点的电位为正(高电位)时,低压绕组必有一个端点的电位也为正(高电位),这两个具有正极性或另两个具有负极性的端点,称为同极性端,用符号"·"表示。同极性端可能在绕组的对应端,如图 1-29(a)所示;也可能在绕组的非对应端,如图 1-29(b)所示,这取决于绕组的绕向。当原、副绕组的绕向相同时,同极性端在两个绕组的对应端;当原、副绕组的绕向相反时,同极性端在两个绕组的非对应端。

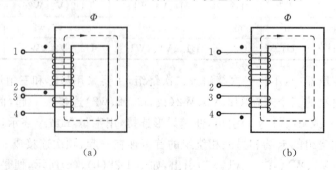

图 1-29 线圈同极性端

2) 单相变压器连接组别

单相变压器的首端和末端有两种不同的标法:一种是将原、副绕组的同极性端都标为首端(或末端),如图 1-30(a)所示。这时原、副绕组电动势 $\dot{E}_U$ 与 $\dot{E}_u$ 同相位(感应电动势的参考方向均规定从末端指向首端)。另一种标法是把原、副绕组的异极性端标为首端(或末端),如图 1-30(b)所示。这时 $\dot{E}_U$ 与 $\dot{E}_u$ 反相位。

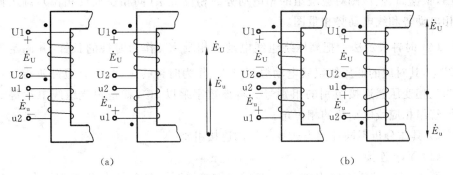

图 1-30　不同标志和绕向时原、副绕组感应电动势之间相位关系

综上分析可知,在单相变压器中,原、副绕组感应电动势之间的相位关系要么同相位要么反相位,它取决于绕组的绕向和首末端标记,即同极性端子同样标号时电动势同相位。

为了形象地表示高、低压绕组电动势之间的相位关系,采用所谓"时钟表示法",即把高压绕组电动势相量 $\dot{E}_U$ 作为时钟的长针,并固定指在"12"上,低压绕组电动势相量 $\dot{E}_u$ 作为时钟的短针,其所指的数字即为单相变压器连接组的组别号,图 1-30 (a)可写成 I,I0,图 1-30(b)可写成 I,I6。其中,I 表示高、低压线圈均为单相线圈,0 表示两线圈的电动势(电压)同相,6 表示两线圈的电动势(电压)反相。我国国家标准规定,单相变压器以 I,I0 作为标准连接组。

3. 三相变压器的连接组别

前已述及,三相变压器原、副边三相绕组均可采用 Y(y)连接或 YN(yn)连接,也可采用 D(d)连接,括号内为低压三相绕组连接方式的表示符号。因此三相变压器的连接方式有 Y,yn;Y,d;YN,d;Y,y;YN,y;D,yn;D,y;D,d 等多种组合,其中前三种为最常见的连接方式,逗号前的大写字母表示高压绕组的连接,逗号后的小写字母表示低压绕组的连接,N(或 n)表示有中性点引出。

由于三相绕组可以采用不同连接,使得三相变压器原、副绕组的线电动势之间出现不同的相位差,因此三相变压器连接组别由连接方式和组别号两部分组成,分别表示高、低压绕组连接方式及其对应线电动势之间相位关系。

三相变压器连接组别不仅与绕组的绕向和首末端的标记有关,而且还与三相绕组的连接方式有关。

1) 判断连接组别号的方法

(1) 按三相变压器绕组接线方式画出高低压接线图。三相绕组接线图规定高压绕组画在上方,低压绕组画在下方。

(2) 按三相变压器高压绕组接线图,画出高压侧相电动势和线电动势相量图。

(3) 低压侧首端 u 点与高压侧首端 U 点画在一点上,按三相变压器低压绕组接线图,根据高、低压侧对应绕组的相电动势的相位关系(同相位或反相位),画出低压侧相电动势和线电动势相量图。

(4) 时钟表示法　把高压绕组线电动势相量 $\dot{E}_{UV}$ 作为时钟的长针,并固定指在"12"上,其对应的低压绕组线电动势相量 $\dot{E}_{uv}$ 作为时钟的短针,这时短针所指的数字即为三相变压器连接组别的组别号。将该数字乘以 $30°$,就是副绕组线电动势滞后于原绕组相应线电动势的相位角。

2) 具体分析不同连接方式变压器的连接组别

(1) Y,y 连接。

图 1-31(a)为三相变压器 Y,y 连接时的接线图。在图中,同极性端子在对应端,这时原、副边对应的相电动势同相位,同时原、副边对应的线电动势 $\dot{E}_{UV}$ 与 $\dot{E}_{uv}$ 也同相位,如图 1-31(b)所示。这时如把 $\dot{E}_{UV}$ 指向钟面的 12 上,则 $\dot{E}_{uv}$ 也指向 12,故其连接组就写成 Y,y0。如高压绕组三相标志不变,而将低压绕组三相标志依次后移一个铁芯柱,在相量图上相当于把各相应的电动势顺时针方向转了 $120°$(即 4 个点),则得 Y,y4 连接组;如后移两个铁芯柱,则得 8 点钟接线,记为 Y,y8 连接组。

在图 1-31(a)中,如将原、副绕组的异极性端子标在对应端,如图 1-32(a)所示,这时原、副边对应相的相电动势反向,则线电动势 $\dot{E}_{UV}$ 与 $\dot{E}_{uv}$ 的相位相差 $180°$,如图 1-32(b)所示,因而就得到了 Y,y6 连接组。同理,将低压侧三相绕组依次后移一个或两个铁芯柱,便得 Y,y10 或 Y,y2 连接组。

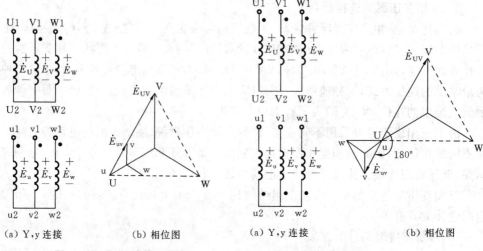

(a) Y,y 连接　　(b) 相位图　　　　(a) Y,y 连接　　(b) 相位图

图 1-31　Y,y0 连接组　　　　　　图 1-32　Y,y6 连接组

（2）Y,d 连接。

图 1-33（a）为三相变压器 Y,d 连接时的接线图。将原、副绕组的同极性端标为首端（或末端），副绕组则按 U1—U2W1—W2V1—V2U1 顺序作三角形连接，这时原、副边对应相的相电动势也同相位，但线电动势 $\dot{E}_{UV}$ 与 $\dot{E}_{uv}$ 的相位差为 330°，如图 1-33（b）所示。当 $\dot{E}_{UV}$ 指向钟面的 12 时，则 $\dot{E}_{uv}$ 指向 11，故其组别号为 11，用 Y,d11 表示。同理，高压侧三相绕组不变，而相应改变低压侧三相绕组的标志，则得 Y,d3 和 Y,d7 连接组。

如将副绕组按 U1—U2V1—V2W1—W2U1 顺序作三角形连接，如图 1-34（a）所示，这时原、副边对应相的相电动势也同相，但线电动势 $\dot{E}_{UV}$ 与 $\dot{E}_{uv}$ 的相位差为 30°，如图 1-34（b）所示，故其组别号为 1，则得到 Y,d1 连接组。同理，高压侧三相绕组不变，而相应改变低压侧三相绕组的标志，则得到 Y,d5 和 Y,d9 连接组。

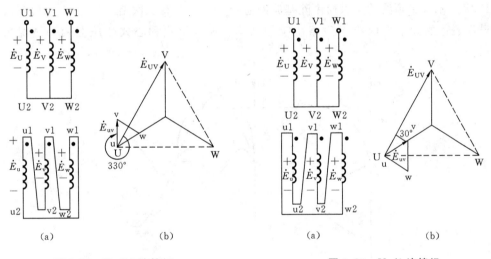

图 1-33　Y,d11 连接组　　　　　　　图 1-34　Y,d1 连接组

综上所述可得，对 Y,y 连接而言，可得 0、2、4、6、8、10 等六个偶数组别；而对 Y,d 连接而言，可得 1、3、5、7、9、11 等六个奇数组别。

变压器连接组别的种类很多，为便于制造和并联运行，国家标准规定 Y,yn0；Y,d11；YN,d11；YN,y0 及 Y,y0 等五种作为三相双绕组电力变压器的标准连接组。其中以前三种最为常用。Y,yn0 连接组的二次绕组可引出中性线，成为三相四线制，用作配电变压器时可兼供动力和照明负载。变压器的容量可达 1 800 kVA，高压边的额定电压不超过 35 kV。Y,d11 连接组用于低压侧电压超过 400 V 的线路中，最大容量为 31 500 kVA。YN,d11 连接组主要用于高压输电线路中，高压侧接地且低压侧电压超过 400 V。

*1.6.3　磁路系统和绕组联结方式对电动势波形的影响

在分析单相变压器空载运行时曾指出:当空载电流产生的主磁通 Φ 及其感应电动势 e_1 及 e_2 是正弦波时,受磁路饱和的影响,空载电流 i_0 将是尖顶波。也就是说,空载电流中除基波外,还含有较强的三次谐波和其他高次谐波。在三相变压器中,由于一、二次绕组的连接方法不同,空载电流中不一定含有三次谐波分量,这将影响到主磁通和相电动势的波形,并且这种影响还与变压器的磁路系统有关。下面分别加以讨论。

1. Y,y 连接的三相变压器

由于三相三次谐波电流的大小相等且相位相同,因而当一次绕组采用星形连接且无中性线引出时,空载电流中不可能含有三次谐波分量,空载电流就呈正弦波形。由于变压器磁路的饱和特性,正弦波形的空载电流必激励呈平顶波的主磁通,如图 1-35 所示。平顶波的主磁通中除基波磁通 Φ_1 外,还含有三次谐波磁通 Φ_3。而三次谐波磁通的大小将取决于磁路系统的结构。现分组式和心式变压器两种情况来讨论。

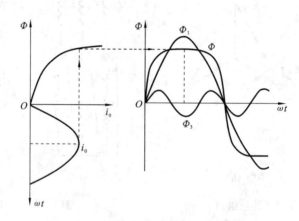

图 1-35　正弦空载电流产生的主磁通波形

1) 组式 Y,y 连接变压器

在三相组式变压器中,三相磁路彼此无关,三次谐波磁通 Φ_3 和基波磁通 Φ_1 沿同一铁芯磁路闭合。由于铁芯磁路的磁阻很小,故三次谐波磁通较大,加上三次谐波磁通的频率为基波频率的 3 倍,即 $f_3=3f_1$,因此由它所感应的三次谐波相电动势较大,其幅值可达基波幅值的 45%～60%,甚至更高,如图 1-36 所示。其结果使相电动势的最大值升高很多,造成波形严重畸变,可能将绕组绝缘击穿。因此,对于三相组式变压器不准采用 Y,y 连接。但在三相线电动势中,由于三次谐波电动势互相抵消,故线电动势仍呈正弦波形。

2）心式 Y,y 连接变压器

在三相心式变压器中,三相磁路彼此相关联,而三相三次谐波磁通的大小相等且方向相同,不能沿铁芯闭合,只能借助油和油箱壁等形成回路,如图 1-37 所示。这种磁路的磁阻很大,使三次谐波磁通 Φ_3 很小,主磁通仍接近于正弦波,相电动势波形也接近于正弦波。但由于三次谐波磁通通过油箱壁等时将产生涡流,引起变压器局部过热,降低变压器效率,因此,三相心式变压器容量大于 1 800 kVA 时,不宜采用 Y,y 连接。

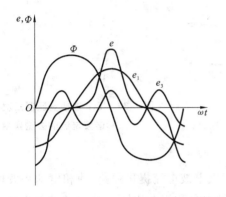

图 1-36　Y,y 连接组式变压器电动势波形　　　图 1-37　心式变压器中三次谐波磁通路径

2. Y_N,y 连接的三相变压器

由于变压器的一次侧与电源之间有中性线连接,空载电流的三次谐波分量 i_{03} 有通路,故 i_0 呈尖顶波,因此主磁通 Φ 及相电动势 e 均为正弦波形,所以三相变压器可采用此种连接。

3. D,y 及 Y,d 连接的三相变压器

1）D,y 连接变压器

由于变压器一次侧为三角形连接,在绕组内有三次谐波空载电流 i_{03} 的通路,i_0 呈尖顶波,因此,主磁通 Φ 及相电动势 e 均为正弦波形,其情况同 Y_N,y 连接相同。

2）Y,d 连接变压器

当三相变压器采用 Y,d 连接时,如图 1-38 所示。由于一次绕组为 Y 连接,无三次谐波空载电流通路,故 i_0 为正弦波,而主磁通为平顶波。主磁通中的三次谐波 Φ_3 在二次绕组中感应三次谐波电动势 $\dot{E}_{23}$,且滞后 $\dot{\Phi}_3$ 90°。在 $\dot{E}_{23}$ 作用下,二次侧闭合的三角形回路中产生三次谐波电流 $\dot{I}_{23}$。由于二次绕组电阻远小于其三次谐波电抗,因此 $\dot{I}_{23}$ 滞后 $\dot{E}_{23}$ 接近 90°,$\dot{I}_{23}$ 建立的磁通 $\dot{\Phi}_{23}$ 的相位与 $\dot{\Phi}_3$ 的接近相反,其结果大大削弱了 $\dot{\Phi}_3$ 的作用,如图 1-39 所示。因此合成磁通及其感应电动势均接近正弦波。

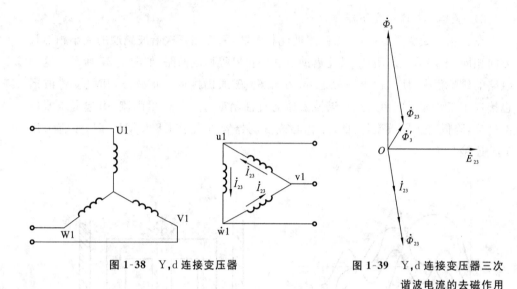

图 1-38　Y,d 连接变压器

图 1-39　Y,d 连接变压器三次
谐波电流的去磁作用

4. Y,yn 连接的三相变压器

变压器二次侧为 yn 接线,负载时可为三次谐波电流提供通路,使相电动势波形有所改善。但受负载阻抗的影响,其三次谐波电流数值小,因此相电动势波形仍得不到较大的改善,这种连接基本上与 Y,y 连接一样,只适用于容量较小的三相心式变压器,仍不能采用 Y,yn 连接。

综上分析,当变压器运行在磁化曲线的饱和段时,要得到正弦变化的磁通和相电动势就必须有三次谐波电流(它可由原绕组产生,也可由副绕组产生)。例如,由原绕组产生三次谐波电流的有 Y_N,y 和 D,y 连接,由副绕组产生三次谐波电流的有 Y,d 连接。因此在大容量高压变压器中,当需要一、二次侧均为星形连接时,可另加一个三角形连接的第三绕组,以改善相电动势的波形。另外,无论相电动势中有无三次谐波分量,线电压均为正弦波。

1.7　变压器的并联运行

1.7.1　概述

1. 定义

变压器的并联运行是指将两台以上变压器的一、二次绕组分别连接到一、二次侧的公共母线上,共同向负载供电的运行方式,如图 1-40 所示。在现代电力网中,变压器常采用并联运行方式。

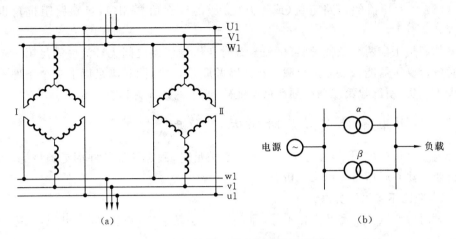

图 1-40 Y,y 连接三相变压器的并联运行

2. 并联运行的优点

(1) 提高供电的可靠性 并联运行时,如果某台变压器故障或检修,另几台可继续供电;

(2) 提高供电的经济性 并联运行时,可根据负载变化的情况随时调整投入变压器的台数,以提高运行效率;

(3) 对负荷逐渐增加的变电所,可分批增装变压器,以减少初装时的一次投资。

当然,并联的台数过多也是不经济的,因为一台大容量变压器的造价要比总容量相同的几台小变压器的造价低,占地面积也小。

1.7.2 变压器的理想并联条件

1. 变压器并联运行的理想情况

(1) 空载时并联运行的各变压器绕组之间无环流,以免增加绕组铜损耗;

(2) 带负载后,各变压器的负载系数相等,即各变压器所分担的负载电流按各自容量大小成正比例分配,即所谓"各尽所能",以使并联运行的各台变压器容量得到充分利用;

(3) 带负载后,各变压器所分担的电流应与总的负载电流同相位,这样在总的负载电流一定时,各变压器所分担的电流最小,如果各变压器的二次电流一定,则共同承担的负载电流为最大,即所谓"同心协力"。

2. 并联运行的理想条件

若要达到上述理想并联运行的情况,并联运行的变压器需满足如下条件:

(1) 各变压器一、二次侧的额定电压应分别相等,即变比相同;

(2) 各变压器的连接组别必须相同;

（3）各变压器的短路阻抗（或短路电压）的标幺值要相等，且短路阻抗角也要相等。

如满足了前两个条件，则可保证空载时变压器绕组之间无环流。满足第三个条件时各台变压器能合理分担负载。在实际并联运行时，同时满足以上三个条件不容易也不现实，所以除第二条必须严格保证外，其余两条允许稍有差异。

1.7.3 并联条件不满足时的运行分析

为使分析简单明了，在分析某一条件不满足时，假定其他条件都是满足的，且以两台变压器并联运行为例来分析。

1. 变比不等时的并联运行

设两台变压器Ⅰ和Ⅱ变比不等，即 $k_Ⅰ \neq k_Ⅱ$。若它们原边接同一电源，原边电压相等，则副边空载电压必然不等，分别为 $\dot{U}_1/k_Ⅰ$ 和 $\dot{U}_1/k_Ⅱ$，并联运行时的简化等效电路如图 1-41 所示。图中 $Z_{kⅠ}$、$Z_{kⅡ}$ 分别为副边短路阻抗。

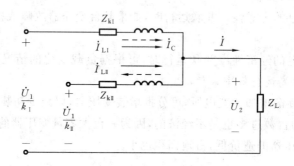

图 1-41 变比不等的两台变压器的并联运行等效电路

在图 1-41 所示中，$\dot{I}_c = \dfrac{\dfrac{\dot{U}_1}{k_Ⅰ} - \dfrac{\dot{U}_1}{k_Ⅱ}}{Z_{kⅠ} + Z_{kⅡ}}$，是由 $k_Ⅰ \neq k_Ⅱ$ 引起的，在空载时就存在，故称为空载环流，它只在两个二次绕组中流通。根据磁动势平衡原理，两台变压器的一次绕组中也相应产生环流。图 1-41 中的 $\dot{I}_{LⅠ}$ 和 $\dot{I}_{LⅡ}$ 分别为两台变压器各自分担的负载电流，它与短路阻抗成反比。

由于变压器短路阻抗很小，所以即使变比差值很小，也能产生较大的环流。这既占用了变压器的容量，又增加了变压器的损耗，是很不利的。因此，为了保证空载环流不超过额定电流的 10%，通常规定并联运行的变压器的变比偏差不大于 1%。

2. 连接组别不同时的并联运行

连接组别不同的变压器，即使一、二次侧额定电压相同，如果并联运行，则二次侧线电压之间的相位就不同，至少相差 30°。例如，Y,y0 与 Y,d11 并联，如图 1-42 所

示,此时副边线电压差 ΔU 为

$$\Delta U = |\dot{U}_{uvI} - \dot{U}_{uvII}| = 2U_{uvI}\sin\frac{30°}{2} = 0.518U_{uv} \tag{1-64}$$

由于变压器的短路阻抗很小,这么大的 ΔU 将产生几倍于额定电流的空载环流,会烧毁绕组。故连接组别不同的变压器绝对不允许并联运行。

3. 短路阻抗标幺值不等时的并联运行

由于变比 $k_I = k_{II}$,连接组别相同,则两台变压器并联运行的等效电路如图 1-43 所示,此时环流 I_c 为零。

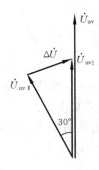

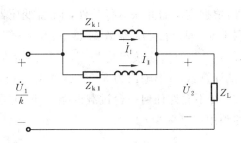

图 1-42　Y,y0 与 Y,d11 并联
　　　　时副边电压相量图

图 1-43　短路阻抗标幺值不等时并联运行的等效电路

由图 1-43 可知

$$\dot{I}_I Z_{kI} = \dot{I}_{II} Z_{kII} \text{ 或写成 } \frac{\dot{I}_I}{\dot{I}_{IN}} \times \frac{\dot{I}_{IN} Z_{kI}}{\dot{U}_N} = \frac{\dot{I}_{II}}{\dot{I}_{IIN}} \times \frac{\dot{I}_{IIN} Z_{kII}}{\dot{U}_N}$$

$$\beta_I Z_{kI}^* = \beta_{II} Z_{kII}^* \qquad \beta_I : \beta_{II} = \frac{1}{Z_{kI}^*} : \frac{1}{Z_{kII}^*} \tag{1-65}$$

式中:β_I、β_{II}——第 I、II 台变压器的负载系数。

由此可见,各台变压器所分担的负载大小与其短路阻抗标幺值成反比,使得短路阻抗标幺值大的变压器分担的负载小,而短路阻抗标幺值小的变压器分担的负载大。当短路阻抗标幺值小的变压器满载时,短路阻抗标幺值大的变压器欠载,故变压器的容量不能充分利用。当短路阻抗标幺值大的变压器满载时,短路阻抗标幺值小的变压器必然过载,长时间过载运行是不允许的。因此变压器并联运行时,要求短路阻抗标幺值相等,以充分利用变压器容量。但实际上不同变压器的短路电压百分值总有差异,通常要求并联运行的变压器短路电压百分值之差不超过其平均值的 10%。

为使各台变压器所承担的电流同相,还要求各台变压器的短路阻抗角相等。一般说来,变压器的容量相差越大,它们的短路阻抗角相差也越大,因此要求并联运行变压器的最大容量和最小容量之比不超过 3 : 1。

变压器运行规程规定:变比不同和短路阻抗标幺值不等的变压器,在任何一台变

压器都不会过负荷的情况下,可以并联运行。又规定:短路阻抗标幺值不等的变压器并联运行时,应适当提高短路阻抗标幺值大的变压器的二次电压,以使并联运行的变压器的容量均能充分利用。

例 1-5 有四台组别相同的三相变压器,数据如下:

(1) 100 kVA,3000/230 V,$z_{kI}^* = 0.05$;

(2) 100 kVA,3000/230 V,$z_{kII}^* = 0.0732$;

(3) 200 kVA,3000/230 V,$z_{kIII}^* = 0.05$;

(4) 300 kVA,3000/230 V,$z_{kIV}^* = 0.0596$。

问哪两台变压器并联最理想?

答:根据变压器并联运行条件,I、III 变压器并联运行最理想。

例 1-6 两台变压器数据如下:$S_{NI} = 1000$ kAV,$U_{kI} = 6.5\%$,$S_{NII} = 2000$ kAV,$U_{kII} = 7.0\%$,连接组均为 Y,d11,额定电压均为 35/10.5 kV。现将它们并联运行,试计算:(1) 当输出为 3000 kVA 时,每台变压器承担的负载是多少?

(2) 在不允许任何一台过载的条件下,并联变压器最大输出负载是多少?此时设备的利用率是多少?

解 (1) 由 $\dfrac{\beta_I}{\beta_{II}} = \dfrac{u_{kII}}{u_{kI}} = \dfrac{7}{6.5}$

$$S_{NI}\beta_I + S_{NII}\beta_{II} = 1000\beta_I + 2000\beta_{II} = 3000 \text{ kVA}$$

得

$$\beta_I = 1.05, \quad \beta_{II} = 0.975$$

$$S_I = S_{NI}\beta_I = 1000 \text{ kVA} \times 1.05 = 1050 \text{ kVA}$$

$$S_{II} = S_{NII}\beta_{II} = 2000 \text{ kVA} \times 0.975 = 1950 \text{ kVA}$$

(2) 因为 $u_{kI} < u_{kII}$,所以第一台变压器先达满载。

设 $\beta_I = 1$,则 $\beta_{II} = \beta_I \dfrac{u_{kI}}{u_{kII}} = 1 \times \dfrac{6.5}{7} = 0.9286$

$$S_{max} = S_{NI} + S_{NII}\beta_{II} = 1000 \text{ kVA} + 2000 \text{ kVA} \times 0.9286 = 2857 \text{ kVA}$$

1.8 其他用途的变压器

在电力系统中,除大量采用双绕组变压器外,还常采用各种特殊用途的变压器,它们涉及面广,种类繁多,但其基本原理与双绕组变压器相同或相似。本节仅介绍较常用的三绕组变压器、自耦变压器和仪用互感器工作原理及特点。

1.8.1 三绕组变压器

在电力系统中,在需要把几种不同电压等级的电网联系起来时。采用一台三绕组变压器比用两台如图 1-44 所示双绕组变压器更简单经济。

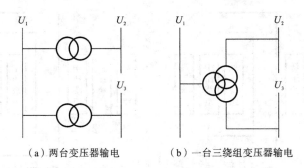

（a）两台变压器输电　　　（b）一台三绕组变压器输电

图 1-44　变压器输电单线图

1. 结构特点

三绕组变压器的结构与双绕组变压器的相似,其铁芯一般采用心式结构。变压器每相有高、中、低三个绕组,同心地套装在同一铁芯柱上,其中一个绕组接电源,另二个绕组便有两个等级的电压输出。其单相结构如图 1-45 所示。

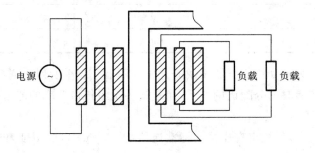

图 1-45　三绕组变压器结构

为了方便绝缘,三绕组变压器的高压绕组都放在最外面,中、低压绕组中哪个在最里面则需从功率的传递和短路阻抗的合理性来确定。一般来讲,相互传递功率较多的两个绕组靠得近些,这样漏磁通少,短路阻抗可少些,可保证有较小的电压变化率,以提高运行性能。对于降压变压器,功率是从高压侧向中、低压侧传递,主要是向中压侧传递,所以把中压绕组放在中间,低压绕组靠近铁芯柱,如图 1-46(a) 所示。对于升压变压器,功率是从低压侧向高、中压侧传递,所以把中压绕组靠近铁芯柱,低压绕组放在中间,如图 1-46(b)所示。

2. 容量及连接组

1) 额定容量

根据供电的需要,三侧容量可以设计得不同,各侧容量是指绕组通过功率的能力。变压器铭牌上标注的额定容量是指容量最大的那侧的容量。将额定容量作为100,三侧的容量配合有下列三种,如表 1-3 所示。

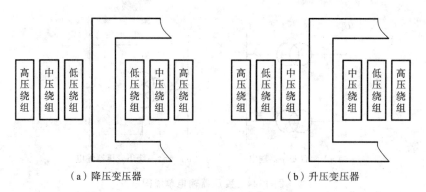

（a）降压变压器　　　　　　　　（b）升压变压器

图 1-46　三绕组变压器的绕组排列图

表 1-3　三绕组变压器容量配合关系

高压侧	中压侧	低压侧
100	100	100
100	50	100
100	100	50

三侧容量都为 100 的变压器仅做成升压变压器。表中所列三侧容量的配合关系并非实际功率传递时的分配比例关系,而是指各绕组传递功率的能力。

2) 连接组别

国家标准规定,三绕组变压器的标准连接组别有 YN,yn₀,d11 和 YN,yno,yo 两种。

3. 变比

如图 1-47 所示,设三绕组变压器绕组 1、2、3 的匝数分别为 N_1、N_2、N_3,则变比为

$$k_{12} = \frac{N_1}{N_2} \approx \frac{U_{1N}}{U_{2N}}$$

$$k_{13} = \frac{N_1}{N_3} \approx \frac{U_{1N}}{U_{3N}}$$

$$k_{23} = \frac{N_2}{N_3} \approx \frac{U_{2N}}{U_{3N}} \tag{1-66}$$

4. 基本方程

如图 1-47 所示,三绕组变压器运行时共有三类磁通,具体如下。

(1) 自漏磁通:只与一个绕组交链的磁通。

(2) 互漏磁通:交链两个绕组的磁通。

(3) 主磁通:主磁通同时与三个绕组交链,在铁芯中流通。它是由三个绕组的合

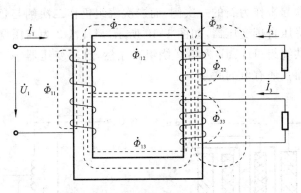

图 1-47　三绕组变压器运行示意图

成磁动势共同产生的。因此,负载运行时的磁动势平衡方程为

$$\dot{I}_1 N_1 + \dot{I}_2 N_2 + \dot{I}_3 N_3 = \dot{I}_0 N_1 \tag{1-67}$$

将二、三次折算到时一次后,可得

$$\dot{I}_1 + \dot{I}'_2 + \dot{I}'_3 = \dot{I}_0 \tag{1-68}$$

由于空载电流很小,可忽略不计,得

$$\dot{I}_1 + \dot{I}'_2 + \dot{I}'_3 = 0 \tag{1-69}$$

式中,$\dot{I}'_2 = \dfrac{\dot{I}_2}{k_{12}}$ 为绕组 2 电流的折算值;$\dot{I}'_3 = \dfrac{\dot{I}_3}{k_{13}}$ 为绕组 3 电流的折算值。

5. 等效电路

仿照双绕组变压器的推导方法,可以得到三绕组变压器简化的等效电路如图 1-48 所示。

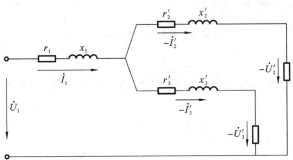

图 1-48　三绕组变压器的等效电路

需要指出的是,三绕组变压器等效电路中的电抗与自漏磁通和互漏磁通相对应。

1.8.2　自耦变压器

1. 结构特点

原边和副边共用一个绕组的变压器称为自耦变压器。如果将双绕组变压器的

一、二次绕组串联起来作为新的一次侧,而二次绕组仍作二次侧与负载阻抗 Z_L 相连接,便得到一台降压自耦变压器,如图 1-49 所示。U1、U2 为高压绕组;u1、u2 为低压绕组,又称公共绕组;U1、u1 为串联绕组。显然,自耦变压器一、二次绕组之间不但有磁的联系,而且还有电的联系。

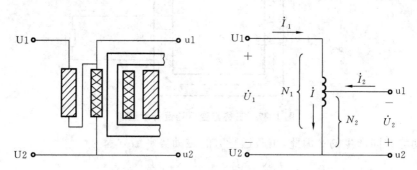

图 1-49　降压自耦变压器的结构与接线图

2. 电压、电流及容量关系

1) 电压关系

自耦变压器也是利用电磁感应原理工作的。当一次绕组 U1、U2 两端加交变电压 $\dot{U}_1$ 时,铁芯中产生交变磁通,并分别在一、二次绕组中产生感应电动势,若忽略漏阻抗压降,则有

$$\left.\begin{array}{l} U_1 \approx E_1 = 4.44 f N_1 \Phi_m \\ U_2 \approx E_2 = 4.44 f N_2 \Phi_m \end{array}\right\} \tag{1-70}$$

自耦变压器的变比为

$$k_a = \frac{E_1}{E_2} = \frac{N_1}{N_2} \approx \frac{U_1}{U_2} \tag{1-71}$$

2) 电流关系

负载运行时,外加电压为额定电压,主磁通近似为常数,总的励磁磁动势仍等于空载磁动势。即

$$N_1 \dot{I}_1 + N_2 \dot{I}_2 = N_1 \dot{I}_0 \tag{1-72}$$

若忽略励磁电流,得

$$N_1 \dot{I}_1 + N_2 \dot{I}_2 = 0$$

则

$$\dot{I}_1 = -\frac{N_2}{N_1} \dot{I}_2 = -\dot{I}_2 / k_a \tag{1-73}$$

可见,一、二次绕组电流的大小与匝数成反比,在相位上互差 180°。因此,流经公共绕组中的电流

$$\dot{I} = \dot{I}_1 + \dot{I}_2 = -\frac{\dot{I}_2}{k_a} + \dot{I}_2 = \left(1 - \frac{1}{k_a}\right)\dot{I}_2 \tag{1-74}$$

在数值上 $I=I_2-I_1$ 或 $\qquad\qquad I_2=I+I_1$ $\qquad\qquad\qquad\qquad$ (1-75)

式(1-75)说明,自耦变压器的输出电流为公共绕组中电流与一次绕组电流之和,由此可知,流经公共绕组中的电流总是小于输出电流的。

3)容量关系

普通双绕组变压器的铭牌容量(又称通过容量)和绕组的额定容量(又称电磁容量或设计容量)相等,但自耦变压器的两者却不相等。以单相自耦变压器为例,其铭牌容量为

$$S_N = U_{1N}I_{1N} = U_{2N}I_{2N} \qquad\qquad (1-76)$$

而串联绕组 U1、u1 段额定容量为

$$S_{U1u1} = U_{U1u1}I_{1N} = \frac{N_1-N_2}{N_1}U_{1N}I_{1N} = \left(1-\frac{1}{k_a}\right)S_N \qquad (1-77)$$

公共绕组 u1、u2 段额定容量为

$$S_{u1u2} = U_{u1u2}I = U_{2N}I_{2N}\left(1-\frac{1}{k_a}\right) = \left(1-\frac{1}{k_a}\right)S_N \qquad (1-78)$$

比较式(1-76)、式(1-77)和式(1-78)可知,串联线圈 U1u1 段额定容量与公共线圈 u1u2 段额定容量相等,并均小于自耦变压器的铭牌容量。

自耦变压器工作时,其输出容量

$$S_2 = U_2I_2 = U_2(I+I_1) = U_2I + U_2I_1 \qquad\qquad (1-79)$$

式(1-79)说明,自耦变压器的输出功率由两部分组成,其中 U_2I 为电磁功率,是通过电磁感应作用从原边传递到负载中去的,与双绕组变压器传递方式相同。U_2I_1 为传导功率,它是直接由电源经串联绕组传导到负载中去的,它不需要增加绕组容量,也正因为如此,自耦变压器的绕组容量才小于其额定容量。而且,自耦变压器的变比 k_a 愈接近1,绕组容量就愈小,其优越性就愈显著,因此,自耦变压器主要用于 $k_a<2$ 的场合。

3. 自耦变压器的主要优缺点

与普通双绕组变压器相比较,自耦变压器有以下主要优点和缺点。

1)主要优点

由于自耦变压器的设计容量小于额定容量,故在同样的额定容量下,自耦变压器的主要尺寸小,有效材料(硅钢片和铜线)和结构材料(钢材)都较节省,降低了成本,效率较高,重量减轻,故便于运输和安装,占地面积也小。

2)主要缺点

由于一、二次绕组间有电的直接联系,在运行时一、二次侧都需装设避雷器,以防高压侧产生过电压时引起低压绕组绝缘的损坏。同时自耦变压器中性点必须可靠接地。

4. 用途

目前,在高电压、大容量的输电系统中,自耦变压器主要用于连接两个电压等级

相近的电力网,作联络变压器之用,三相自耦变压器如图 1-50 所示。在实验室中还常采用如图 1-51 所示二次侧有滑动接触的自耦变压器作调压器。三相自耦变压器还可用做异步电动机的启动补偿器。

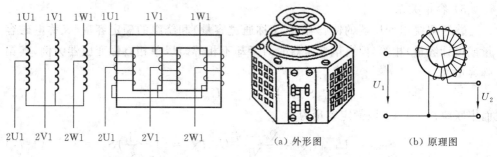

图 1-50　三相自耦变压器

(a) 外形图　　　　(b) 原理图

图 1-51　单相自耦调压器

1.8.3　仪用互感器

仪用互感器是一种供测量用的变压器,分电流互感器和电压互感器两种。它们的工作原理与变压器相同。

使用互感器有两个目的:一是为了工作人员的安全,使测量回路与高压电网隔离;二是可以使用普通量程的电流表、电压表分别测量大电流和高电压。互感器的规格各种各样,但电流互感器副边额定电流都是 5 A 或 1 A,电压互感器副边额定电压都是 100 V。

互感器除了用于测量电流和电压外,还用于各种继电保护装置的测量系统,因此它的应用极为广泛。下面分别介绍电流互感器和电压互感器。

1. 电流互感器

图 1-52 所示为电流互感器的原理图,其结构与普通变压器类似。但电流互感器的一次绕组匝数少,二次绕组匝数多。它的一次侧串联接入被测线路,流过被测电流 $\dot{I}_1$。二次侧接内阻抗极小的电流表或功率表的电流线圈,近似于短路状态,二次侧电流为 $\dot{I}_2$。因此电流互感器的运行情况相当于变压器的短路运行。

如果忽略励磁电流,由变压器的磁动势平衡关系可得

$$\frac{I_1}{I_2} = \frac{N_2}{N_1} = k_i \quad \text{或} \quad I_1 = k_i I_2 \tag{1-80}$$

式中:k_i——电流变比,是个常数。

也就是说,把电流互感器的副边电流数值乘上一个常数就是原边被测电流数值。因此量测 I_2 的电流表按 $k_i I_2$ 来刻度,从表上直读出被测电流 $\dot{I}_1$。

由于互感器总有一定的励磁电流,故一、二次电流比只是近似一个常数,因此,把一、二次电流比按一个常数 k_i 处理的电流互感器就存在着误差,用相对误差表示为

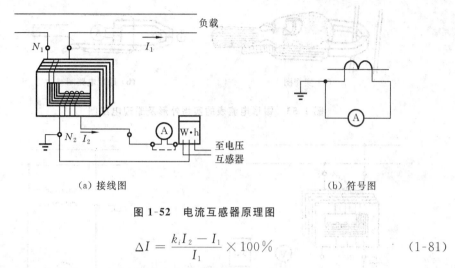

（a）接线图 （b）符号图

图 1-52 电流互感器原理图

$$\Delta I = \frac{k_i I_2 - I_1}{I_1} \times 100\%$$ （1-81）

根据误差的大小，电流互感器准确度分为下列各级：0.2、0.5、1.0、3.0、10.0。如 0.5 级的电流互感器表示在额定电流时误差最大不超过 ±0.5%。

使用电流互感器时，须注意以下三点。

（1）二次侧绝对不许开路。因为副边开路时，电流互感器处于空载运行状态，此时一次侧被测线路电流全部为励磁电流，使铁芯中磁通密度明显增大。这一方面使铁损耗急剧增加，铁芯过热甚至烧坏绕组；另一方面将使二次侧感应出很高电压，不但使绝缘击穿，而且危及工作人员和其他设备的安全。因此其二次侧不能接熔断器，在一次电路工作时如需检修和拆换电流表或功率表的电流线圈，必须先将二次侧短路。

（2）电流互感器的铁芯和二次绕组必须可靠接地，以防止绝缘击穿后，电力系统的高电压传到低压侧，危及二次设备及操作人员的安全。

（3）电流互感器有一定的额定容量，使用时二次侧不宜接过多的仪表，以免影响互感器的准确度。

为了可在现场不切断电路的情况下测量电流和便于携带使用，把电流表和电流互感器合起来制造成钳形电流表。图 1-53 所示为钳形电流表的实物外形和原理电路图。互感器的铁芯成钳形，可以张开，使用时只要张开钳口，将待测电流的一根导线放入钳中，然后将铁芯闭合，钳形电流表就会显示出被测导线电流的大小，可直接读数。

2. 电压互感器

图 1-54 所示为电压互感器的原理图。一次侧直接并联在被测的高压电路上，二次侧接电压表或功率表的电压线圈，一次绕组匝数 N_1 多，二次绕组匝数 N_2 少。由于电压表或功率表的电压线圈内阻抗很大，因此，电压互感器二次近似开路，实际上相当于一台二次处于空载状态的降压变压器。

如果忽略漏阻抗压降，则有

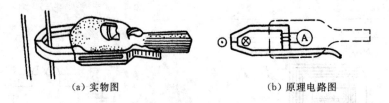

(a) 实物图　　　　　　　　　　　(b) 原理电路图

图 1-53　钳形电流表的实物外形及原理电路图

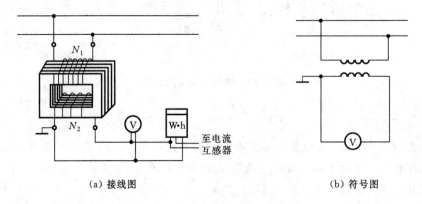

(a) 接线图　　　　　　　　　　　(b) 符号图

图 1-54　电压互感器原理图

$$U_1/U_2 = N_1/N_2 = k_u \quad 或 \quad U_1 = k_u U_2 \tag{1-82}$$

式中：k_u——电压变比，是个常数。这就是说，把电压互感器的二次电压数值乘上常数 k_u 就是一次被测电压的数值。因此测量 U_2 的电压表按 $k_u U_2$ 来刻度，从表上直接读出被测电压 U_1。

实际的电压互感器中，一、二次漏阻抗上都有压降，因此一、二次绕组电压比只是近似一个常数，必然存在误差。根据误差的大小，电压互感器准确度分为 0.2、0.5、1.0、3.0 几个等级。使用电压互感器时，须注意以下三点。

(1) 电压互感器的二次侧不允许短路。电压互感器正常运行时接近空载，此时如果二次侧短路，则会产生很大的短路电流，绕组将因过热而烧毁，因此二次侧必须装熔断器。

(2) 电压互感器的二次绕组连同铁芯必须可靠接地。以防绝缘破坏时，铁芯和绕组带高压电。

(3) 电压互感器有一定的额定容量，使用时二次侧不宜接过多的仪表，以免影响互感器的准确度。

小　结

变压器是一种传递交流电能的静止电气设备，它利用一、二次绕组匝数的不同，通过电磁感应作用,改变交流电的电压、电流数值,但频率不变。

变压器的基本结构部件有铁芯、绕组、油箱、冷却装置、绝缘套管和保护装置等。

每台变压器上都装有铭牌,在铭牌上标明了变压器工作时规定的使用条件,主要有:型号、额定值、器身重量、制造编号和制造厂家等有关技术数据。

在分析变压器内部电磁关系时,磁通按其实际分布和所起作用不同,分成主磁通和漏磁通两部分。前者以铁芯作闭合磁路,在一、二次绕组中均感应电动势,起着传递能量的媒介作用;而漏磁通主要以非铁磁性材料闭合,只起电抗压降的作用。

空载电流的大小约为额定电流的 $0.5\%\sim3\%$,基本上为无功电流,主要用于建立磁场,所以又称励磁电流,空载电流的波形视铁芯饱和程度而定。

当频率、匝数不变时,铁芯中主磁通最大值由电源电压大小决定。当电源电压为常数时,主磁通也为常数。

分析变压器内部电磁关系有基本方程、等效电路和相量图三种方法。基本方程是一种数学表达式,它概述了电动势和磁动势平衡两个基本电磁关系。负载变化对一次侧的影响是通过二次磁动势来实现的。等效电路是从基本方程出发用电路形式来模拟实际变压器,而相量图是基本方程的一种图形表示法,三者是完全一致的。在定量计算中常用等效电路的方法求解。相量图能直观地反映各物理量的大小和相位关系,故常用于定性分析。

励磁阻抗 Z_m 和漏电抗 x_1、x_2 是变压器的重要参数。每一种电抗都对应磁场中的一种磁通,如励磁电抗对应于主磁通,漏电抗对应于漏磁通,励磁电抗受磁路饱和影响不是常量,而漏电抗基本上不受铁芯饱和的影响,因此它们基本上为常数。

励磁阻抗和漏阻抗参数可通过空载和短路试验的方法求出。

采用标幺值给计算带来极大的方便。

电压变化率 ΔU 和效率 η 是衡量变压器运行性能的两个主要指标。电压变化率 ΔU 的大小反映了变压器负载运行时二次端电压的稳定性,而效率 η 则表明变压器运行时的经济性。ΔU 和 η 的大小不仅与变压器的本身参数有关,而且还与负载的大小和性质有关。

三相变压器分为三相组式变压器和三相心式变压器。三相组式变压器每相有独立的磁路,三相心式变压器各相磁路彼此相关。研究三相变压器的电路系统实质上就是研究变压器两侧线电压(或线电动势)之间的相位关系。变压器两侧电压的相位关系通常用时钟法来表示,即所谓连接组别。影响三相变压器连接组别的因素除有绕组绕向和首末端标志外,还有三相绕组的连接方式。变压器共有 12 种连接组别,国家规定三相变压器有 5 种标准连接组。

在三相变压器中,由于一、二次绕组的连接方法不同,因此空载电流中不一定能含有三次谐波分量,这将影响到主磁通和相电动势的波形,并且这种影响还与变压器的磁路系统有关。

变压器并联运行的条件是:① 额定电压、变比相等;② 连接组别相同;③ 短路电压(短路阻抗)标幺值相等、短路阻抗角相等。前两个条件保证了空载运行时变压器绕组之间不产生环流,后一个条件是保证并联运行变压器的容量得以充分利用。组别相同这一条件必须严格满足,否则烧坏变压器。

三绕组变压器的基本工作原理与双绕组变压器相同,多一个绕组,内部磁场关系就更复杂些。

自耦变压器的特点是一、二次绕组间不仅有磁的耦合,而且还有电的直接联系。故其一部分功率不通过电磁感应,而直接由一次侧传递到二次侧,因此和同容量普通变压器相比,自耦变压器具有省材料、损耗小、体积小等优点。但自耦变压器也有其缺点,如短路电抗标幺值较小,因此短路电流较大等。

仪用互感器是测量用的变压器,使用时应注意将其副边接地,电流互感器二次侧绝不允许开路,而电压互感器二次侧绝不允许短路。

思考题与习题

1. 变压器是怎样实现变压的?

2. 变压器的主要用途是什么? 为什么要高压输电?

3. 变压器铁芯的作用是什么? 为什么要用 0.35 mm 厚、表面涂有绝缘漆的硅钢片叠成?

4. 压器一次绕组若接在直流电源上,二次会有稳定的直流电压吗,为什么?

5. 变压器有哪些主要部件,其功能是什么?

6. 变压器二次额定电压是怎样定义的?

7. 双绕组变压器一、二次侧的额定容量为什么按相等进行设计?

8. 有一台单相变压器,$S_N = 50$ kVA,$U_{1N}/U_{2N} = 10500/230$ V,试求一、二次绕组的额定电流。

9. 有一台 $S_N = 5000$ kVA,$U_{1N}/U_{2N} = 10/6.3$ kV,Y,d 连接的三相变压器,试求:(1) 变压器的额定电压和额定电流;(2) 变压器一、二次绕组的额定电压和额定电流。

10. 一台 380/220 V 的单相变压器,如不慎将 380 V 加在低压绕组上,会产生什么现象?

11. 为什么要把变压器的磁通分成主磁通和漏磁通,它们有哪些区别?

12. 变压器空载电流的性质和作用如何? 其大小与哪些因素有关?

13. 变压器空载运行时,是否要从电网中取得功率? 起什么作用?

14. 变压器的励磁电抗和漏电抗各对应于什么磁通? 对已制成的变压器,它们是否是常数?

15. 一台单相变压器，已知 $S_N = 5000 \text{ kVA}$，$U_{1N}/U_{2N} = 35 \text{ kV}/6.6 \text{ kV}$，铁芯的有效面积为 $S_{Fe} = 1120 \text{ cm}^2$，若取铁芯中最大磁通密度 $B_m = 1.5 \text{ T}$，试求高、低压绕组的匝数和电压比（不计漏磁）。

16. 某三相变压器容量为 500 kVA，Y，yn 连接，电压为 6300/400 V，现将电源电压由 6300 V 改为 10000 V，如果保持低压绕组匝数每相 40 匝不变，试求原来高压绕组匝数及新的高压绕组匝数。

17. 为什么变压器的空载损耗可近似看成铁损耗，短路损耗可否近似看成铜损耗？

18. 试绘出变压器"T"形、近似和简化等效电路，并说明各参数的意义。

19. 变压器二次侧接电阻、电感和电容负载时，从一次侧输入的无功功率有何不同？为什么？

20. 为什么小负荷的用户使用大容量变压器无论对电网还是对用户都不利？

21. 有一台型号为 S−560/10 的三相变压器，额定电压 $U_{1N}/U_{2N} = 10000/400$ V，Y，yn0 连接，供给照明用电，若白炽灯额定值是 100 W、220 V，要求变压器不过载，三相总共可接多少灯？

22. 变压器空载试验一般在哪侧进行？将电源加在低压侧或高压侧实验所计算出的励磁阻抗是否相等？

23. 变压器短路试验一般在哪一侧进行？将电源加到高压侧或低压侧实验所计算出的短路阻抗是否相等？

24. 某三相铝线变压器，$S_N = 750 \text{ kVA}$，$U_{1N}/U_{2N} = 10000/400$ V，Y，d 连接，室温 300 ℃，在低压侧做空载试验，测出 $U_0 = 400$ V，$I_0 = 65$ A，$p_0 = 3700$ W；在高压侧做短路试验，测得 $U_k = 450$ V，$I_k = 35$ A，$p_k = 7500$ W。试求变压器高压侧的参数并画出"T"形等效电路。

25. 变压器外加电压一定，当负载（阻感性）电流增大时，一次电流如何变化？二次电压如何变化？当二次电压偏低时，对于降压变压器该如何调节分接头？

26. 变压器负载运行时引起副边端电压变化的原因是什么？副边电压变化率是如何定义的？它与哪些因素有关？当副边带什么性质负载时有可能使电压变化率为零？

27. 电力变压器的效率与哪些因素有关？何时效率最高？

28. 为何设计电力变压器时，一般取 $p_0 < p_{KN}$？如果取 $p_0 = p_{KN}$，变压器最适合带多大负载？

29. 某三相铝线变压器，$S_N = 1250 \text{ kVA}$，$U_{1N}/U_{2N} = 10000/400$ V，Y，yn0 连接，室温 20 ℃，在低压侧做空载试验，测出 $U_0 = 400$ V，$I_0 = 25.2$ A，$p_0 = 2405$ W；在高压侧做短路试验，测得 $U_k = 440$ V，$I_k = 72.17$ A，$p_k = 13590$ W。试求：(1) 变压器高压侧的参数并画出"T"型等效电路；(2) 当额定负载且 $\cos\varphi_2 = 0.8$（滞后）和 $\cos\varphi_2 =$

0.8(超前)时的电压变化率、二次端电压和效率。

30. 某三相变压器的额定容量 $S_N=5600$ kVA,额定电压 $U_{1N}/U_{2N}=6000/3300$ V,Y,d 连接。空载损耗 $P_0=18$ kW,短路损耗 $P_k=56$ kW,试求:(1) 当输出电流为额定电流,$\cos\varphi_2=0.8$(滞后)时的效率;(2) 效率最高时的负载系数和最高效率。

31. 三相心式变压器和三相组式变压器在磁路结构上有何区别?

32. 三相心式变压器和三相组式变压器相比,具有哪些优点?

33. 在测取三相心式变压器的空载电流时,为何中间一相的电流小于两边相的电流?

34. 什么是单相变压器的连接组别,影响其组别的因素有哪些? 如何用时钟法来表示?

35. 什么是三相变压器的连接组别,影响其组别的因素有哪些? 如何用时钟法来表示?

36. 变压器并联运行的理想条件是什么? 哪些必须严格遵守? 哪些可略有变化?

37. 若变压器并联运行条件任一条不满足,将产生什么后果?

38. 某厂负载总容量为 120 kVA,现有下列三台变压器可供选择:

Ⅰ:50 kVA,10/0.4 kV,Y,yn$_0$,$u_k=0.075$;

Ⅱ:100 kVA,10/0.4 kV,Y,yn$_0$,$u_k=0.06$;

Ⅲ:100 kVA,10/0.4 kV,Y,yn$_0$,$u_k=0.07$。

应选哪两台变压器并列运行,使变压器的利用率最高?

39. 如下图所示系统,欲从 35 kV 母线上接一台 35/3 kV 变压器 T3,则该变压器应为何连接组别?

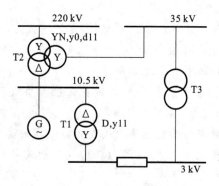

40. 两台变压器数据如下:$S_{NⅠ}=1250$ kAV,$U_{kⅠ}=6.5\%$,$S_{NⅡ}=2000$ kAV,$U_{kⅡ}=6.0\%$,连接组均为 Y,d11,额定电压均为 35/10.5 kV。现将它们并联运行,试计算:

(1) 当输出为 3250 kVA 时,每台变压器承担的负载是多少?

（2）在不允许任何一台过载的条件下，并联变压器最大输出负载是多少？此时设备的利用率是多少？

41. 三绕组变压器的额定容量是如何确定的？3个绕组的容量有哪几种分配方式？

42. 三绕组变压器主要用在什么场合？

43. 自耦变压器的功率是如何传递的？为什么它的设计容量比额定容量小？

44. 使用电流互感器时须注意哪些事项？

45. 使用电压互感器时须注意哪些事项？

第2章　异步电动机

学习目标

1. 理解三相绕组合成磁动势性质,掌握三相异步电动机的工作原理和基本结构。

2. 理解三相异步电机转差率及其三种运行状态。

3. 理解三相异步电动机的铭牌数据的含义,熟悉额定值之间的换算。

4. 理解电角度、极矩、节距、槽距角、极相组、绕组系数等概念;掌握交流旋转电机绕组的构成原则及连接规律。

5. 掌握正弦分布磁场下绕组的电动势计算。

6. 掌握三相异步电动机空载、负载时的电磁关系、电压平衡关系和等效电路图等。

7. 理解转差率对转子回路各物理量的影响,理解附加电阻的物理意义。

8. 掌握异步电动机的转矩和功率平衡方程式。

9. 掌握电磁转矩的物理表达式、参数表达式和转矩实用表达式及其计算。

10. 理解异步电动机的工作特性。

异步电机是一种交流旋转电机,它的转速除与电网的频率有关外,还随负载大小的变化而变化。异步电机可以作发电机运行,也可以作电动机运行,但主要用作电动机。异步电动机的结构简单,制造、使用和维护方便,运行可靠,价格便宜,效率较高。主要的缺点是必须从电网中吸收滞后的无功功率以建立磁场,使电网的功率因数降低。异步电动机有三相和单相之分。其中三相异步电动机在工农业中应用最广泛,单相异步电动机则主要用于家用电器中。据不完全统计,在电网的总负载中,异步电动机占总动力负载的 85% 以上。

2.1　三相异步电动机基本结构和工作原理

2.1.1　三相异步电动机基本结构

异步电动机主要由固定不动的定子和旋转的转子所组成,转子装在定子腔内,定子与转子间有很小的间隙,称为气隙。图 2-1 所示为鼠笼式异步电动机拆开后的结构图。

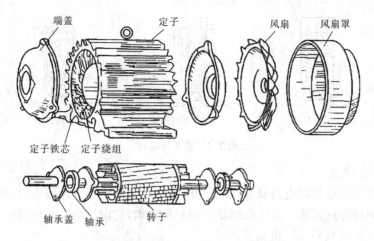

图 2-1　鼠笼式异步电动机拆开后的结构图

1. 定子部分

异步电动机定子由定子铁芯、定子绕组和机座等部件组成。定子的作用是用来产生旋转磁场。

1）定子铁芯

定子铁芯是电机磁路的一部分，同时也用于安放定子绕组。定子铁芯中的磁通为交变磁通，为了减小交变磁通在铁芯中引起的铁耗（涡流损耗和磁滞损耗），定子铁芯由导磁性能较好、厚 0.5 mm 的表面具有绝缘层的硅钢片叠压而成。当铁芯的直径小于 1 m 时，用整圆的硅钢片叠成；当铁芯的直径大于 1 m 时，用扇形的硅钢片叠成，如图 2-2 所示。

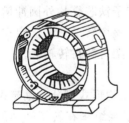

(a) 定子机座　　　　　　　　(b) 定子铁芯冲片

图 2-2　定子机座和铁芯冲片

定子铁芯叠片内圆开有槽，是用于嵌放定子绕组的。定子槽有开口槽、半开口槽和半闭口槽三种形式。图 2-3 所示为定子铁芯槽，其中图 2-3(a) 所示为开口槽，适用于高压大中型异步电动机；图 2-3(b) 所示为半开口槽，适用于低压中型异步电动机；图 2-3(c) 所示为半闭口槽，适用于小型异步电动机。

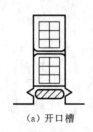 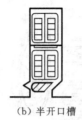 

(a) 开口槽　　　　　　(b) 半开口槽　　　　　　(c) 半闭口槽

图 2-3　定子铁芯槽

2）定子绕组

定子绕组是电机的电路部分,定子绕组嵌放在定子铁芯的内圆槽内,由许多线圈按一定的规律连接而成。定子绕组是三相对称绕组,它由三个完全相同的绕组组成,三个绕组在空间互差 120°电角度。

3）机座

机座是电机的外壳,用以固定和支撑定子铁芯及端盖。机座应具有足够的强度和刚度,同时还应满足通风散热的需要。按安装结构可分为立式和卧式。小型异步电机的机座一般用铸铁铸成,大型异步电机机座常用钢板焊接而成。

2. 转子部分

转子由转子铁芯、转子绕组和转轴等部件构成。转子的作用是用来产生感应电流,形成电磁转矩,从而实现机电能量转换。

1）转子铁芯

转子铁芯的作用与定子铁芯相同,也是电机磁路的一部分。通常用定子冲片内圆冲下来的中间部分做转子叠片,即一般仍用 0.5 mm 厚的硅钢片叠压而成,转子铁芯叠片外圆冲槽,用于安放转子绕组,如图 2-4 所示。整个转子铁芯固定在转轴上,或固定在转子支架上,转子支架再套在转轴上。

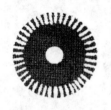

2）转子绕组

转子绕组按其结构形式可分为鼠笼式和绕线式两种。

（1）鼠笼式转子绕组　在转子铁芯的每一个槽中插入一根裸导条,在导条两端分别用两个短路环把导条连成一个整体,形成一个自身闭合的多相短路绕组,如果去掉转子

图 2-4　转子铁芯冲片

铁芯,整个绕组如同一个"鼠笼子",故称鼠笼式转子。大型异步电动机的鼠笼转子一般采用铜条转子,如图 2-5 所示。中小型异步电动机的鼠笼转子一般采用铸铝转子,如图 2-6 所示。

鼠笼式转子结构简单、制造方便,是一种经济、耐用的电机,所以得到广泛应用。

（2）绕线式转子绕组　与定子绕组一样,绕线式转子绕组也是对称的三相绕组,

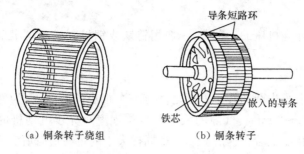

（a）铜条转子绕组　　　　　　（b）铜条转子

图 2-5　铜条转子结构

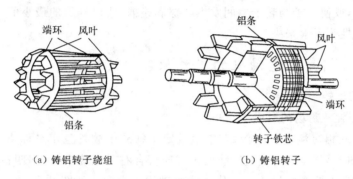

（a）铸铝转子绕组　　　　　　（b）铸铝转子

图 2-6　铸铝型转子结构

一般作星形连接。绕组的三根出线端分别接到转轴上彼此绝缘的三个滑环上,称为集电环,通过电刷装置与外部电路相连,如图 2-7 所示。这种转子的特点是可在转子绕组回路串入外接电阻,从而改善电动机的启动、制动与调速性能。

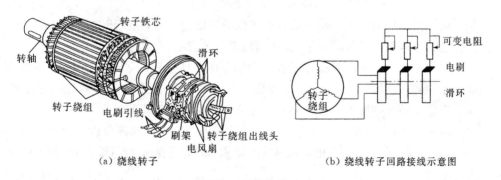

（a）绕线转子　　　　　　　　　（b）绕线转子回路接线示意图

图 2-7　绕线式转子

与鼠笼式转子相比,绕线式转子结构复杂,价格较高,一般用于要求启动转矩大或需要平滑调速的场合。

3）转轴

转轴的作用是支撑转子和传递机械功率。为保证其强度和刚度,转轴一般用低碳钢制成,整个转子靠轴承和端盖支撑着。

4）端盖

端盖是电机外壳机座的一部分，一般用铸铁或钢板制成。中小型电机一般采用带轴承的端盖。

3. 气隙

异步电动机定子内圆和转子外圆之间有一个很小的间隙，称为气隙。异步电动机气隙一般为 0.2～2 mm。气隙的大小与均匀程度对异步电动机的参数和运行性能影响很大。从性能上看，气隙越小，产生同样大小的主磁通时所需要的励磁电流也越小。由于励磁电流为无功电流，减少励磁电流可提高功率因数；但是气隙过小，会使装配困难，或使定子与转子之间发生摩擦和碰撞，所以气隙的最小值一般由制造、运行和可靠性等因素来决定。

2.1.2　三相异步电动机的工作原理

1. 三相旋转磁场

1）三相旋转磁场的形成

以两极三相交流电机为例，在电机的定子铁芯中放置三相对称绕组 U1－U2、V1－V2、W1－W2。规定绕组轴线的正方向符合右手螺旋定则，即四指从每相的首端进，尾端出，大拇指所指的方向代表绕组轴线正方向。如图 2-8(e)、(f)、(g)、(h)所示的 $\overline{\text{U}}$、$\overline{\text{V}}$、$\overline{\text{W}}$。在三相对称绕组中通入三相对称电流，其表达式为

$$\left.\begin{array}{l} i_{\text{U}} = I_{\text{m}}\sin(\omega t + 90°) \\ i_{\text{V}} = I_{\text{m}}\sin(\omega t - 30°) \\ i_{\text{W}} = I_{\text{m}}\sin(\omega t - 150°) \end{array}\right\} \tag{2-1}$$

三相电流的波形如图 2-8 所示。假设电流的瞬时值为正时，从绕组的首端流入，尾端流出。电流流入端用符号⊗表示，流出端用符号⊙表示。

根据一相绕组产生的脉振磁动势的大小与电流成正比、其方向可用右手螺旋定则确定、其幅值位置均在该相绕组的轴线上的规律，选取几个特别的瞬时进行观察，进而分析出三相对称绕组流过三相对称电流所产生的磁动势的特点。

选择 $\omega t = 0°$，$\omega t = 120°$，$\omega t = 240°$，$\omega t = 360°$ 等几个特定的时刻分析。

当 $\omega t = 0°$ 时，$i_{\text{U}} = I_{\text{m}}$，U 相电流从 U1 流入，以"⊗"表示，从 U2 流出，以"⊙"表示，$i_{\text{V}} = i_{\text{W}} = -\dfrac{1}{2}I_{\text{m}}$，电流分别从 V1 及 W1 流出，以"⊙"表示，而从 V2 及 W2 流入，以"⊗"表示。根据右手螺旋定则可知，三相绕组中电流产生的合成磁场的方向是从上向下，如图 2-8(a)所示。

用同样的方法可以画出 $\omega t = 120°$，$\omega t = 240°$，$\omega t = 360°$ 时的电流及三相合成磁场的方向，分别如图 2-8(b)、(c)、(d)所示。

通过比较这四个时刻，可以看出三相基波合成磁场在空间是正弦分布，其轴线在

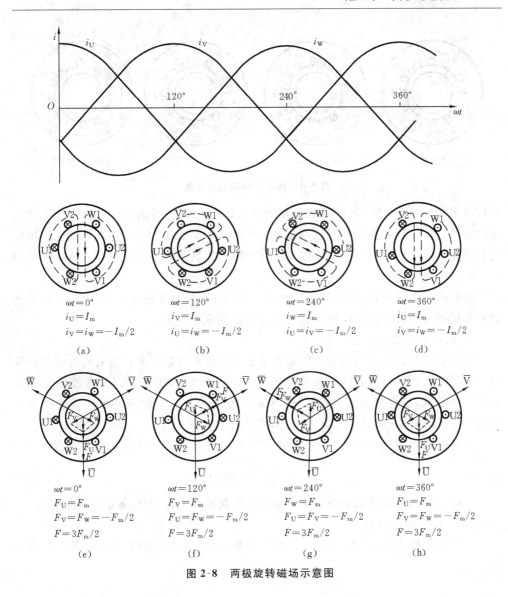

图 2-8 两极旋转磁场示意图

空间是旋转的,其幅值等于 $\dfrac{3}{2}F_{\mathrm{m}}$ 恒定不变,旋转磁场矢量顶点的轨迹为一圆,所以称

为圆形旋转磁场。

另外,如果将三相定子绕组排列成每个线圈在空间跨过 1/4,如图 2-9 所示。当通以对称电流时,用同样的方法可以画出四个特定瞬间的电流分布和合成磁场图,可见这是一个四极旋转磁场。

2) 旋转磁动势的转向

由图 2-8 可知,三相绕组中流过交流电流的相序是正序 U—V—W,旋转磁动势

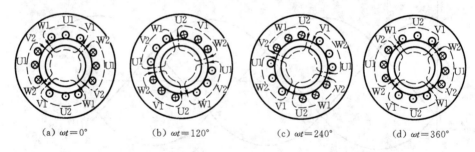

(a) $\omega t=0°$　　(b) $\omega t=120°$　　(c) $\omega t=240°$　　(d) $\omega t=360°$

图 2-9　四极旋转磁场示意图

的转向也是 U—V—W,即从 U 相绕组的轴线转向 V 相绕组的轴线,再转向 W 相绕组的轴线。若任意对调两相绕组所接电源的相序,则三相绕组中流过交流电的相序是负序 U—W—V,用上面同样的分析方法可知,旋转磁动势的转向会反转,转向为 U—W—V。

由此可得出结论,旋转磁动势的转向与通入三相绕组中的电流相序有关,总是从载有超前电流相绕组的轴线转向载有滞后电流相绕组的轴线。

3) 旋转磁动势的转速

旋转磁动势的转速与电源的频率和定子绕组的极对数有关。当电机为一对磁极时,电流变化一个周期,旋转磁动势旋转 360°空间电角度,对应的机械角度也是一周为 360°。因此,当电机为 p 对磁极时,电流变化一个周期,旋转磁动势也是旋转 360°空间电角度,而对应机械角度为 360°$/p$,即旋转了 $1/p$ 周。

若电源的频率为 f,每分钟变化 $60f$ 次,则旋转磁场磁动势每分钟转速为

$$n_1 = \frac{60f}{p} \ (\text{r/min}) \tag{2-2}$$

式(2-2)表明,旋转磁动势转速与电机的极对数成反比,和电源的频率成正比。

4) 旋转磁动势的幅值

由磁动势相量图分析法可证明旋转磁动势的幅值是单相脉振磁动势最大幅值的 $\frac{3}{2}$ 倍,即

$$F_1 = \frac{3}{2} F_{pm1} \tag{2-3}$$

综合以上分析,可以得到以下结论:

当三相对称绕组流过三相对称电流时,其合成磁势的基波是一个幅值不变的旋转磁势,该磁势具有下述特点。

(1) 旋转方向与电流相序有关。始终从超前电流相转向滞后电流相;

(2) 当某相电流达最大值时,合成磁势轴线正好转到该相绕组的轴上;

(3) 幅值等于单相脉振磁势基波最大幅值的 3/2 倍;

（4）旋转速度 $n_1 = \dfrac{60f}{p}$。

2. 工作原理

三相异步电动机是利用通电导体在磁场中产生电磁力形成电磁转矩的原理制成的。

图 2-10 是异步电动机工作原理示意图。在异步电动机的定子铁芯里，嵌放着对称的三相绕组 U1-U2、V1-V2、W1-W2，以鼠笼式异步电动机为例，转子是一个闭合的多相绕组鼠笼电机。图 2-10 所示定子、转子上的小圆圈表示定子绕组和转子导体。

当异步电动机三相对称定子绕组中通入三相对称交流电流时，定子电流便产生一个以同步转速 $n_1 = \dfrac{60f}{p}$ 旋转的圆形磁场，磁场的旋转方向取决于三相电流的相序。图 2-10 所示 U、V、W 三相绕组顺时针排列，当定子绕组中通入 U、V、W 相序的三相交流电流时，定子旋转磁场为顺时针转向。转子开始是静止

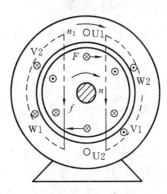

图 2-10　异步电动机工作原理示意图

的，故转子与旋转磁场之间存在相对运动，转子导体切割定子旋转磁场而感应电动势，因转子绕组自身闭合，转子绕组内便产生了感应电流。转子有功分量电流与感应电动势同相位，其方向由右手定则确定。载有有功分量电流的转子绕组在磁场中受到电磁力作用，由左手定则可判定电磁力 F 的方向。电磁力 F 对转轴形成一个电磁转矩，其作用方向与旋转磁场方向一致，拖着转子沿着旋转磁场方向旋转，将输入的电能变成转子旋转的机械能。如果电动机轴上带有机械负载，则机械负载便随电动机转动起来。

综上分析可知，三相异步电动机的基本工作原理如下。

（1）电生磁　定子三相对称绕组中通入三相对称电流形成旋转磁场。

（2）磁生电　转子导体切割旋转磁场，产生感应电动势，由于转子导体绕组是闭合的，故会产生感应电流。

（3）电磁力形成电磁转距　转子感应电流和旋转磁场相互作用产生电磁力形成电磁转距，带动转轴上的机械负载转动，从而将电能转变为机械能。

异步电动机的转子旋转方向始终与旋转磁场的方向一致，而旋转磁场的方向又取决于通入定子电流的相序，因此只要改变定子电流相序，即任意对调电动机的两根电源线，便可使电动机反转。

异步电动机的转子转速 n 总是低于定子磁场的转速 n_1，因为只有这样，转子绕组和旋转磁场间才有相对运动，才能产生感应电动势和感应电流，形成电磁转矩，

使电动机旋转。如果 $n=n_1$,转子绕组和旋转磁场之间无相对运动,转子绕组中无感应电动势和感应电流产生,则异步电动机电磁转矩为零,转速会下降。

由于异步电动机的转子电流是依靠电磁感应作用产生的,所以又称为感应式电动机。又由于电动机转速与旋转磁场转速不同步,所以称为异步电动机。

2.1.3　转差率

同步转速 n_1 与转子转速 n 之差再与同步转速 n_1 之比称为转差率,用字母 s 表示,即

$$s = \frac{n_1 - n}{n_1} \tag{2-4}$$

根据转差率 s,可以求电动机的实际转速 n,即

$$n = (1-s)n_1 \tag{2-5}$$

转差率 s 是异步电动机的一个重要参数,它反映异步电动机的各种运行情况,对电动机的运行有着极大的影响。

异步电动机负载越大,转速就越低,其转差率就越大;反之,负载越小,转速就越高,其转差率就越小,因此转差率可直接反映转速的高低。异步电动机带额定负载时,其额定转速很接近同步转速,因此转差率很小,一般 s_N 在 $0.01 \sim 0.06$ 之间。

例 2-1　一台 50 Hz、八极的三相异步电动机,额定转差率 $s_N = 0.043$,问该异步电动机的同步转速是多少?当该机运行在 700 r/min 时,转差率是多少?当该机运行在 800 r/min 时,转差率是多少?当该机运行在启动时,转差率是多少?

解　同步转速 $\quad n_1 = \dfrac{60 f_1}{p} = \dfrac{60 \times 50}{4} = 750$ r/min

额定转速 $\quad n_N = (1-s_N)n_1 = (1-0.043) \times 750 = 717$ r/min

当 $n = 700$ r/min 时,转差率 $\quad s = \dfrac{n_1 - n}{n_1} = \dfrac{750 - 700}{750} = 0.067$

当 $n = 800$ r/min 时,转差率 $\quad s = \dfrac{n_1 - n}{n_1} = \dfrac{750 - 800}{750} = -0.067$

当电动机启动时,$n = 0$,转差率 $\quad s = \dfrac{n_1 - n}{n_1} = \dfrac{750}{750} = 1$

2.1.4　异步电机的三种运行状态

根据转差率大小和正负,异步电机分为三种运行状态,即电动机运行状态、发电机运行状态和电磁制动运行状态。

1. 电动机运行状态

当定子绕组接至电源,转子会在电磁转矩的驱动下旋转,电磁转矩为驱动转矩,其转向与旋转磁场方向相同。此时电机从电网中取得电功率转变成机械功率,由转轴传给负载。电动机转速 n 与定子旋转磁场转速 n_1 同方向,如图 2-11(b)所示。当

电机静止时，$n=0$，$s=1$；当异步电动机处于理想空载运行时，转速 n 接近于同步转速 n_1，转差率接近于零。故异步电机作电动机运行时，转速变化范围为 $0<n<n_1$，转差率变化范围为 $0<s<1$。

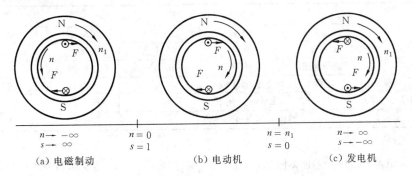

图 2-11　异步电机的三种运行状态

2. 发电机运行状态

异步电机定子绕组仍然接至电源，转轴上不再接负载，而是用原动机拖动转子以高于同步转速并顺着旋转磁场的方向旋转，如图 2-11（c）所示。此时转子导体旋转磁场切割的方向与电动机方向相反，产生的电磁转矩方向也与电机旋转方向相反，电磁转矩变成制动转矩。为克服电磁转矩的制动作用，使转子保持 $n>n_1$ 继续旋转，电机必须不断地从原动机输入机械功率，把机械功率变为输出的电功率，因此称为发电机运行状态。此时，$n>n_1$，则 $-\infty<s<0$。

3. 电磁制动状态

异步电机定子绕组仍然接至电源，用外力拖动电机逆着旋转磁场的方向转动，如图 2-11（a）所示。此时电磁转矩与电机旋转方向相反，起制动作用。

为克服这个制动转矩，外力必须向转子输入机械功率，同时电机从电网吸收电功率，这两部分功率都在电机内部以损耗的方式转化成热能消耗了。

异步电机作电磁制动状态运行时，转速变化范围为 $-\infty<n<0$，相应的转差率变化范围为 $1<s<\infty$。

由此可知，区分这三种运行状态的依据是转差率的大小：当 $0<s<1$ 时，为电动机运行状态；当 $-\infty<s<0$ 时，为发电机运行状态；当 $1<s<\infty$ 时，为电磁制动状态。

综上所述，异步电机既可以作电动机运行，又可以运行在发电机状态和电磁制动状态，但异步电机主要作为电动机运行，异步发电机很少使用；而电磁制动状态往往只是异步电机在完成某一生产过程中而出现的短时运行状态，如起重机下放重物等。

2.1.5　异步电动机的铭牌和使用常识

异步电动机的机座上都装有一块铭牌，上面标出电动机的型号和主要技术数据。

了解铭牌上有关数据,对正确选择、使用、维护和维修电动机具有重要意义。表 2-1 所示为三相异步电动机的铭牌,现分别说明如下。

表 2-1　三相异步电动机铭牌

三相异步电动机					
型号	Y180L-8	功率	15 kW	频率	50 Hz
电压	380 V	电流	25.1 A	接线	△
转速	736 r/min	效率	86.5%	功率因数	0.76
工作定额	连续	绝缘等级	B	重量	185 kg
防护形式	IP44(封闭式)			产品编号	
×××××电机厂					×年×月

1. 型号

异步电动机的型号主要包括产品代号、设计序号、规格代号和特殊环境代号等。产品代号表示电机的类型,如电机名称、规格、防护形式及转子类型等,一般采用大写印刷体的汉语拼音字母表示。表 2-2 所示为型号中常用汉语拼音的字母含义。

表 2-2　三相异步电动机的型号中常用汉语拼音字母含义

字　母	所代表意义	字　母	所代表意义
J	交流异步电动机	Y	异步电动机(新系列)
O	封闭式(没有 O 是防护式)	R	绕线式转子(没有 R 为鼠笼式转子)
S	双鼠笼式转子	C	深槽式转子
Z	冶金和起重用的铜条鼠笼式转子	Q	高起重转矩
L	铝线电机	D	多速
B	防爆		

设计序号是指电动机产品设计的顺序,用阿拉伯数字表示。规格代号是用中心高、铁芯外径、机座号、机座长度、铁芯长度、功率、转速或极数表示的。表 2-3 所示为系列产品的规格代号。

表 2-3　三相异步电动机系列产品的规格代号

序号	系列产品	规格代号
1	中小型异步电动机	中心高(mm)—机座长度(字母代号)—铁芯长度(数字代号)—极数
2	大型异步电动机	功率(kW)—极数/定子铁芯外径(mm)

注:① 机座长度的字母代号采用国际通用符号表示,如 S 表示短机座、M 表示中机座、L 表示长机座;

② 铁芯长度的字母代号采用数字 1、2、3…表示。

现以 Y 系列异步电动机为例说明型号中各字母及阿拉伯数字所代表的含义。

小型异步电动机

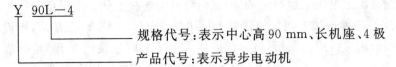

中型异步电动机

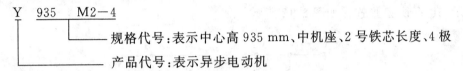

大型异步电动机

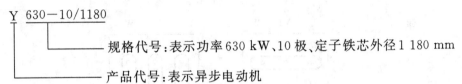

2. 额定值

额定值是指制造厂对电机在额定工作条件下长期工作而不至于损坏所规定的一个量值,即电机铭牌上标出的数据。

1) 额定电压 U_N

额定电压是指电动机在额定状态下运行时,规定加在定子绕组上的线电压,单位为 V 或 kV。

2) 额定电流 I_N

额定电流是指电动机在额定状态下运行时,流入电动机定子绕组的线电流,单位为 A 或 kA。

3) 额定功率 P_N

额定功率是指电动机在额定状态下运行时,轴上输出的机械功率,单位为 W 或 kW。

对于三相异步电动机,其额定功率为

$$P_N = \sqrt{3}U_N I_N \eta_N \cos\varphi_N \tag{2-6}$$

式中:η_N——电动机的额定效率;$\cos\varphi_N$——电动机的额定功率因数。

4) 额定转速 n_N

额定转速是指在额定状态下运行时电动机的转速,单位为 r/min。

5) 额定频率 f_N

额定频率是指电动机在额定状态下运行时,输入电动机交流电的频率,单位为 Hz。我国交流电的频率为工频 50 Hz。

3. 接线

接线是指在额定电压下运行时,定子三相绕组的连接方式。定子绕组有星形连接和三角形连接两种连接方式。如铭牌上标明 380 V/220 V,Y/△接法,则说明电机既可接成星形也可接成三角形,电源线电压为 380 V 时应接成 Y 形;电源线电压为 220 V 时应接成△形。无论采用哪种接法,相绕组承受的电压应相等。

国产 Y 系列电动机接线端的首端用 U1、V1、W1 表示,末端用 U2、V2、W2 表示,其 Y 形、△形连接如图 2-12 所示。

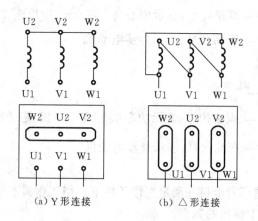

(a) Y 形连接　　　(b) △形连接

图 2-12　三相异步电动机的接线盒

4. 防护等级

防护等级表示电动机外壳的防护等级,以字母"IP"和其后面的两位数字表示。"IP"为国际防护的缩写,后面的第一位数字代表防尘的等级,共分 0～6 七个等级。第二个数字代表防水的等级,共分 0～8 九个等级,数字越大,表示防护的能力越强。例如,IP44 标志电动机能防护大于 1 mm 固体物入内,同时也能防溅水入内。

5. 绝缘等级与温升

绝缘等级表示电动机所用绝缘材料的耐热等级。温升表示电动机发热时允许升高温度。

6. 工作制

工作制也称定额或工作方式,指运行持续的时间。分为连续工作制、短时工作制、断续周期工作制三种。

例 2-2　某台四极三相异步电动机:$P_N = 11$ kW,△接线,$U_N = 380$ V,$\cos\varphi_N = 0.858$,$\eta_N = 89.07\%$,$n_N = 1\,460$ r/min,$f_N = 50$ Hz,试求定子绕组的额定电流 $I_{N\phi}$。

解　定子额定电流

$$I_N = \frac{P_N}{\sqrt{3}U_N\cos\varphi_N\eta_N} = \frac{11 \times 10^3}{\sqrt{3} \times 380 \times 0.858 \times 0.890\,7} \text{ A} = 21.87 \text{ A}$$

由于定子绕组为△形接线，所以定子绕组的额定电流为

$$I_{N\phi} = \frac{I_N}{\sqrt{3}} = \frac{21.87}{\sqrt{3}}A = 12.63 \text{ A}$$

例 2-3 一台三相异步电动机，$P_N = 4.5 \text{ kW}$，Y/△接线，380/220 V，$\cos\varphi_N = 0.8$，$\eta_N = 0.8$，$n_N = 1\,450 \text{ r/min}$，试求：(1)接成 Y 形或△形时的定子额定电流；(2)同步转速 n_1 及定子磁极对数 p；(3)带额定负载时转差率 s_N。

解 (1) Y 形接线时：$U_N = 380 \text{ V}$

$$I_N = \frac{P_N}{\sqrt{3}U_N\cos\varphi_N\eta_N} = \frac{4.5 \times 10^3}{\sqrt{3} \times 380 \times 0.8 \times 0.8} \text{ A} = 10.68 \text{ A}$$

△形接线时：$U_N = 220 \text{ V}$

$$I_N = \frac{P_N}{\sqrt{3}U_N\cos\varphi_N\eta_N} = \frac{4.5 \times 10^3}{\sqrt{3} \times 220 \times 0.8 \times 0.8} \text{ A} = 18.45 \text{ A}$$

(2) 因为额定转速接近同步转速，有

$$n_N = 1\,460 \text{ r/min}$$

所以同步转速 $\qquad n_1 = 1\,500 \text{ r/min}$

$$n_1 = \frac{60f}{p}, \qquad p = \frac{60f}{n_1} = \frac{60 \times 50}{1\,500} = 2$$

(3) 额定转差率

$$s_N = \frac{n_1 - n_N}{n_1} = \frac{1\,500 - 1\,450}{1\,500} = 0.033\,3$$

2.1.6　异步电动机的简介

1. 异步电动机的分类

异步电动机的类型很多，有很多分类方法。

按定子绕组相数可以分为单相异步电动机和三相异步电动机。

按转子的结构型式可以分为鼠笼式异步电动机和绕线式异步电动机。

按外壳防护型式可以分为开启式、防护式和封闭式异步电动机。

按冷却方式可以分为自冷式、自扇式、他扇式、管道冷式和外装冷却器式异步电动机。

按尺寸大小可以分为小型(轴中心高在 80～315 mm 范围内)、中型(轴中心高在 355～630 mm 范围内)和大型(轴中心高大于 630 mm)异步电动机。

按工作方式可以分为连续工作制、短时工作制和断续周期工作制异步电动机。

电力系统采用的是三相制，所以绝大多数都是三相异步电动机，在没有三相电源和所需功率比较小的时候，才采用单相异步电动机，如洗衣机、风扇、冰箱、空调等。单相异步电动机在日常生活中应用得非常广泛。

2. 异步电动机产品简介

异步电动机是各种电机中用途最广泛,产量最大的一种电机。我国生产的异步电动机种类很多,现行的新系列电机符合国际电工协会(IEC)标准,具有国际通用性,技术、经济指标更高。

(1)Y 系列 一般用途的小型鼠笼式完全封闭自冷式三相异步电动机,取代了原先的 JO2 系列。它具有效率高、启动转矩大、噪声低、振动小、防护性能好、安全可靠、外观美观等优点。该系列主要用于金属切削机床,通用机械、矿山机械和农业机械等。

(2)YR 系列 为三相绕线型异步电动机系列,用于电源容量小,不能用同容量鼠笼式异步电动机启动及要求启动转矩或启动惯量较大的机械设备上,主要用于冶金和矿山工业中。

(3)YD 系列 为变极多速三相异步电动机。它主要用于各式机床以及起重传动设备等需要多种速度的传动装置。

(4)YQ 系列 为高启动转矩异步电动机,用在启动静止参数或惯性负载较大的机械上。如压缩机、粉碎机等。

(5)YZ 和 YZR 系列 是起重运输机械和冶金厂专用异步电动机,YZ 为鼠笼型,YZR 为绕线转子型。

(6)YCT 系列 为电磁调速异步电动机,主要用于纺织、印染、化工、造纸、造船及要求变速的机械上。

(7)YJ 系列 为精密机床用异步电动机,使用于要求振动小,噪声低的精密机床。

(8)YB 系列 为防爆式鼠笼式异步电动机。

2.2 交流旋转电机的绕组

交流绕组是实现机电能量转换的重要部件,通过它可以感应电动势并对外输出电功率(发电机)或通入电流建立磁场产生电磁转矩(电动机),因此交流绕组被称为"电机的心脏"。要了解交流旋转电机的原理和运行问题,首先必须对交流绕组的构成、连接规律和电磁现象有一个基本了解。

2.2.1 交流绕组的基本知识

1. 交流绕组的作用

交流绕组是电机感应电动势、流通电流、进行机电能量转换的关键部件,是交流旋转电机的核心部件。其作用主要有以下几点。

（1）构成电路,导通电流;

（2）与磁场相对运动,产生感应电动势;

（3）通入电流,建立能量转换需要的磁动势;

（4）流过电流,产生电磁力,形成电磁转矩。

2. 交流绕组的基本构成原则

（1）在一定的导体数下,有合理的最可能大的绕组合成电动势和磁动势;

（2）各相的相电动势和相磁动势波形力求接近正弦波,即要求尽量减少它们的高次谐波分量;

（3）对三相绕组,各相的电动势和磁动势要求对称(大小相等且相位上互差120°),并且三相阻抗也要求相等;

（4）绕组用铜量少,绝缘性能、散热条件好;

（5）机械强度好,绕组的制造、安装和检修要方便。

2.2.2　交流绕组的术语

1. 电角度与机械角度

在分析交流电机的绕组和磁场在空间上的分布等问题时,电机的空间角度常用电角度表示。如图 2-13 所示,由于每转过一对磁极,导体的基波电动势变化一个周期(360°电角度),因此一对磁极所占空间的电角度为 360°。若电机的极对数为 p,则电角度为

$$电角度 = p \times 机械角度 \tag{2-7}$$

为了区别,电机圆周的几何角度为 360°,这个角度称为机械角度。此后在分析绕组

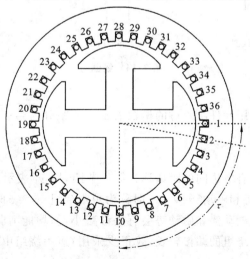

图 2-13　电角度与机械角度的关系

和电机原理时,都是用空间电角度,而不用机械角度。只有在计算电机转子的角速度时才用机械角度。

2. 极距 τ

极距是相邻的一对磁极轴线间沿气隙圆周即电枢表面的距离。一般用每个极面下所占的槽数表示。

如定子槽数为 Z,极对数为 p(极数为 $2p$),则极距用槽数表示时

$$\tau = \frac{Z}{2p} \tag{2-8}$$

极距也可用电角度表示,当用电角度表示时,极距 $\tau = 180°$ 电角度。

3. 线圈

线圈是组成绕组的基本单元,又称元件。线圈可以是单匝的也可以是多匝的。每个线圈都有首端和尾端两根线引出。线圈的直线部分,即切割磁力线的部分,称为有效边,嵌在定子槽的铁芯中。连接有效边的部分称为端接部分,置于铁芯槽的外部,如图 2-14 所示。

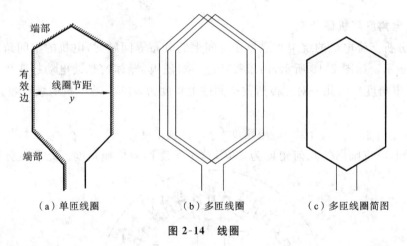

(a)单匝线圈　　　　　　(b)多匝线圈　　　　　　(c)多匝线圈简图

图 2-14　线圈

4. 节距

节距的长短通常用元件所跨过的槽数表示。节距分为第一节距、第二节距和合成节距。

1) 第一节距 y_1

同一线圈的两个有效边间的距离称为第一节距,用 y_1 表示。$y_1 = \tau$ 时称为整距绕组,有最大的电动势和磁动势;$y_1 < \tau$ 时称为短距绕组;$y_1 > \tau$ 时称为长距绕组。长距绕组与短距绕组的电动势和磁动势会有些许减小,但均能削弱高次谐波电势或磁势以改善波形。长距绕组的端接较长,故很少采用;短距绕组由于其端接较短,故采用较多。

2）第二节距 y_2

第一个线圈的下层边与相连接的第二个线圈的上层边间的距离称第二节距,用 y_2 表示。

3）合成节距 y

第一个线圈与相连接的第二个线圈的对应边间的距离称合成节距,用 y 表示。如图 2-15 所示。

5. 槽距角 α

槽距角是相邻槽间的电角度。电机定子的内圆周是 $p\times360°$ 电角度,因此槽距角为

$$\alpha=\frac{p\times360°}{Z} \qquad (2-9)$$

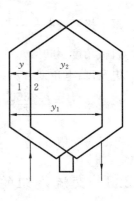

图 2-15　绕组的节距

槽距角表明相邻两槽内导体的基波感应电动势在时间相位上相差 α 电角度,如图 2-16 所示。

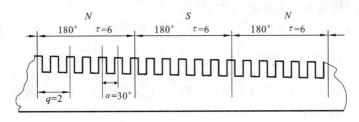

图 2-16　每极每相槽数 q 示意图

6. 每极每相槽数 q

每相绕组在每个磁极下平均占有的槽数为每极每相槽数 q,如图 2-16 所示。

即

$$q=\frac{Z}{2mp} \qquad (2-10)$$

式中:Z——总槽数,p——极对数,m——相数。

q 为整数时,称之为整数槽绕组,一般常用;q 为分数时,称之为分数槽绕组,多用于水轮发电机组,用以改善相电动势波形。

7. 相带

每个极下每相连续占有的电角度称为相带。由于每个磁极占 $180°$ 电角度,故三相绕组的相带通常为 $60°$ 电角度,因此交流旋转电机一般采用 $60°$ 相带。

8. 线圈组

将属同一相的 q 个线圈按一定规律连接起来就构成一个线圈组,也称为极相组。将属于同一相的所有极相组并联或串联起来就构成一相绕组。

例 2-4　有一台三相交流旋转电机,已知 $Z=48$ 槽,$2p=4$,求该交流旋转电机的极距 τ、机械角度、电角度、槽距角 α 和每极每相槽数 q。

解 极距：$\tau = \dfrac{Z}{2p} = \dfrac{48}{4} = 12$

机械角度：$360°$

电角度：电角度 $= p \times$ 机械角度 $= 2 \times 360° = 720°$

槽距角：$\alpha = \dfrac{p \times 360°}{Z} = \dfrac{2 \times 360°}{48} = 15°$

每极每相槽数：$q = \dfrac{Z}{2mp} = \dfrac{48}{2 \times 3 \times 2} = 4$

2.2.3 交流绕组的分类

按绕法分为叠绕组和波绕组。

按槽内元件边的层数分为单层绕组、双层绕组和单双层绕组。

按每极每相槽数是整数还是分数分为整数槽绕组和分数槽绕组。

按绕组节距是否等于极距可分为整距绕组、短距绕组和长距绕组。

按相数分可分为有单相绕组、二相绕组和三相绕组。

2.2.4 三相单层绕组

单层绕组的每个槽里只放一个线圈边，一个线圈的两个有效边就要占两个槽，所以线圈数等于槽数的一半。

单层绕组分为链式绕组、同心式绕组和交叉式绕组。

1. 单层链式绕组

单层链式绕组是由形状、几何尺寸和节距都相同的线圈连接而成的，就整体外形看，像一条长链子，故称链式绕组。

下面以 $Z = 24$，极数 $2p = 4$ 的异步电动机定子绕组为例来说明链式绕组的构成。

例 2-5 设有一台极数 $2p = 4$ 的异步电动机，定子槽数 $Z = 24$，采用三相单层链式绕组，说明单层链式绕组的构成原理并绘出展开图。

解 (1) 计算极距 τ、每极每相槽数 q 和槽距角 α。

$$\tau = \frac{Z}{2p} = \frac{24}{4} = 6$$

$$q = \frac{Z}{2mp} = \frac{24}{2 \times 3 \times 2} = 2$$

$$\alpha = \frac{p \times 360°}{Z} = \frac{2 \times 360°}{24} = 30°$$

(2) 分相。

将槽依次编号，绕组采用 $60°$ 相带，则每个相带包含两个槽，相带和槽号的对应关系如下，如表 2-4 所示。

表 2-4　相带和槽号的对应关系(三相单层链式绕组)

相带 槽号	U1	W2	V1	U2	W1	V2
第一对极	1,2	3,4	5,6	7,8	9,10	11,12
第二对极	13,14	15,16	17,18	19,20	21,22	23,24

(3)构成一相绕组,绘出展开图。

将属于 U 相导体的 2 和 7、8 和 13、14 和 19、20 和 1 相连,构成四个节距相等的线圈。当电动机中有旋转磁场时,槽内的导体切割磁力线而感应电动势,U 相绕组的总电动势将是导体 1、2、7、8、13、14、19、20 的电动势之和(相量和)。四个线圈按"尾-尾"、"头-头"相连的原则构成 U 相绕组,其展开图如图 2-17 所示。采用这种连接方式的绕组称为链式绕组。

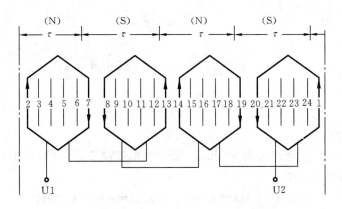

图 2-17　单层链式 U 相绕组展开图

用同样的方法可以得到另外两相绕组的连接规律。V、W 两相绕组的首端依次与 U 相绕组首端相差 120°和 240°的电角度。图 2-18 所示为三相单层链式绕组的展开图。

链式绕组主要用于 $q=2$ 的 4、6、8 极的小型异步电动机中,具有工艺简单、制造方便、线圈端接连线少、节约材料等优点。

2. 单层交叉式绕组

交叉式绕组是由线圈个数和节距都不等的两种线圈组构成的,同一线圈组中的各个线圈的形状、几何尺寸和节距都相等,各线圈组的端接部分都相互交叉。

例 2-6　设有一台极数 $2p=4$ 的异步电动机,定子槽数 $Z=36$,采用三相单层交叉式绕组,说明单层交叉式绕组的构成原理并绘出展开图。

解　(1)计算极距 τ、每极每相槽数 q 和槽距角 α。

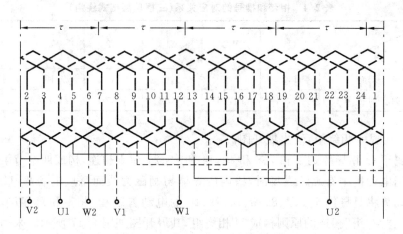

图 2-18 三相单层链式绕组的展开图

$$\tau = \frac{Z}{2p} = \frac{36}{4} = 9$$

$$q = \frac{Z}{2mp} = \frac{36}{2 \times 3 \times 2} = 3$$

$$\alpha = \frac{p \times 360°}{Z} = \frac{2 \times 360°}{36} = 20°$$

（2）分相。

将槽依次编号，绕组采用 60°相带，则每个相带包含三个槽，相带和槽号的对应关系如下，如表 2-5 所示。

表 2-5　相带和槽号的对应关系(三相单层交叉式绕组)

相带 槽号	U1	W1	V1	U2	W2	V2
第一对极	1,2,3	4,5,6	7,8,9	10,11,12	13,14,15	16,17,18
第二对极	19,20,21	22,23,24	25,26,27	28,29,30	31,32,33	34,35,36

（3）构成一相绕组，绘出展开图。

根据 U 相绕组所占槽数，把 U 相所属的每个相带内的槽数分成两部分：2-10、3-11 构成两个节距都为 $y_1 = 8$ 的大线圈；1-30 构成一个 $y_1 = 7$ 的小线圈。同理，20-28、21-29 构成两个大线圈，19-12 构成一个小线圈，即在两对极下依次布置两大一小线圈。根据电动势相加的原则，线圈之间的连接规律是：两个相邻的大线圈之间应"头-尾"相连，大小线圈之间应按照"尾-尾"、"头-头"规律相连。单层交叉式 U 相绕组展开图如图 2-19 所示。采用这种连接方式的绕组称为交叉式绕组。

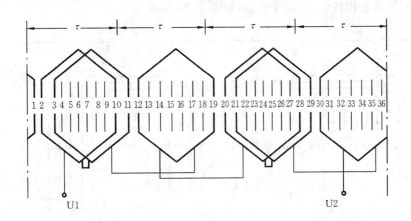

图 2-19 单层交叉式 U 相绕组展开图

用同样的方法可以得到另外两相绕组的连接规律。图 2-20 为三相单层交叉绕组的展开图。

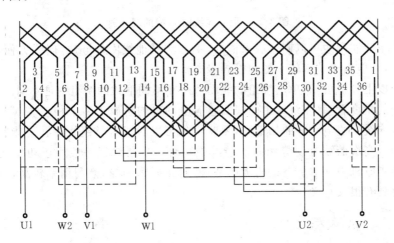

图 2-20 三相单层交叉式绕组的展开图

交叉式绕组不是等元件绕组,线圈节距小于极距,因此端接部分连线较短,有利于节约原材料。当 $q=3$ 时一般均采用交叉式绕组。

3. 单层同心式绕组

同心式绕组由几个几何尺寸和节距不等的线圈连成同心形状的线圈组构成。

例 2-7 设有一台极数 $2p=4$ 的交流电机,定子槽数 $Z=36$,说明三相单层同心式绕组的构成原理并绘出展开图。

解 (1)计算极距 τ、每极每相槽数 q 和槽距角 α。同例 2-6。

(2)分相,同例 2-6。

(3) 构成一相绕组,绘出展开图,如图 2-21 所示。

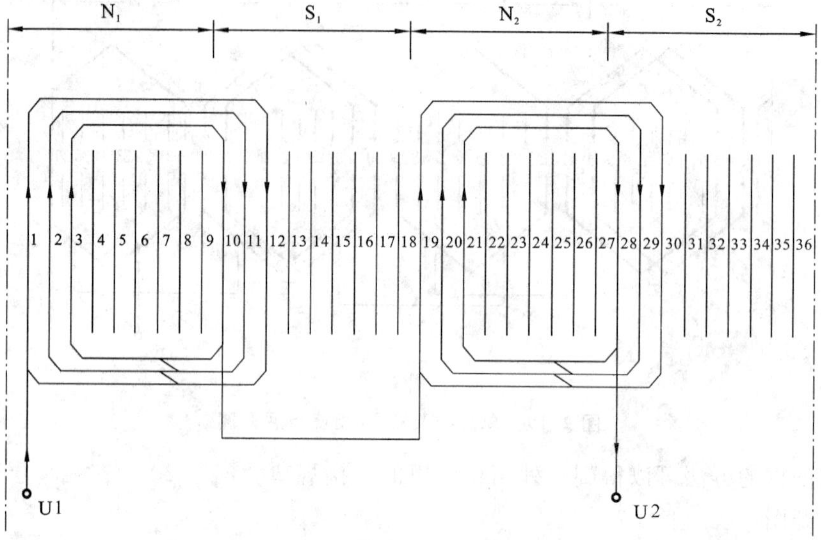

图 2-21　同心式线圈 U 相的展开图

同心式线圈两边可以同时嵌入槽内,不影响其他线圈的嵌放,嵌线方便,但端部连线较长,一般用于功率较小的两极异步电机。

综合以上分析可知,单层绕组的线圈节距在不同形式的绕组中是不同的,但从电动势计算的角度看,每相绕组中的线圈感应电动势均是属于两个相差 180°空间电角度的相带内线圈边电动势的相量和,因此它仍可以看成是整距线圈。不能制成短距绕组来削弱高次谐波电动势和高次谐波磁动势。单层绕组一般用于功率在 10 kW 以下的异步电机中。单层绕组的优点是:槽内无层间绝缘,槽利用率较高,对小功率电机来说具有很大意义。

2.2.5　三相双层绕组

双层绕组的每个槽内分为上下两层,每个线圈的一个边在一个槽的上层,另一个边则在另一个槽的下层,线圈的形式相同,因此线圈数等于槽数,比单层绕组的线圈数增加一倍,如图 2-22 所示。

双层绕组按连接方式分为叠绕组和波绕组两种,这里仅介绍双层叠绕组。叠绕组是指任何两个相邻的线圈都是后一个"紧叠"在另一个上面,故称为叠绕组。

例 2-8　有一台 $Z=36,2p=4,a=1$ 的交流旋转电机,试绘制三相双层叠绕组的展开图。

解　(1)计算极距 τ、每极每相槽数 q 和槽距角 α。

$$\tau = \frac{Z}{2p} = \frac{36}{4} = 9$$

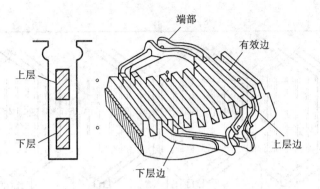

图 2-22 双层绕组放置示意图

$$q = \frac{Z}{2mp} = \frac{36}{2 \times 3 \times 2} = 3$$

$$\alpha = \frac{p \times 360°}{Z} = \frac{2 \times 360°}{36} = 20°$$

（2）分相。

将槽依次编号，绕组采用 60°相带，则每个相带包含三个槽，相带和槽号的对应关系如表 2-6 所示。

表 2-6　相带和槽号的对应关系（三相双层叠绕组）

相 带 槽 号	U1	W1	V1	U2	W2	V2
第一对极	1,2,3	4,5,6	7,8,9	10,11,12	13,14,15	16,17,18
第二对极	19,20,21	22,23,24	25,26,27	28,29,30	31,32,33	34,35,36

（3）构成一相绕组，绘出展开图。

以 U 相为例，分配给 U 相的槽为 1、2、3、10、11、12、19、20、21 和 28、29、30 四组，这里若选用短距绕组，$y_1 = \frac{7}{9}\tau = \frac{7}{9} \times 9 = 7$（槽），上层边选上述四组槽，则下层边按照第一节距为 7 选择，从而构造成线圈（上层边的槽号也代表线圈号）。比如，第一个线圈的上层边在 1 槽中，则下层边在 1+7=8 槽中，第二个线圈的上层边在 2 槽中，则下层边在 2+7=9 槽中，依此类推，得到 12 个线圈。这 12 个线圈构成 4 个线圈组（4 个极）。然后根据并联支路数来构成一相，这里 $a=1$，所以将 4 个线圈组串联起来，成为一相绕组。其他两相绕组可按同样方法构成，结果如图 2-23 所示。

从以上分析可以看出，双层绕组的每相绕组的线圈组数等于电机的磁极数，因此，每相绕组的最大并联支路数 $2a=2p$。

叠绕组的优点是短距时能节省端部用铜和便于得到较多的并联支路数，缺点是

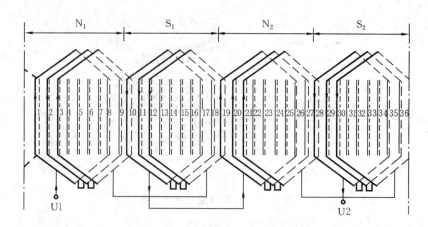

图 2-23　三相双层叠绕组 U 相展开图

线圈组间的连线较长,在多极电机中这些连接线的用铜量增加。

　　双层波绕组的相带划分和槽号的分配方法与双层叠绕组的相同。它们的差别在于线圈端部形状和线圈之间的连接顺序不同。波绕组的优点是可以减少线圈组间的连接线,故多用在水轮发电机的定子绕组和绕线式异步电动机的转子绕组中。

　　双层绕组的节距可以根据需要来选择,一般做成短距以削弱高次谐波,改善电动势波形。容量较大的电机均采用双层短距绕组。

2.3　交流旋转电机绕组的感应电动势

　　交流绕组是实现机电能量转换的重要部件,是电机的枢纽,所以也称电枢绕组。若电机内部存在旋转磁场,那么绕组中会产生切割电动势,本节的内容是分析交流旋转电机绕组的感应电动势。绕组构成的顺序是导体—线圈(或称元件)—线圈组(或称元件组)—相绕组,我们可按这个顺序分析绕组电动势。本节只讨论正弦分布磁场下的绕组电动势。

2.3.1　正弦分布磁场下的绕组电动势

1. 导体的电动势

　　在正弦分布磁场下,导体电动势也为正弦波,根据电动势公式 $e=Blv$ 可得导体电动势有效值为

$$E_{c1}=\frac{\pi}{\sqrt{2}}f\Phi_1=2.22f\Phi_1 \tag{2-11}$$

　　式(2-11)中的 Φ_1 是指每极下的总磁通量,而变压器中 Φ_m 是指随时间作正弦变

化的磁通的最大值,所以两者的意义不同。

2. 线圈的电动势

匝电动势即一匝线圈的两个有效边导体的电动势相量和。

1) 单匝整距线圈的电动势

整距线圈即 $y_1 = \tau$ 的线圈,如果线圈一个有效边在 N 极中心线下,则另一根有效边刚好处于在相邻的 S 极中心线下,如图 2-24(a)所示。该整距单匝元件的上、下圈边电动势 $\dot{E}_{c1}$、$\dot{E}'_{c1}$ 大小相等而相位相反;由图 2-24(b)可知,整距单匝元件的电动势为 E_{t1},所以它的电动势值为一个圈边电动势的两倍,即

$$E_{t1(y_1=\tau)} = 2E_{c1} = \sqrt{2}\pi f\Phi_1 = 4.44 f\Phi_1 \tag{2-12}$$

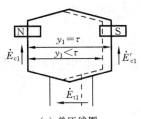
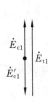
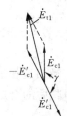

(a) 单匝线圈　　　　(b) 整距线圈电动势相量图　　(c) 短距线圈电动势相量图

图 2-24　单匝线圈电动势计算

2) 单匝短距线圈的电动势

对于短距线圈,由于 $y_1 < \tau$,故其上、下圈边电动势的相位差不再是 180°,而是相差 γ 角度,γ 是线圈节距 y_1 所对应的电角度,如图 2-24(c)所示。

$$\gamma = \frac{y_1}{\tau} \times 180° \tag{2-13}$$

因此,短距单匝元件的电动势为

$$E_{t1(y_1<\tau)} = 2E_{c1}\cos\frac{180°-\gamma}{2} = 2E_{c1}\sin(\frac{y_1}{\tau} \times 90°) = 4.44 k_{y1} f\Phi_1 \tag{2-14}$$

$$k_{y1} = \sin\frac{y_1}{\tau}90° \tag{2-15}$$

式(2-15)中,k_{y1} 为线圈的短距系数。当线圈短距时 $k_{y1} < 1$,只有当线圈整距时才有 $k_{y1} = 1$。

短距系数的物理意义:短距系数代表线圈短距后所感应的电动势与整距线圈相比所打的折扣。短距线圈虽然对基波电动势的大小有影响,但它能有效抑制谐波电动势,故一般交流旋转绕组大多数采用短距绕组。

若电机槽内每个线圈由 N_c 匝组成,每匝电动势均相等,那么一个线圈电动势有效值为

$$E_{y1} = N_c E_{t1} = 4.44 N_c k_{y1} f\Phi_1 \tag{2-16}$$

3. 线圈组(极相组)的电动势

每个线圈组(极相组)是由 q 个嵌放在相邻槽内的元件串联组成的,它们先后切割气隙磁场,在每个元件中感应的电动势幅值相等,而相位差为两个槽间的电角度。线圈组的合成电动势应该是 q 个元件电动势的相量和,如图 2-25(c)所示。

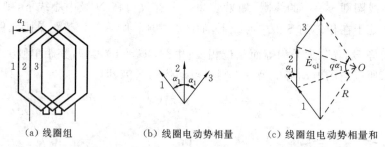

(a) 线圈组　　　　(b) 线圈电动势相量　　　(c) 线圈组电动势相量和

图 2-25　线圈组电动势计算

元件电动势相量相加的几何关系构成正多边形的一部分,根据几何关系可以求得 q 个元件串联后的合成电动势的有效值为

$$E_{q1} = 2R\sin\frac{q\alpha}{2} \tag{2-17}$$

而 R 为外接圆半径,且

$$E_{y1} = 2R\sin\frac{\alpha}{2} \tag{2-18}$$

将式(2-18)带入式(2-17)中,可得

$$E_{q1} = E_{y1}\frac{\sin\dfrac{q\alpha}{2}}{\sin\dfrac{\alpha}{2}} = qE_{y1}\frac{\sin\dfrac{q\alpha}{2}}{q\sin\dfrac{\alpha}{2}} = qE_{y1}k_{q1} \tag{2-19}$$

式中:E_{q1}——q 个分布元件电动势的相量和;qE_{y1}——q 个集中元件电动势的代数和;k_{q1}——分布系数。

分布系数的意义是:绕组分布在不同的槽内,使得 q 个分布元件的合成电动势 E_{q1} 小于 q 个集中元件的合成电动势 qE_{y1},$k_{q1}<1$。

$$k_{q1} = \frac{\sin\dfrac{q\alpha}{2}}{q\sin\dfrac{\alpha}{2}} \tag{2-20}$$

把一个元件的电动势代入,可得一个线圈组的电动势为

$$E_{q1} = q4.44fN_ck_{y1}\Phi_1k_{q1} = 4.44qN_ck_{w1}f\Phi_1 \tag{2-21}$$

$$k_{w1} = k_{y1}k_{q1} \tag{2-22}$$

式中:qN_c——q 个元件的总匝数;k_{w1}——绕组系数,表示考虑短距和分布影响时,线圈组电动势要打的折扣。

4. 相电动势

整个电机共有 $2p$ 个磁极,这些磁极下属于同一相的线圈组可以串联也可以并联,组成一定数目的并联支路。一相电动势等于一条并联支路的总电动势。

对于双层绕组,每相有 $2p$ 个线圈组,设并联支路数为 $2a$,则一相的电动势应该为

$$E_{\phi 1} = \frac{2p}{2a} E_{q1} = 4.44f \frac{2p}{2a} q N_c k_{w1} \Phi_1 = 4.44 f N k_{w1} \Phi_1 \qquad (2-23)$$

式中:N——一相绕组串联匝数,且

$$N = \frac{2pqN_c}{2a} \qquad (2-24)$$

对于单层绕组,由于每个元件占两个槽,所以每相绕组总共有 p 个线圈组,有 pqN_c 匝,则每相绕组的串联匝数为

$$N = \frac{pqN_c}{2a} \qquad (2-25)$$

因此,不论单层绕组或双层绕组,一相的电动势计算公式均为

$$E_{\phi 1} = 4.44 f N k_{w1} \Phi_1 \qquad (2-26)$$

式(2-26)与变压器绕组的计算公式形式上相似,只不过交流旋转电机采用短距和分布绕组,所以要乘以一个绕组系数。

求出相电动势后,就可计算线电动势。对称绕组星形连接时线电动势为相电动势的 $\sqrt{3}$ 倍,三角形连接时线电动势等于相电动势。

例 2-9　某台三相异步电动机接在 50 Hz 的电网上,每相感应电动势的有效值为 $E_{\phi 1}=350$ V,定子绕组每相每条支路串联的匝数 $N=312$,绕组系数 $k_{w1}=0.96$,求每极磁通为多少?

解
$$E_{\phi 1} = 4.44 f N k_{w1} \Phi_1$$

$$\Phi_0 = \frac{E_{\phi 1}}{4.44 f N k_{w1}} = \frac{350}{4.44 \times 50 \times 312 \times 0.96} \text{ Wb} = 0.005 \text{ Wb}$$

例 2-10　一台四极,$Z=36$ 的三相交流电机,采用双层叠绕组,并联支路数 $2a=1$,$y=\frac{7}{9}\tau$,每个线圈匝数 $N_c=20$,每极气隙磁通 $\Phi_0=7.5 \times 10^{-3}$ Wb,试求每相绕组的感应电动势。

解　极距
$$\tau = \frac{Z}{2p} = \frac{36}{4} = 9$$

节距
$$y = \frac{7}{9}\tau = \frac{7}{9} \times 9 = 7$$

每极每相槽数
$$q = \frac{Z}{2pm} = \frac{36}{4 \times 3} = 3$$

槽距角 $\qquad \alpha = \dfrac{p \times 360°}{36} = \dfrac{2 \times 360°}{36} = 20°$

基波短距系数 $\qquad k_{y1} = \sin \dfrac{y_1}{\tau} 90° = \sin \dfrac{7 \times 90°}{9} = 0.94$

基波分布系数 $\qquad k_{q1} = \dfrac{\sin \dfrac{q\alpha}{2}}{q \sin \dfrac{\alpha}{2}} = \dfrac{\sin \dfrac{3 \times 20°}{2}}{3 \times \sin \dfrac{20°}{2}} = 0.96$

每条支路匝数 $\qquad N = \dfrac{2pqN_c}{2a} = \dfrac{2 \times 2 \times 3 \times 20}{1}$ 匝 $= 240$ 匝

基波相电动势

$$E_{\phi1} = 4.44 f N k_{y1} k_{q1} \Phi_1$$
$$= 4.44 \times 50 \times 240 \times 0.94 \times 0.96 \times 7.5 \times 10^{-3} \text{ V}$$
$$= 360.6 \text{ V}$$

2.3.2　改善电动势波形的方法

发电机电动势除基波外,还存在一系列高次谐波。产生的原因有两方面,一方面是由于发电机气隙磁通密度沿气隙空间分布的波形不是理想的正弦波;另一方面是由于电枢铁芯和转子铁芯有齿、槽,造成气隙磁阻不均匀。

发电机电动势存在高次谐波会使电动势波形变坏,产生许多不利的影响,如发电机的附加损耗增加、效率下降、温升升高,还可能引起输电线路谐振而产生过电压,对邻近输电线的通信线路产生干扰,使异步电动机的运行性能变坏。因此,必须尽可能地削弱电动势中的高次谐波。

下面介绍如何削弱气隙磁通密度非正弦分布引起的高次谐波。

1. 改善磁场分布接近正弦

改善磁场分布的目的是使磁密的分布尽可能接近正弦。对凸极机可采用合适的磁极形状来改善,对隐极机可改变励磁绕组分布范围来改善。

2. 采用适当的三相连接方式

在三相绕组中,各相的三次谐波的电动势大小相等、相位也相同,并且三的奇数倍次谐波电动势(如 9,15 次等)也有此特点。当三相绕组接成 Y 形连接时,线电动势为两相相电动势之差,故三次及三的奇数倍次谐波电动势为零。电机绕组多采用 Y 形连接。

当三相绕组接成三角形时,三角形回路中产生三次谐波环流。三次谐波电动势正好等于三次谐波电流所引起的阻抗压降,所以在线电动势中也不会出现三次谐波。但作三角形连接时会在绕组中产生附加的三次谐波环流,使损耗增加、效率降低、温升变高,故发电机绕组很少采用三角形连接。

3. 采用短距绕组

选择适当的短距绕组,可使高次谐波的短距绕组系数远比基波的小,故能在基波电动势降低不多的情况下大幅度削弱高次谐波。

一般来说,若短距为 $\dfrac{\tau}{v}$,则可以消去 v 次谐波,例如若短距为 $\dfrac{\tau}{5}$,可消去五次谐波。

在选择节距时,主要考虑削弱五次和七次谐波,通常取 $y_1 = \dfrac{5}{6}\tau$ 左右,这时五次和七次谐波电动势大约只有整距时的 1/4。至于更高次的谐波由于幅值很小,影响不大,可以不必考虑。

4. 采用分布绕组

采用分布绕组同样可以起到削弱高次谐波的作用。当 q 增加时,基波分布系数减小得不多,但谐波分布系数却显著下降,从而削弱高次谐波电动势。

随着 q 的增加,电机的槽数也增加,电机的成本提高。事实上,当 $q>6$ 时,高次谐波分布系数下降已不明显,因此一般交流电机的每极每相槽数 q 在 2~6 之间,小型异步电动机的 q 在 2~4 之间。

2.4　三相异步电动机的空载运行

三相异步电动机是依靠电磁感应作用将能量从定子传到转子,定子与转子之间只有磁的耦合,没有电的直接联系,这一点和变压器相似。异步电动机的定子绕组相当于变压器的一次绕组,转子绕组相当于变压器的二次绕组,故分析变压器内部电磁关系的基本方法也适应于异步电动机。这里,先从异步电动机空载运行入手,然后研究异步电动机负载运行。

2.4.1　空载运行时的电磁关系

三相异步电动机定子绕组接在对称的三相电源上,转轴上不带机械负载时的运行称为空载运行。

1. 电磁关系

电磁关系如下所示。

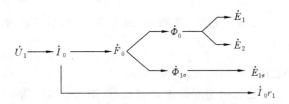

2. 空载电流和空载磁动势

异步电动机空载运行时的定子电流称为空载电流,用 $\dot{I}_0$ 表示,其大小约为额定电流的 20%~50%。当异步电动机空载运行时,定子三相绕组有空载电流流过,三相空载电流将产生一个旋转的磁动势,称为空载磁动势,用 $\dot{F}_0$ 表示,其基波幅值为

$$F_0 = \frac{m_1}{2} \times 0.9 \times \frac{N_1 k_{w1}}{p} I_0 \qquad (2\text{-}27)$$

异步电动机空载运行时轴上没带机械负载,电动机空载转速很高,接近于同步转速。因此转子与定子旋转磁场几乎无相对运动,所以转子感应电动势 $\dot{E}_2 \approx 0$,转子电流 $\dot{I}_2 \approx 0$,转子磁动势 $\dot{F}_2 \approx 0$。此时气隙中只有定子空载磁动势产生的磁场。空载时定子磁动势 $\dot{F}_0$ 也称为励磁磁动势。

与分析变压器一样,空载电流由两部分组成,一部分是专门用来产生主磁通的无功电流分量 $\dot{I}_{0r}$,另一部分是专门供给铁耗的有功电流分量 $\dot{I}_{0a}$。即

$$\dot{I}_0 = \dot{I}_{0a} + \dot{I}_{0r} \qquad (2\text{-}28)$$

由于 $\dot{I}_{0a} \ll \dot{I}_{0r}$,即 $\dot{I}_0 \approx \dot{I}_{0r}$,故空载电流基本上是无功性质电流,所以空载时的定子电流 $\dot{I}_0$ 也称为励磁电流。因为异步电动机的磁路中存在气隙,所以异步电动机的空载电流比同容量变压器的空载电流大。

3. 主磁通与漏磁通

根据磁通经过的路径和性质的不同,异步电动机磁通可分为主磁通 $\dot{\Phi}_0$ 和漏磁通 $\dot{\Phi}_{1\sigma}$。

1) 主磁通 $\dot{\Phi}_0$

当三相异步电动机定子绕组通入三相对称交流电时,将产生旋转磁动势,该磁动势产生的磁通绝大部分通过气隙并同时与定子、转子绕组相交链,这部分磁通称为主磁通,用 $\dot{\Phi}_0$ 表示。

主磁通同时交链定子绕组和转子绕组,在定、转子绕组中分别产生感应电动势,由于异步电动机转子绕组是闭合的,在转子感应电动势的作用下,转子绕组内有感应电流。转子电流与旋转磁场相互作用产生电磁转矩,拖动转轴上负载转动,实现异步电动机的机电能量转换。因此,主磁通参与了能量转换,是实现机电能量转换的关键。

主磁通的磁路由定子铁芯、转子铁芯和气隙组成,其路径为定子铁芯→气隙→转子铁芯→气隙→定子铁芯,构成闭合磁路,如图 2-26(a)所示。它为一非线性磁路。

2) 定子漏磁通 $\dot{\Phi}_{1\sigma}$

除主磁通外的磁通称为漏磁通,用 $\dot{\Phi}_{1\sigma}$ 表示。

漏磁通主要由槽漏磁通和端部漏磁通组成,如图 2-26(b)所示。由于漏磁通主

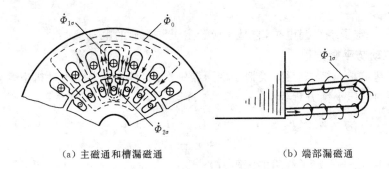

（a）主磁通和槽漏磁通　　　　　　（b）端部漏磁通

图 2-26　主磁通和漏磁通

要沿磁阻很大的空气形成闭合回路,因此漏磁通相对于主磁通小得多。漏磁通主要沿空气闭合,受磁路饱和影响较小,在一定条件下,漏磁路可以看成线性磁路。定子漏磁通仅与定子绕组交链,只在定子绕组中产生漏电动势,故漏磁通不参与能量转换,只能起电压降的作用。

2.4.2　空载运行时的电动势平衡方程

空载运行时,转子回路电动势 $\dot{E}_2 \approx 0$,转子电流 $\dot{I}_2 \approx 0$,故本节只讨论定子电路。

1. 主、漏磁通感应的电动势

1）主磁通感应的电动势 E_1

主磁通在定子绕组中产生感应电动势有效值为

$$E_1 = 4.44 k_{w1} N_1 f_1 \Phi_0 \qquad (2\text{-}29)$$

式中：Φ_0——气隙旋转磁场的每极磁通；

N_1——定子每相绕组串联匝数；

k_{w1}——定子绕组系数,它是由定子绕组的短矩和分布而引起的；

f_1——定子电流频率。

与变压器相似,感应电动势 $\dot{E}_1$ 也可以用励磁电流 $\dot{I}_0$ 在励磁阻抗 Z_m 上的电压降来表示,即

$$-\dot{E}_1 = \dot{I}_0 Z_m = \dot{I}_0 (r_m + jx_m) \qquad (2\text{-}30)$$
$$Z_m = r_m + jx_m$$

式中：r_m——励磁电阻,是反映铁耗的等效电阻；

x_m——励磁电抗,它是对应于主磁通 $\dot{\Phi}_0$ 的电抗。

2）漏磁通感应的电动势 $E_{1\sigma}$

定子漏磁通只交链定子绕组,只在定子绕组中感应电动势 $\dot{E}_{1\sigma}$,与变压器一样,漏电动势可以用空载电流在漏抗上的电压降来表示,即

$$\dot{E}_{1\sigma} = -\mathrm{j}\dot{I}_0 x_1 \tag{2-31}$$

式中:x_1——定子绕组漏电抗,它是对应于定子漏磁通的电抗。

2. 电动势平衡方程

依据基尔霍夫第二定律,类似于变压器一次侧,可列出异步电动机空载时的定子每相电路的电压平衡方程为

$$\dot{U}_1 = -\dot{E}_1 - \dot{E}_{1\sigma} + \dot{I}_0 r_1 = -\dot{E}_1 + \mathrm{j}\dot{I}_0 x_1 + \dot{I}_0 r_1 = -\dot{E}_1 + \dot{I}_0 Z_1 \tag{2-32}$$

$$Z_1 = r_1 + \mathrm{j}x_1$$

式(2-32)中:Z_1——定子绕组的漏阻抗;

r_1——定子绕组电阻;

x_1——定子绕组漏电抗。

由于 r_1 与 x_1 很小,定子绕组漏阻抗压降 $\dot{I}_0 Z_1$ 与外加电压相比很小,一般为额定电压的 $2\%\sim5\%$,为了简化分析,可以忽略。因而可近似地认为

$$\dot{U}_1 \approx -\dot{E}_1, \quad U_1 \approx E_1 = 4.44 k_{\mathrm{w1}} N_1 f_1 \Phi_0$$

于是每极主磁通为

$$\Phi_0 = \frac{U_1}{4.44 f_1 N_1 k_{\mathrm{w1}}} \tag{2-33}$$

显然,对异步电动机来讲,k_{w1}、N_1 均为常数,当频率一定时,主磁通 Φ_0 与电源电压 U_1 成正比。如外施电压不变,主磁通 Φ_0 也基本不变,这和变压器的情况相同,它是分析异步电动机电磁关系的一个重要的理论依据。

2.4.3 空载时的等效电路

根据式(2-32)可画出异步电动机空载运行时的等效电路,如图 2-27 所示。

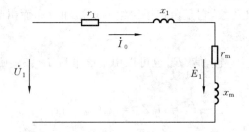

图 2-27 异步电动机空载时等效电路图

2.5 三相异步电动机的负载运行

三相异步电动机的定子绕组接在三相对称交流电源上,转子带机械负载的运行,称为异步电动机的负载运行。

　　三相异步电动机负载运行时,由于负载转矩的存在,电动机的转速比空载时低,此时定子旋转磁场和转子的相对切割速度 $\Delta n = n_1 - n$ 变大,转差率也变大,这样转子绕组的感应电动势 E_2、感应电流 I_2 和相应的电磁转矩随之变大,同时从电源输入的定子电流和电功率也相应增加。

2.5.1　负载运行时物理状况

　　负载运行时,由于转子电流 $\dot{I}_2$ 增加使其产生的转子磁动势 $\dot{F}_2$ 也随之增加,此时定子电流 $\dot{I}_1$ 产生的定子磁动势 $\dot{F}_1$ 和转子电流 $\dot{I}_2$ 产生的转子磁动势 $\dot{F}_2$ 共同作用在气隙中,因此总的气隙磁动势是 $\dot{F}_1$ 与 $\dot{F}_2$ 的合成磁动势,它们共同来建立气隙磁场。关于定子磁动势已在前面分析过,现在对转子磁动势 $\dot{F}_2$ 加以说明。

1. 转子磁动势

1）转子磁动势性质

绕线式异步电动机和鼠笼式异步电动机的转子绕组均为对称绕组,流过绕组的电流是对称电流,所以转子磁动势也是一个旋转磁动势,这个磁动势所产生的磁场也是一个旋转磁场。由于转子磁动势产生于定子磁动势,故转子绕组极数与定子绕组极数相等。实际上,电动机的定子、转子极数相等是产生恒定电磁转矩的条件。

2）转子磁动势的幅值

转子旋转磁动势的幅值为

$$F_2 = \frac{m_2}{2} 0.9 \frac{N_2 I_2}{p} k_{w2} \tag{2-34}$$

3）转子磁动势的转向

可以证明,转子电流与定子电流相序一致,所以转子磁动势 $\dot{F}_2$ 与定子磁动势 $\dot{F}_1$ 同方向旋转。

4）转子磁动势的转速

若转子转速为 n,则旋转磁场和转子之间的相对切割速度为

$$\Delta n = n_1 - n = s n_1$$

　因此在转子绕组中产生感应电动势和感应电流的频率为

$$f_2 = \frac{p \Delta n}{60} = s \frac{p n_1}{60} = s f_1 \tag{2-35}$$

转子磁动势相对于转子的转速为

$$n_2 = \frac{60 f_2}{p} = s \frac{60 f_1}{p} = s n_1 \tag{2-36}$$

转子本身以转速 n 旋转,故转子磁动势相对于定子的转速为

$$n_2 + n = s n_1 + n = n_1 \tag{2-37}$$

式(2-37)表明,转子磁动势与定子磁动势在气隙中的转速相同。

由此可见,无论异步电动机的转速 n 如何变化,定子磁动势 $\dot{F}_1$ 与转子磁动势 $\dot{F}_2$ 总是相对静止的。定、转子磁动势相对静止也是一切旋转电机能够正常运行的必要条件,因为只有这样,才能产生恒定的电磁转矩,从而实现机电能量转换。

2. 负载运行时的电磁关系

异步电动机负载运行时,定子磁动势 $\dot{F}_1$ 与转子磁动势 $\dot{F}_2$ 共同建立气隙主磁通 $\dot{\Phi}_0$。主磁通 $\dot{\Phi}_0$ 分别交链于定子、转子绕组,并分别在定子、转子绕组中感应电动势 $\dot{E}_1$ 和 $\dot{E}_2$。同时定、转子磁动势 $\dot{F}_1$ 和 $\dot{F}_2$ 还分别产生只交链于本侧的漏磁通 $\dot{\Phi}_{1\sigma}$ 和 $\dot{\Phi}_{2\sigma}$,并感应出相应的漏电动势 $\dot{E}_{1\sigma}$ 和 $\dot{E}_{2\sigma}$。其电磁关系如下所示。

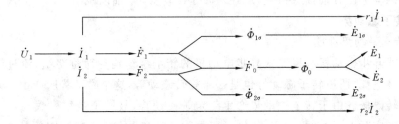

2.5.2 转子绕组各电磁量

转子不转时,气隙旋转磁场以同步转速 n_1 切割转子绕组;当转子以转速 n 旋转时,旋转磁场就以 (n_1-n) 的相对速度切割转子绕组,因此,当转子转速 n 变化时,转子绕组各电磁量将随之变化。

1. 转子电动势的频率

电动势的频率正比于导体与磁场的相对切割速度,故转子电动势的频率为

$$f_2 = \frac{p(n_1-n)}{60} = s\frac{pn_1}{60} = sf_1 \tag{2-38}$$

当转子不转(启动瞬间)时,若 $n=0$,$s=1$,则 $f_2=f_1$,即转子不转时转子侧频率等于定子侧的频率。

当电动机空载运行时,转子接近同步转速,$n\approx n_1$,$s\approx 0$,则 $f_2\approx 0$。

异步电动机在额定运行时,转差率很小,通常在 $0.01\sim 0.06$ 之间,若电网频率为 50 Hz,则转子感应电动势频率在 $0.5\sim 3$ Hz 之间,所以异步电动机在正常运行时,转子侧频率很低。

2. 转子绕组的感应电动势

转子旋转时,$f_2=sf_1$,此时转子绕组上感应电动势为 E_{2s}。

$$E_{2s} = 4.44k_{w2}N_2f_2\Phi_0 = 4.44k_{w2}N_2sf_1\Phi_0 \tag{2-39}$$

当转子不转时，$n=0$，$s=1$，$f_1=f_2$，故此时转子感应电动势

$$E_2 = 4.44k_{w2}N_2f_2\Phi_0 = 4.44k_{w2}N_2f_1\Phi_0 \tag{2-40}$$

比较式(2-39)和式(2-40)，则得

$$E_{2s} = sE_2 \tag{2-41}$$

可见，$E_{2s} \propto s$，即转子电动势与转差率成正比。

3. 转子绕组的漏电抗

转子旋转时，$f_2 = sf_1$，此时转子绕组漏电抗 x_{2s} 为

$$x_{2s} = \omega_2 L_2 = 2\pi f_2 L_2 = 2\pi sf_1 L_2 \tag{2-42}$$

当转子不转时，$n=0$，$s=1$，$f_1=f_2$，此时转子绕组的漏电抗

$$x_2 = \omega_2 L_2 = 2\pi f_2 L_2 = 2\pi f_1 L_2 \tag{2-43}$$

比较式(2-42)和式(2-43)，则得

$$x_{2s} = sx_2 \tag{2-44}$$

转子旋转时转子漏电抗正比于转差率，在转子不转时候(启动瞬间)，$s=1$，转子绕组漏电抗最大，当转子转动时，它随转子转速升高而减少。

转子绕组每相漏阻抗为

$$Z_{2s} = r_2 + jx_{2s} = r_2 + jsx_2 \tag{2-45}$$

式中：r_2——转子每相绕组。

4. 转子绕组电流

异步电动机的转子绕组正常运行时处于短接状态，其端电压 $U_2=0$，所以转子绕组电动势平衡方程为

$$\dot{E}_{2s} - Z_{2s}\dot{I}_{2s} = 0 \quad \text{或} \quad \dot{E}_{2s} = (r_2 + jx_{2s})\dot{I}_{2s} \tag{2-46}$$

其电路如图 2-28 所示，通过转子绕组的电流

$$I_{2s} = \frac{E_{2s}}{\sqrt{r_2^2 + x_{2s}^2}} = \frac{sE_2}{\sqrt{r_2^2 + (sx_2)^2}}$$

$$= \frac{E_2}{\sqrt{\left(\dfrac{r_2}{s}\right)^2 + x_2^2}} \tag{2-47}$$

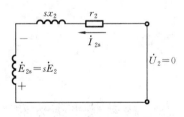

图 2-28　转子绕组一相电路

式(2-47)说明，转子绕组电流也与转差率有关。当 $s=0$ 时，$I_{2s}=0$；当转速降低时，转差率增加，转子电流也随之增加。

5. 转子功率因数 $\cos\varphi_2$

转子功率因数 $\cos\varphi_2$ 为

$$\cos\varphi_2 = \frac{r_2}{\sqrt{r_2^2 + x_{2s}^2}} = \frac{r_2}{\sqrt{r_2^2 + (sx_2)^2}} \tag{2-48}$$

式(2-48)说明，转子功率因数也与转差率有关。当转速降低时，转差率增加，转

子的功率因数 $\cos\varphi_2$ 则减少。

综上所述,转子频率 f_2、转子漏电抗 x_{2s}、转子电动势 E_{2s} 都与转差率 s 成正比;转子电流 I_{2s} 随转差率增大而增大,转子功率因数随转差率增大而减小。因此转差率 s 是异步电动机的一个重要参数。

例 2-11　有一台四极异步电动机,频率为 50 Hz,额定转速 $n_N = 1\ 425$ r/min,转子电路的参数 $r_2 = 0.02$ Ω,$x_2 = 0.08$ Ω,定、转子绕组相电动势比 $k_e = E_1/E_2 = 10$,当 $E_1 = 200$ V 时,求(1)启动时,转子绕组每相的 E_2、I_2、$\cos\varphi_2$ 和 f_2;(2)额定转速时,转子绕组每相的 E_{2s}、I_{2s}、$\cos\varphi_2$ 和 f_2。

解　(1)启动时 $s = 1$,$f_2 = f_1 = 50$ Hz

$$E_2 = \frac{E_1}{k_e} = \frac{200}{10}\ \text{V} = 20\ \text{V}$$

$$I_2 = \frac{E_2}{\sqrt{r_2^2 + x_2^2}} = \frac{20}{\sqrt{0.02^2 + 0.08^2}}\ \text{A} = 243.9\ \text{A}$$

$$\cos\varphi_2 = \frac{r_2}{\sqrt{r_2^2 + x_2^2}} = \frac{0.02}{\sqrt{0.02^2 + 0.08^2}} = 0.243$$

(2)当 $n_N = 1\ 425$ r/min 时

$$n_1 = \frac{60f}{p} = \frac{60 \times 50}{2}\ \text{r/min} = 1\ 500\ \text{r/min}$$

$$s = \frac{n_1 - n_N}{n_1} = \frac{1\ 500 - 1\ 425}{1\ 500} = 0.05$$

$$E_{2s} = sE_2 = 0.05 \times 20\ \text{V} = 1\ \text{V}$$

$$I_{2s} = \frac{E_{2s}}{\sqrt{r_2^2 + x_{2s}^2}} = \frac{1}{\sqrt{0.02^2 + (0.05 \times 0.08)^2}}\ \text{A} = 50\ \text{A}$$

$$\cos\varphi_2 = \frac{r_2}{\sqrt{r_2^2 + x_{2s}^2}} = \frac{0.02}{\sqrt{0.02^2 + (0.05 \times 0.08)^2}} \approx 1$$

$$f_2 = sf_1 = 0.05 \times 50\ \text{Hz} = 2.5\ \text{Hz}$$

2.5.3　磁动势平衡方程

异步电动机负载运行时,定子电流产生定子磁动势 $\dot{F}_1$,转子电流产生转子磁动势 $\dot{F}_2$,这两个磁动势在空间上同速、同向旋转,相对静止。$\dot{F}_1$ 和 $\dot{F}_2$ 的合成磁动势为励磁磁动势 $\dot{F}_0$,则

$$\dot{F}_0 = \dot{F}_1 + \dot{F}_2 \tag{2-49}$$

式(2-49)可改写为　　　　$\dot{F}_1 = \dot{F}_0 + (-\dot{F}_2) = \dot{F}_0 + \dot{F}_{1L}$ 　　　　(2-50)

式(2-50)中,$\dot{F}_2 = -\dot{F}_{1L}$,为定子负载分量磁动势。

可见定子旋转磁动势包含有两个分量：一个是励磁分量 $\dot{F}_0$，它用来产生气隙主磁通 $\dot{\Phi}_m$；另外一个是负载分量 $\dot{F}_{1L}$，用来平衡转子旋转磁动势 $\dot{F}_2$，抵消转子旋转磁动势对主磁通的影响。

2.5.4 负载运行时的电动势平衡方程

1. 定子绕组电动势平衡方程

异步电动机负载运行时，定子绕组电动势平衡方程与空载时相同，此时定子电流为 $\dot{I}_1$，即

$$\dot{U}_1 = -\dot{E}_1 + r_1\dot{I}_1 + jx_1\dot{I}_1 = -\dot{E}_1 + \dot{I}_1 Z_1 \tag{2-51}$$

2. 转子绕组电动势平衡方程

正常运行时，转子绕组是短接的，端电压为零。根据基尔霍夫第二定律，可得转子电路的电动势平衡方程为

$$\dot{E}_{2s} + \dot{E}_{2\sigma} - \dot{I}_{2s}r_2 = 0$$

或
$$\dot{E}_{2s} = \dot{I}_{2s}r_2 + j\dot{I}_{2s}x_{2s} = \dot{I}_{2s}z_{2s} \tag{2-52}$$

$$z_{2s} = r_2 + jx_{2s}$$

2.6 三相异步电动机的等效电路

异步电动机与变压器一样，定子电路与转子电路之间只有磁的耦合而无电的直接联系。为了便于分析和简化计算，也需要用一个等效电路来代替这两个独立的电路，为达到这一目的，就必须像变压器一样对异步电动机进行折算。

根据电动势平衡方程可画出旋转时异步电动机的定子、转子的电路图，如图2-29所示。

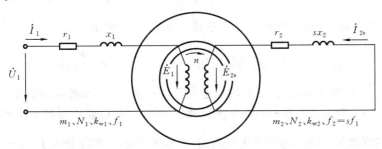

图 2-29 旋转时异步电动机的定子、转子电路

由于异步电动机定子、转子绕组的匝数、绕组系数不相等，而且两侧的频率也不等，因此作为旋转电机，异步电动机的折算分成两步：首先进行频率折算，即把旋转的

转子折算成静止的转子,使定子和转子电路的频率相等;然后进行绕组折算,使定子、转子的相数、匝数、绕组系数相等。

2.6.1 频率折算

频率折算就是要寻求一个等效的静止转子来代替实际旋转的转子,而该等效的转子电路应与定子电路有相同的频率。只有当异步电动机转子静止时,转子频率才等于定子频率,即 $f_2 = f_1$,所以频率折算的实质就是把旋转的转子等效成静止的转子。

由前讲述知,转子对定子的影响是通过转子磁动势来实现的。因此在等效过程中,要保持电机的磁动势平衡关系不变。即折算必须遵循的原则有两条:一是折算前后转子磁动势不变,以保持转子电路对定子电路的影响不变;二是被等效的转子电路功率和损耗与原转子旋转时一样。

要使折算前后 $\dot{F}_2$ 不变,只要保证折算前后转子电流 $\dot{I}_2$ 的大小和相位不变即可实现。

由式(2-47)可知,电动机旋转时的转子电流为

$$\dot{I}_{2s} = \frac{\dot{E}_{2s}}{r_2 + jx_{2s}} = \frac{s\dot{E}_2}{r_2 + jsx_2} \quad (\text{频率为} f_2) \tag{2-53}$$

将式(2-53)的分子、分母同除以 s,得

$$\dot{I}_2 = \frac{\dot{E}_2}{\dfrac{r_2}{s} + jx_2} = \frac{\dot{E}_2}{r_2 + \dfrac{1-s}{s}r_2 + jx_2} \quad (\text{频率为} f_1) \tag{2-54}$$

式(2-54)代表转子已变换成静止时的等效情况,转子电动势 $\dot{E}_2$、漏抗 x_2 都是对应于频率为 f_1 的量,与转差率 s 无关。

比较式(2-53)和式(2-54)可知,频率折算的方法是在不动的转子电路中将原转子电阻 r_2 变换为 $\dfrac{r_2}{s}$,即在静止的转子电路中串入一个附加电阻 $\dfrac{r_2}{s} - r_2 = \dfrac{1-s}{s}r_2$,如图 2-30 所示。由图可知,变换后的转子回路中多了一个附加电阻 $\dfrac{1-s}{s}r_2$。实际旋转转子转轴上有机械功率输出,并且转子还会产生机械损耗,而经频率折算后,转子等效为静止状态,转子不再有机械功率输出和机械损耗,但电路中却多了一个附加电阻 $\dfrac{1-s}{s}r_2$。根据能量守恒和总功率不变原则,该电阻所消耗的功率 $m_2 I_2^2 \dfrac{1-s}{s}r_2$ 就相当于转轴上的机械功率和机械损耗之和。这部分功率称为总机械功率,附加电阻 $\dfrac{1-s}{s}r_2$ 称为总机械功率等效电阻。

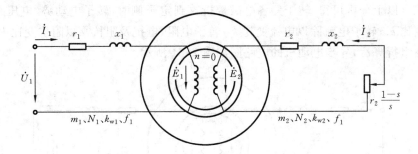

图 2-30 频率折算后异步电动机的定子、转子电路

2.6.2 转子绕组折算

转子绕组折算就是用一个和定子绕组具有相同相数 m_1、匝数 N_1 及绕组系数 k_{w1} 的等效转子绕组来代替原来的相数为 m_2、匝数为 N_2 及绕组系数为 k_{w2} 的实际转子绕组。其折算原则和方法与变压器基本相同。

1. 电流折算

折算原则:折算前、后转子的磁动势不变。

$$\frac{m_1}{2}0.9\frac{N_1 I'_2}{p}k_{w1} = \frac{m_2}{2}0.9\frac{N_2 I_2}{p}k_{w2}$$

折算后转子电流为

$$I'_2 = \frac{m_2 N_2 k_{w2}}{m_1 N_1 k_{w1}} I_2 = \frac{I_2}{k_i} \tag{2-55}$$

式中:k_i——电流变比,$k_i = \frac{m_1 N_1 k_{w1}}{m_2 N_2 k_{w2}}$。

2. 电动势折算

折算原则:折算前后传递到转子侧的视在功率不变。

$$m_1 E'_2 I'_2 = m_2 E_2 I_2$$

折算后转子电动势为

$$E'_2 = \frac{N_1 k_{w1}}{N_2 k_{w2}} E_2 = k_e E_2 \tag{2-56}$$

式中:k_e——电动势变比,$k_e = \frac{N_1 k_{w1}}{N_2 k_{w2}}$。

3. 阻抗折算

折算原则:折算前后转子的损耗不变。当铜耗不变时,有

$$m_1 r'_2 I'^2_2 = m_2 r_2 I^2_2$$

折算后转子电阻为

$$r'_2 = \frac{m_2 r_2}{m_1}\left(\frac{I_2}{I'_2}\right)^2 = \frac{m_2}{m_1}\left(\frac{N_1 k_{w1}}{N_2 k_{w2}}\right)^2 r_2 = k_i k_e r_2 \tag{2-57}$$

同理,可得 $x'_2 = k_i k_e x_2$。

综合以上分析可得,转子侧各电磁量折算到定子侧时,转子电动势、电压乘以电动势变比 k_e;转子电流除以电流变比 k_i;转子电阻、电抗及阻抗乘以阻抗变比 $k_e k_i$。

绕组折算后,异步电动机的电路图如图 2-31 所示。

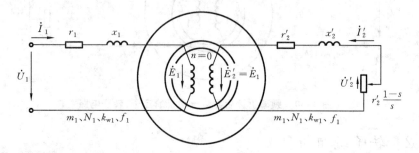

图 2-31　绕组折算后异步电动机的定子、转子电路

2.6.3　等效电路

1. 基本方程

经过频率和绕组折算后,异步电动机的基本方程为

$$
\left.
\begin{aligned}
\dot{U}_1 &= -\dot{E}_1 + r_1 \dot{I}_1 + \mathrm{j}x_1 \dot{I}_1 \\
\dot{U}'_2 &= \dot{E}'_2 - r'_2 \dot{I}'_2 - \mathrm{j}x'_2 \dot{I}'_2 \\
\dot{I}_1 + \dot{I}'_2 &= \dot{I}_0 \\
\dot{E}_1 &= \dot{E}'_2 = -Z_\mathrm{m} \dot{I}_0
\end{aligned}
\right\}
\tag{2-58}
$$

2. 等效电路

根据基本方程,再仿照变压器的分析方法,可以画出异步电动机的 T 形等效电路图,如图 2-32 所示。

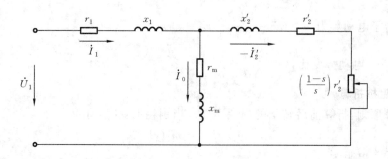

图 2-32　异步电动机的 T 形等效电路

1) T 形等效电路

通过比较分析,异步电动机的 T 形等效电路和变压器带纯电阻负载时的等效电

路相似,同时可以得出下列结论。

(1) 当异步电动机空载运行时　$n \rightarrow n_1$,$s \rightarrow 0$,则 $\frac{1-s}{s}r'_2 \rightarrow \infty$,相当于副边开路的变压器,$I_2 \approx 0$,$I_1 = I_0$,此时电动机功率因数很低,产生总机械功率也很小。

(2) 当异步电动机带额定负载运行时　转差率为 $0.01 \sim 0.06$,此时转子电路中的电阻 $\frac{1}{s}r'_2$ 远大于电抗 x'_2 转子功率因数比较高,定子功率因数也比较高。

(3) 当转子不动(堵转)时　异步电动机在运行过程中因负载过重、电压过低或被异物卡住等原因,使电动机停止转动,称为堵转。此时 $n = 0$,$s = 1$,$\frac{1-s}{s}r'_2 = 0$,转轴上无机械功率输出,异步电动机相当于变压器副边短路的情况,定子和转子回路中电流均很大,功率因数却很低。

2) Γ形等效电路

为了简化计算,与变压器一样,可将 T 形等效电路中的励磁支路从中间移到电源端,这样将混联电路简化为并联电路,通常将这个电路称为简化等效电路,也称 Γ 形等效电路,如图 2-33 所示。考虑到异步电动机的励磁阻抗比较小,励磁电流比较大,而定子漏抗也比变压器的大,若像变压器一样,简单地把励磁支路移到电源端就会产生较大误差,尤其是对于小容量的电动机。因此为了减少误差,在励磁支路中引入定子的漏阻抗,以校正电压增加时对励磁电路的影响。简化电路基本上能满足工程上对准确度的要求。

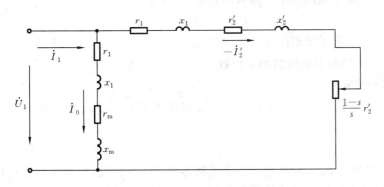

图 2-33　异步电动机的 Γ 形等效电路图

2.7　三相异步电动机的电磁转矩

异步电动机通过转子上的电磁转矩将电能转变成机械能,因此电磁转矩是异步电动机实现机电能量转换的关键,也是分析异步电动机的运行性能的一个很重要的物理量。

本节首先分析功率平衡关系,再利用等效电路推导出电磁转矩的表达式。

2.7.1 功率平衡方程

异步电动机运行时,定子从电网中吸收电功率,转子拖动机械负载输出机械功率。电动机在实现能量转换过程中,必然会产生各种损耗。根据能量守恒定律,输出功率应等于输入功率减去总损耗。

由等效电路可得出异步电动机的功率传递图,如图 2-34 所示。图中的传递功率用 P 表示,而损耗用 p 表示。

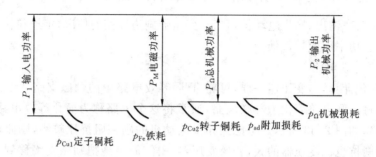

图 2-34 异步电动机的功率传递图

1. 输入功率 P_1

输入功率是指电网向定子输入的有功功率,即

$$P_1 = m_1 U_1 I_1 \cos\varphi_1 \tag{2-59}$$

式中:U_1、I_1——定子绕组的相电压、相电流;

$\cos\varphi_1$——异步电动机的功率因数。

2. 定子损耗

(1)定子铜损耗 p_{Cu1}　定子电流 I_1 流过定子绕组时,在定子绕组电阻上的功率损耗为

$$p_{Cu1} = m_1 I_1^2 r_1 \tag{2-60}$$

(2)铁芯损耗 p_{Fe}　旋转磁场在定子铁芯中产生铁损耗,电动机铁耗可以看成励磁电流在励磁电阻上所消耗的功率

$$p_{Fe} = m_1 I_0^2 r_m \tag{2-61}$$

3. 电磁功率 P_M

从输入功率 P_1 中扣除定子铜耗 p_{Cu1} 和铁损耗 p_{Fe} 后,剩余的功率便由气隙旋转磁场通过电磁感应传递到转子侧,通常把这个功率称为电磁功率 P_M。

$$P_M = P_1 - p_{Cu1} - p_{Fe} \tag{2-62}$$

由 T 形等效电路看能量传递关系,输入功率 P_1 减去 r_1 和 r_m 上的损耗 p_{Cu1} 和

p_{Fe} 后,应等于在电阻 $\dfrac{r_2'}{s}$ 上所消耗的功率,即

$$P_M = m_1 E_2' I_2' \cos\varphi_2 = m_1 {I_2'}^2 \frac{r_2'}{s} \tag{2-63}$$

4. 转子损耗

(1) 转子铁芯损耗 p_{Fe}　由于异步电动机正常运行时,额定转差率很小,转子频率很低,一般为 1~3 Hz,所以转子铁耗很小,可略去不计。整个电动机的铁芯损耗就是定子铁耗。

(2) 转子铜耗 p_{Cu2}　转子电流通过转子绕组时,在转子绕组电阻 r_2 上的功率损耗为

$$p_{Cu2} = m_1 {I_2'}^2 r_2' \tag{2-64}$$

由式(2-63)和式(2-64)可得

$$p_{Cu2} = sP_M \tag{2-65}$$

式(2-65)说明,转差率 s 越大,电磁功率消耗在转子铜耗中的比重就越大,电动机效率就越低,故异步电动机正常运行时,转差率较小,通常在 0.01~0.06 的范围内。

5. 总机械功率 P_Ω

传到转子侧的功率减去转子绕组的铜耗后,即是电动机转子上的总机械功率,即

$$P_\Omega = P_M - p_{Cu2} = m_1 {I_2'}^2 \frac{r_2'}{s} - m_1 {I_2'}^2 r_2' = m_1 {I_2'}^2 \frac{1-s}{s} r_2' \tag{2-66}$$

式(2-43)说明了 T 形等效电路中引入电阻 $\dfrac{1-s}{s}r_2'$ 的物理意义。

由式(2-63)和式(2-66)可得

$$P_\Omega = (1-s)P_M \tag{2-67}$$

从式(2-67)中可得,由定子经气隙传递到转子侧的电磁功率有一小部分 sP_M 转变为转子铜耗,其余绝大部分 $(1-s)P_M$ 转变为总机械功率。

6. 输出功率 P_2

输出功率是指由总机械功率 P_Ω 扣除机械损耗 p_Ω 及附加损耗 p_{ad} 后转轴上输出的机械功率 P_2。机械损耗 p_Ω 是电动机在运行时由于轴承及风阻等摩擦所引起的损耗;附加损耗 p_{ad} 是由于定子、转子开槽和谐波磁场等原因引起的损耗。

$$P_2 = P_\Omega - (p_\Omega + p_{ad}) = P_\Omega - p_0 \tag{2-68}$$

式中:p_0——空载时的转动损耗。

由上可知,异步电动机运行时,从电源输入功率 P_1 到转轴上输出功率 P_2 的全部过程为

$$P_2 = P_1 - (p_{Cu1} + p_{Fe} + p_{Cu2} + p_\Omega + p_{ad}) = P_1 - \sum p \tag{2-69}$$

式中：$\sum p$ ——电动机总损耗。

2.7.2 转矩平衡方程

当电动机稳定运行时,作用在电动机转子上的转矩有以下 3 个。

(1) 使电动机旋转的电磁转矩 T；

(2) 由电动机的机械损耗和附加损耗引起的空载制动转矩 T_0；

(3) 由电动机所拖动负载引起的负载转矩 T_2。

从动力学可知,旋转体的机械功率等于转矩与机械角速度的乘积,即 $P = T\Omega$,在式(2-68)两边同除以机械角速度 Ω,$\Omega = \dfrac{2\pi n}{60}$,可得转矩平衡方程为

$$T_2 = T - T_0 \quad \text{或} \quad T = T_2 + T_0 \tag{2-70}$$

$$T = \frac{P_\Omega}{\Omega} \quad T_2 = \frac{P_2}{\Omega} \quad T_0 = \frac{p_0}{\Omega}$$

式中：T——电磁转矩(驱动性质)；

$\quad\;\; T_2$——负载转矩(制动性质)；

$\quad\;\; T_0$——空载转矩(制动性质)。

式(2-70)表明：当 $T > T_2 + T_0$ 时电动机作加速运行；$T < T_2 + T_0$ 时电动机作减速运行；只有当 $T = T_2 + T_0$ 时,电动机才能稳定运行。

2.7.3 电磁转矩 T

1. 电磁转矩物理表达式

$$T = \frac{P_\Omega}{\Omega} = \frac{(1-s)P_M}{\dfrac{2\pi n}{60}} = \frac{(1-s)P_M}{\dfrac{2\pi(1-s)n_1}{60}} = \frac{P_M}{\Omega_1} \tag{2-71}$$

式中：Ω_1——同步角速度,$\Omega_1 = \dfrac{2\pi n_1}{60} = \dfrac{2\pi f_1}{p}$。

这是一个很重要的关系式,说明异步电动机的电磁转矩等于电磁功率除以同步角速度,也等于总机械功率除以转子的机械角速度。

由式(2-71)和式(2-63)可得

$$T = \frac{P_M}{\Omega_1} = \frac{m_1 E'_2 I'_2 \cos\varphi_2}{\dfrac{2\pi n_1}{60}} = \frac{m_1 \times 4.44 f_1 N_1 k_{w1} \Phi_0 I'_2 \cos\varphi_2}{\dfrac{2\pi f_1}{p}}$$

$$= \frac{m_1 \times 4.44 p N_1 k_{w1}}{2\pi} \Phi_0 I'_2 \cos\varphi_2 = C_T \Phi_0 I'_2 \cos\varphi_2 \tag{2-72}$$

$$C_T = \frac{m_1 \times 4.44 p N_1 k_{w1}}{2\pi}$$

式中：C_T——转矩常数，与电机结构有关。

式(2-72)表明，电磁转矩是转子电流的有功分量与气隙主磁场相互作用产生的。若电源电压不变，每极磁通为一定值，则电磁转矩大小与转子电流的有功分量成正比。

2. 电磁转矩参数表达式

式(2-71)比较直观地表示出电磁转矩形成的物理概念，常用于定性分析。在实际计算和分析异步电动机的各种运行状态时，往往需要知道电磁转矩和电动机参数之间的关系，这就需推导出电磁转矩的另一表达式——参数表达式。

根据异步电动机简化等效电路，可得转子电流

$$I'_2 = \frac{U_1}{\sqrt{(r_1 + \frac{r'_2}{s})^2 + (x_1 + x'_2)^2}} \tag{2-73}$$

将式(2-73)代入式(2-71)可得电功率磁转矩的参数表达式为

$$T = \frac{P_M}{\Omega_1} = \frac{m_1 I'^2_2 \frac{r'_2}{s}}{\frac{2\pi f_1}{p}} = \frac{m_1 p U_1^2 \frac{r'_2}{s}}{2\pi f_1 \left[\left(r_1 + \frac{r'_2}{s}\right)^2 + (x_1 + x'_2)^2 \right]} \tag{2-74}$$

式(2-74)是异步电动机电磁转矩的参数表达式，它表达了电磁转矩与电源参数（电压、频率）、电机参数和运行参数的关系。当电源及电动机参数不变时，电磁转矩T仅和转差率s（或转速n）有关，这种关系可用T-s曲线描述。这部分内容将在下一章节中作进一步分析。

例 2-12 一台三相四极 50 Hz 异步电动机，$P_N = 75$ kW，$n_N = 1\ 450$ r/min，$U_N = 380$ V，$I_N = 160$ A，定子 Y 接法。已知额定运行时，输出转矩为电磁转矩的 90%，$p_{Cu1} = p_{Cu2}$，$p_{Fe} = 2.1$ kW。试计算额定运行时的电磁功率、输入功率和功率因数。

解 转差率　　$s_N = \dfrac{1\ 500 - 1\ 450}{1\ 500} = 0.033$

输出转矩　　$T_2 = 9\ 550 \times \dfrac{P_N}{n_N} = 9\ 500 \times \dfrac{75}{1\ 450}$ N·m $= 493.9$ N·m

电磁功率　　$P_M = T\Omega_1 = \dfrac{T_2}{0.9} \dfrac{2\pi n_1}{60} = \dfrac{493.9}{0.9} \times \dfrac{2\pi \times 1\ 500}{60}$ kW $= 86.16$ kW

转子铜耗　　$p_{Cu2} = sP_M = 0.033 \times 86.16$ kW $= 2.84$ kW

定子铜耗　　　　$p_{Cu1} = p_{Cu2} = 2.84$ kW

输入功率　　$P_1 = p_{Cu1} + p_{Fe} + P_M = 2.84 + 2.1 + 86.16 = 91.1$ kW

功率因数　　$\cos\varphi_1 = \dfrac{P_1}{\sqrt{3}U_N I_N} = \dfrac{91\ 100}{\sqrt{3} \times 380 \times 160} = 0.865$

例 2-13 一台三相异步电动机，$P_N = 7.5$ kW，额定电压 $U_N = 380$ V，定子△形接法，频率为 50 Hz。额定负载运行时，定子铜耗为 474 W，铁耗为 231 W，机械损耗 45 W，附加损耗 37.5 W，$n_N = 960$ r/min，$\cos\varphi_N = 0.824$，试计算转子电流频率、转子

铜耗、定子电流和电机效率。

解　转差率　　　　$s_N = \dfrac{n_1 - n}{n_1} = \dfrac{1\,000 - 960}{1\,000} = 0.04$

转子电流频率　　　$f_2 = sf_1 = 0.04 \times 50\ \text{Hz} = 2\ \text{Hz}$

总机械功率　　$P_\Omega = P_2 + p_\Omega + p_{ad} = (7\,500 + 45 + 37.5)\ \text{W} = 7\,583\ \text{W}$

电磁功率　　　　$P_M = \dfrac{P_\Omega}{1-s} = \dfrac{7\,583}{1-0.04}\ \text{W} = 7\,898\ \text{W}$

转子铜耗　　　　$p_{Cu2} = sP_M = 0.04 \times 7\,898\ \text{W} = 316\ \text{W}$

定子输入功率　　$P_1 = P_M + p_{Cu1} + p_{Fe} = (7\,898 + 474 + 231)\ \text{W} = 8\,603\ \text{W}$

定子线电流　　$I_1 = \dfrac{P_1}{\sqrt{3}\,U_N \cos\varphi_1} = \dfrac{8\,603.4}{\sqrt{3} \times 380 \times 0.824}\ \text{A} = 15.86\ \text{A}$

电动机效率　　　　$\eta = \dfrac{P_2}{P_1} = \dfrac{7\,500}{8\,603} = 87.17\%$

2.8　三相异步电动机的工作特性

为保证异步电动机运行可靠、使用经济,国家标准对电动机的主要性能指标做了具体的规定。异步电动机的工作特性是指在额定电压和额定频率下,电动机的转速 n、输出转矩 T_2、定子电流 I_1、功率因数 $\cos\varphi_1$ 及效率 η 等物理量随输出功率 P_2 变化而变化的关系。异步电动机的工作特性是合理使用异步电动机的重要依据,常用曲线来描述工作特性,如图 2-35 所示。

异步电动机的工作特性可以通过加负载做实验方法获得,也可以通过等效电路计算得到。

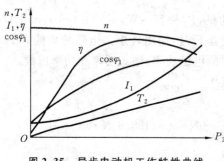

图 2-35　异步电动机工作特性曲线

1. 定子电流特性

在额定电压和额定频率下,异步电动机定子电流 I_1 与输出功率 P_2 之间的关系 $I_1 = f(P_2)$ 称为定子电流特性。

由磁动势平衡方程式可得

$$\dot{I}_1 = \dot{I}_0 + (-\dot{I}_2')$$

空载时,转子电流 $I_2 \approx 0$,$\dot{I}_1 \approx \dot{I}_0$,空载电流 I_0 较小。随负载增加,转子转速下降,转子电流增大,转子磁动势增加,为了磁动势平衡,定子电流也相应增加,因此定子电流 I_1 随输出功率 P_2 增加而增加,定子电流特性曲线是上升的。输出功率变化时,定子电流变化情况如图 2-35 所示。

2. 转速特性

在额定电压和额定频率下,电动机转速 n 与输出功率 P_2 之间的关系 $n=f(P_2)$ 称为转速特性。

空载时,输出功率 $P_2=0$,转子转速接近同步转速 n_1,$s \approx 0$;当负载增加时,随着负载转矩的增加,转速 n 下降。额定运行时,转差率较小,一般在 $0.01 \sim 0.06$ 范围内,相应的转速 n 随负载变化,但变化的量不大,与同步转速 n_1 接近,故转速特性曲线 $n=f(P_2)$ 是一条微微向下倾斜的曲线,如图 2-35 所示。

3. 转矩特性

在额定电压和额定频率下,输出转矩 T_2 与输出功率 P_2 之间的关系 $T_2=f(P_2)$ 称为转矩特性。

异步电动机输出转矩为

$$T_2 = \frac{P_2}{\Omega} = \frac{P_2}{2\pi n/60}$$

空载时,$P_2=0$,$T_2=0$;随着输出功率 P_2 的增加,转速 n 略有下降。由于电动机从空载到额定负载这一正常范围内运行时,转速 n 变化很小,故转矩特性曲线 $T_2=f(P_2)$ 近似为一稍微上翘直线,如图 2-35 所示。

4. 定子功率因数特性

在额定电压和额定频率下,异步电动机定子功率因数 $\cos\varphi_1$ 与输出功率 P_2 之间的关系 $\cos\varphi_1=f(P_2)$ 称为定子功率因数特性。定子功率因数特性是异步电动机的一个重要性能指标。

异步电动机是从电网中吸收滞后的无功电流进行励磁,因此异步电动机的功率因数总是滞后的。

空载时,定子电流基本为无功励磁电流,故功率因数很低,一般为 $0.1 \sim 0.2$。负载运行时,随着负载增加,转子电流增加,定子电流有功分量增加,功率因数逐渐上升。在额定负载附近,功率因数达到最高值,一般为 $0.8 \sim 0.9$。超过负载额定值后,由于转速下降,转差率 s 增大较多,转子频率、转子漏抗增加,转子功率因数下降,转子电流无功分量增大,与之相平衡的定子电流无功分量增大,致使电动机定子功率因数下降,如图 2-35 所示。

5. 效率特性

在额定电压和额定频率下,电动机效率 η 与输出功率 P_2 之间的关系 $\eta=f(P_2)$ 称为效率特性。效率特性也是异步电动机的一个重要性能指标。

效率等于输出功率 P_2 与输入功率 P_1 之比,即

$$\eta = \frac{P_2}{P_1} = \frac{P_2}{P_2 + \sum p}$$

$$\sum p = p_{\text{Cu1}} + p_{\text{Cu2}} + p_{\text{Fe}} + p_{\Omega} + p_{\text{ad}}$$

式中：$\sum p$——异步电动机总损耗。

异步电动机从空载到额定运行,电源电压一定时,主磁通变化很小,故铁损耗 p_{Fe} 和机械损耗 p_Ω 基本不变,称为不变损耗;而铜损耗 p_{Cu1}、p_{Cu2} 和附加损耗随负载变化而变化,称为可变损耗。

由于损耗有不变损耗和可变损耗两大部分,所以电动机效率不仅随负载变化而变化,也随损耗变化而变化。当负载很小时,可变损耗很小。负载从零开始增加时,总损耗增加较慢,效率特性曲线上升较快。当不变损耗等于可变损耗时,电动机的效率达到最大值。以后负载继续增加,由于定子、转子电流增加,可变损耗增加很快,效率反而降低。通常,异步电动机最高效率发生在 $(0.75\sim1.1)P_N$ 范围内,如图 2-35 所示。

$\cos\varphi=f(P_2)$ 和 $\eta=f(P_2)$ 是异步电动机两个重要特性。由以上分析可知,异步电动机的功率因数和效率都是在额定负载附近达到最大值。因此选用电动机时,应使电动机容量与负载容量相匹配。如果电动机容量选择过大,不仅造价高,而且电机长期处于欠载运行,其效率和功率因数都很低,非常不经济;若电动机容量选择过小,将使电动机过载而造成发热,影响其寿命,严重的时候还会烧坏电机。

小　结

异步电动机基本结构为定子和转子两部分,按转子结构可分为鼠笼式和绕线式两大类,它们定子的结构相同。

当三相对称绕组流过三相对称电流时,其合成磁势的基波是一个幅值不变的旋转磁势,该磁势具有下述特点：

(1) 旋转方向与电流相序有关,始终从超前电流相转向滞后电流相。

(2) 当某相电流达最大值时,合成磁势轴线正好转到该相绕组的轴上。

(3) 幅值等于单相脉振磁势基波最大幅值的 3/2 倍。

(4) 旋转速度 $n_1=\dfrac{60f}{p}$。

异步电动机的基本工作原理是定子三相对称绕组通入三相对称交流电后产生旋转磁场,转子闭合导体切割旋转磁场产生感应电动势和感应电流,转子载流导体在旋转磁场作用下产生电磁力并形成电磁转矩,驱动转子旋转,实现机电能量的转换。

异步电动机的转向取决于定子电流的相序,所以改变定子电流的相序就可以改变电动机的转向。

转差率 $s=\dfrac{n_1-n}{n_1}$,它是异步电动机的一个重要参数,它的存在是异步电动机工作的必要条件。根据转差率的大小和正负可区分异步电动机的运行状态。

异步电动机额定功率 P_N 为额定运行状态下,转子轴上输出的机械功率,即

$$P_N = \sqrt{3} U_N I_N \eta_N \cos\varphi_N$$

三相绕组的构成原则是力求获得最大的基本电动势和磁动势,尽可能削弱谐波电动势,保证三相绕组产生的电动势、磁动势对称,因此要求节距尽量接近极距。采用短距和分布绕组可削弱高次谐波,但短距和分布绕组对基波分量也有一定的削弱,应合理选择节距和每极每相槽数。

相电动势的公式为 $E_{p1} = 4.44 N k_{w1} f \Phi_1$。此式说明,相电动势的大小与每极磁通、转子转速、相绕组的串联匝数和绕组系数有关。

在异步电动机中,无论转子转速如何,转子电流产生的基波磁动势在空间上总是以同步转速旋转,并与定子基波磁动势相对静止。这是异步电动机在任何转速下都能产生恒定电磁转矩、实现机电能量转换的必要条件。

异步电动机的折算是为了把定子、转子之间只有磁的联系转变为电的直接联系,以得到异步电动机的等效电路。异步电动机在折算时,不仅要进行绕组折算,即匝数、相数和绕组系数的折算,还要进行频率折算。

异步电动机的等值电路中 $\dfrac{1-s}{s} r'_2$ 是模拟总机械功率的等值电阻。

电磁转矩是转子有功电流与电机气隙磁场相互作用而产生的,是实现机能量转换的关键物理量。转矩平衡表达式是分析异步电动机运行时各物理量变化的重要依据。

异步电动机的工作特性是合理使用异步电动机的重要依据,异步电动机的效率和功率因数都是在额定负载附近到达最大值,因此选择使用电动机时一定要使电动机容量与负载容量相匹配。

思考题与习题

1. 简述异步电动机的结构和各部件的作用。

2. 异步电动机的转子有哪两种类型,有什么区别?

3. 简述异步电动机工作原理。怎样改变三相异步电动机的旋转方向?

4. 三相绕组合成磁动势性质是什么? 其转速决定于哪些因素?

5. 什么是转差率? 异步电动机的转差率一般为多少?

6. 异步电动机转子转速能不能等于定子旋转磁场的旋转转速? 为什么?

7. 异步电动机的气隙为什么要尽可能地小? 它与同容量变压器相比,为什么空载电流较大?

8. 一台三相异步电动机,铭牌上标出额定转速是 1 440 r/min,它的旋转磁场的转速有多大? 它有几个磁极? 转差率为多大?

9. 三相异步电动机的铭牌上标注的额定功率是输入功率还是输出功率？是电功率还是机械功率？

10. Y200L2—6 型的三相异步电动机，$P_N = 22$ kW，$n_N = 970$ r/min，$\cos\varphi_N = 0.83$，$\eta_N = 90.2\%$，$U_N = 380$ V，三角形接线，$f = 50$ Hz，试求：额定电流 I_N 和定子绕组电流 I_{NP}。

11. 一台三相异步电动机，数据如下：$P_N = 75$ kW， $n_N = 975$ r/min， $U_N = 3000$ V， $I_N = 18.5$ A， $\cos\varphi_N = 0.87$， $f_N = 50$ Hz。

试问：(1) 电动机的极数是多少？(2) 额定负载下的转差率 s_N 是多少？(3) 额定负载下的效率 η_N 是多少？

12. 试述交流绕组构成的原则。

13. 什么是极距？什么是槽距角 α？什么是每极每相槽数 q？

14. 一台三相单层绕组的交流电机，极数 $2p = 6$，定子槽数 $Z = 48$，求其极距 τ、机械角度、电角度、槽距角 α、每极每相槽数 q。

15. 试述双层绕组的优点，为什么现代交流电机大多采用双层绕组(小型电机除外)？

16. 试述短距系数 k_{y1} 和分布系数 k_{q1} 的物理意义。

17. 比较交流电机的相电动势公式和变压器相电动势公式的异同。

18. 非正弦磁场所引起的谐波电动势有什么削弱方法？

19. 一台 2 极，$Z = 18$ 的三相交流电机，采用双层叠绕组，并联支路数 $2a = 1$，$y = \frac{7}{9}\tau$，每个线圈匝数 $N_c = 30$，每极气隙磁通 $\Phi_0 = 6.5 \times 10^{-3}$ 韦，试求每相绕组的感应电动势。

20. 为什么同步发电机的三相绕组一般都接成 Y 形？

21. 为什么异步电动机的功率因数是滞后的，而变压器的呢？

22. 当三相异步电动机的转速发生变化时，转子所产生的磁动势在空间的转速是否发生变化？为什么？

23. 三相异步电动机在额定电压下运行，若转子突然被卡住，电流如何改变？对电动机有何影响？

24. 说明异步电动机的机械负载增加时电动机定、转子各物理量的变化过程怎样？

25. 画出异步电动机 T 型和简化的等效电路，等效电路中各个参数的物理意义是什么？等效电路中的附加电阻 $\frac{1-s}{s}r'_2$ 的物理意义是什么？能否用电抗或电容代替这个附加电阻？为什么？

26. 一台三相六极异步电动机，当定子接额定电压、转子不转且开路时每相的感应电动势为 110 V,电源频率为 50 Hz。已知电动机的额定转速 n_N＝980 r/min,转子堵转时参数 r_2＝0.1 Ω,x_2＝0.5 Ω,忽略定子漏阻抗的影响,试求(1) 转子电流频率 f_2;(2) 转子每相电动势 E_{2s};(3) 转子每相电流 I_{2s}。

27. 异步电动机的电磁转矩与哪些因素有关,哪些是运行因素? 哪些是结构因素?

28. 三相异步电动机负载运行时,会产生哪些损耗? 请画出功率流程图。

29. 一台异步电动机额定运行时,n_N＝1450 r/min,问此时传递到转子侧的电磁功率有百分之几消耗在转子电阻上? 有百分之几转换成总机械功率?

30. 一台三相四极异步电动机:P_N＝17 kW,U_N＝380 V,I_N＝33 A,f＝50 Hz,定子三角形连接,已知额定运行时 p_{Cu1}＝700 W,p_{Cu2}＝700 W,p_{Fe}＝150 W,p_{ad}＝200 W,p_{Ω}＝200 W。

试计算 :(1) 电磁功率;(2) 额定转速;(3) 电磁转矩;(4) 负载转矩;(5) 空载制动转矩;(6) 效率;(7) 功率因数。

31. 一台四级 50 Hz 三相异步电动机,在转差率 s＝0.03 的情况下运行,定子方面 P_1＝6.5 kW,p_{Cu1}＝350 W,p_{Ω}＝45 W,p_{Fe}＝170 W,略去附加损耗。试求:(1) 该机运行时的转速;(2) 电磁功率;(3) 输出机械功率;(4) 效率。

32. 有一台四极异步电动机,P_N＝10 kW,U_N＝380 V,f＝50 Hz,转子铜损耗 p_{Cu2}＝314 W,附加损耗 p_{ad}＝102 W,机械损耗 p_{Ω}＝175 W,求电动机的额定转速及额定电磁转矩。

33. 某台三相 50 Hz 绕线式异步电动机 P_N＝100 kW,U_N＝380 V,n_N＝950 r/min,在额定转速下运行时,附加损耗 p_{ad}＝300 W,机械损耗 p_{Ω}＝700 W,额定运行时求:(1) 额定转差率 s_N;(2) 电磁功率 P_M;(3) 转子铜损耗 p_{Cu2};(4) 输出转矩 T_2;(5) 空载转矩 T_0;(6) 电磁转矩 T。

34. 一台 JQ_2—52—6 异步电动机,额定电压 380 V,定子三角形接法,频率 50 Hz,额定功率 7.5 kW,额定转速 n_N＝960 r/min,额定负载时 $\cos\varphi_1$＝0.824,定子铜耗 p_{Cu1}＝474 W,铁耗 p_{Fe}＝231 W,附加损耗 p_{ad}＝37.5 W,机械损耗 p_{Ω}＝45 W。额定负载时试计算:(1) 转子电流的频率;(2) 转子铜耗;(3) 定子电流;(4) 效率。

第3章　异步电动机的电力拖动

学习目标

1. 掌握三相异步电动机的转矩特性。掌握最大电磁转矩、临界转差率及启动转矩与各参数的关系。
2. 掌握三相异步电动机的固有机械特性和人为机械特性。
3. 掌握三相异步电动机的启动方法、适用场合及其优缺点。
4. 了解深槽式及双鼠笼式异步电动机的结构特点和工作原理。
5. 掌握三相异步电动机的调速方法、原理、特点及应用。
6. 掌握三相异步电动机的制动方法、原理及应用。
7. 熟悉单相异步电动机的结构特点，理解单相异步电动机的工作原理。
8. 掌握单相异步电动机的启动方法，掌握单相异步电动机改变转向的方法。

异步电动机具有结构简单,制造、使用和维护方便,运行可靠,价格便宜,效率较高等一系列优点。因此异步电动机被广泛运用在电力拖动系统中。随着电力电子技术和交流调速技术的日益成熟,异步电动机的调速性能大大地提高,应用更加广泛,并逐步成为电力拖动的主力军。

本章首先讨论三相异步电动机的机械特性,然后研究与分析三相异步电动机的启动、调速及制动等各方面的问题。

3.1　电力拖动系统的运动方程

电力拖动系统是指由各种电动机作为原动机,拖动各种生产机械,完成一定生产任务的系统。拖动系统的组成如图 3-1 所示。其中,电动机把电能转换为机械能,用来拖动生产机械工作;生产机械是执行某一生产任务的机械设备;控制设备由各种控制电机、电器、自动化元件或工业控制计算机、可编程控制器等组成,用于控制电动机的运动,从而实现对生产机械运行的控制;电源用来对电动机和电气控制设备的供电。最简单的电力拖动系统如电风扇、洗衣机等,复杂的电力拖动系统如轧钢机、电梯等。

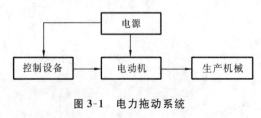

图 3-1　电力拖动系统

3.1.1　单轴电力拖动系统

1. 运动方程

图 3-2 所示是一直线运动系统。由物理学中牛顿运动第二定律可知，当物体作加速运动时，其运动方程为

$$F - F_z = m \frac{\mathrm{d}v}{\mathrm{d}t} = ma \tag{3-1}$$

式中：F——驱动力，N；F_z——阻力（N）；

　　　$m \dfrac{\mathrm{d}v}{\mathrm{d}t} = ma$——使物体加速的惯性力，也称动态力；

　　　m——物体的质量（kg）；

　　　$a = \dfrac{\mathrm{d}v}{\mathrm{d}t}$——直线运动加速度（m/s^2）。

仿照直线运动，可写出图 3-3 所示单轴电力拖动系统旋转时以转矩表示的运动方程为

$$T - T_{jt} = J \frac{\mathrm{d}\Omega}{\mathrm{d}t} \tag{3-2}$$

式中：T——电动机的电磁转矩（N·m）；

　　　T_{jt}——系统的静阻转矩（N·m），静阻转矩为负载转矩 T_L 与电动机空载转矩 T_0 之和；

　　　J——运动系统的转动惯量（kg·m^2）；

　　　$\dfrac{\mathrm{d}\Omega}{\mathrm{d}t}$——系统的角加速度（rad/s^2）；

　　　Ω——角速度（rad/s）。

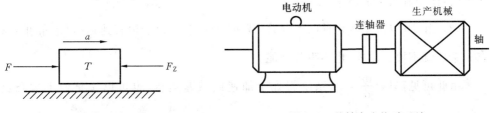

图 3-2　直线运动系统　　　　　　图 3-3　单轴电力拖动系统

式（3-2）实质上是旋转运动系统的牛顿第二定律。在实际工程计算中，经常用转速 n 代替角速度 Ω 表示系统的转动速度；用飞轮矩 GD^2 代替转动惯量 J 表示系统的机械惯性。Ω 与 n、J 与 GD^2 的关系为

$$\Omega = 2\pi n / 60 \tag{3-3}$$

$$J = m\rho^2 = \frac{G}{g} \cdot \frac{D^2}{4} = \frac{GD^2}{4g} \qquad (3\text{-}4)$$

式中：n ——转速(r/min)；

　　m ——旋转体的质量(kg)；

　　G ——旋转体的重量(N)；

　　ρ ——旋转部件的惯性半径(m)；

　　D ——旋转部件的惯性直径(m)；

　　g ——重力加速度($g=9.81$ m/s²)。

把式(3-2)、(3-4)代入式(3-2)，并忽略电动机的空载转矩(空载转矩只占额定负载转矩的百分之几，在工程计算中是允许的)，即认为 $T_{jt} \approx T_L$。经整理可得出单轴电力拖动系统的运动方程的实用表达式

$$T - T_L = \frac{GD^2}{375} \frac{dn}{dt} \qquad (3\text{-}5)$$

式中，GD^2 ——旋转体的飞轮矩(N·m²)。

应注意，式(3-5)中的 375 是具有加速度的量纲；GD^2 是整个系统旋转惯性的整体物理量。电动机和生产机械的 GD^2 可从产品样本或有关设计资料中查得。

式(3-5)是今后常用的运动方程，它反映了电力拖动系统机械运动的普遍规律，是研究电力拖动系统各种运转状态的基础。

2. 电力拖动系统运行种状态的分析

由式(3-5)可知，电力拖动系统运行可分为 3 种状态。

(1) 当 $T > T_L$，$\dfrac{dn}{dt} > 0$ 时，系统作加速运动，电动机把从电网吸收的电能转变为旋转系统的动能，使系统的动能增加。

(2) 当 $T < T_L$，$\dfrac{dn}{dt} < 0$ 时，系统作减速运动，系统将放出的动能转变为电能反馈回电网，使系统的动能减少。

(3) 当 $T = T_L$，$\dfrac{dn}{dt} = 0$ 时，$n=$ 常数(或 $n=0$)，系统处于恒转速运行(或静止)状态。系统既不放出动能，也不吸收动能。

由此可见，只要 $\dfrac{dn}{dt} \neq 0$，系统就处于加速或减速运行(也可以说是处于瞬态过程)，而 $\dfrac{dn}{dt} = 0$ 时系统处于稳态运行。

3. 运动方程中转矩正、负号的规定

在电力拖动系统中，由于生产机械负载类型的不同，电动机的运行状态也发生变化。即电动机的电磁转矩并不都是驱动性质的转矩，生产机械的负载转矩也并不都是阻转矩，它们的大小和方向都可能随系统运行状态的不同而发生变化。因此，运动

方程中的 T 和 T_L 是带有正、负号的代数量。一般规定如下:首先规定电动机处于电动状态时的旋转方向为转速 n 的正方向。电动机的电磁转矩 T 与转速 n 的正方向相同时为正,与之相反时为负;负载转矩 T_L 与转速 n 的正方向相反时为正,与之相同时为负;$\dfrac{\mathrm{d}n}{\mathrm{d}t}$ 的正、负由 T 和 T_L 的代数和决定。

3.1.2　多轴电力拖动系统工作机构转矩和飞轮矩的折算

在电力拖动系统中,若电动机和工作机构直接相连,那么电动机的转速与工作机构的转速就相等;如果忽略电动机的空载转矩 T_0,则工作机构的负载转矩就是作用在电动机转轴上的阻转矩,这种系统称为单轴系统。而实际的拖动系统,电动机和工作机构之间由若干级传动齿轮或其他传动机件连接。通过一套传动机构,使电动机的转速 n 变换成工作机构所需的转速 n_L,这种系统我们称为多轴系统,如图 3-4(a)所示。

显然,研究这个多轴电力拖动系统的运动情况要比研究单轴系统复杂多了。从原则上讲,可以先列出每根轴自身的运动方程,再列出各轴之间互相联系的方程,最后联立求解这些方程,从而分析研究整个系统的运动。为了简化分析计算,通常把传动机构和工作机构看成一个整体,且等效成一个负载,直接作用在电动机轴上,变多轴系统为单轴系统,如图 3-4(b)所示。我们把这项工作叫做折算。折算的原则是保持拖动系统折算前后传送的功率和储存的动能不变。

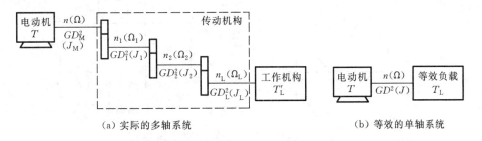

（a）实际的多轴系统　　　　　　　　　（b）等效的单轴系统

图 3-4　旋转工作机构的电力拖动系统

因此,无论是旋转工作机构的多轴系统,还是直线工作机构的多轴系统,都可以用一个旋转的单轴系统来等效。这样仅用一个运动方程式(3-5),就可以研究实际多轴系统的问题了。

3.2　生产机械的负载特性

单轴电力拖动系统的运动方程定量地描述了电动机的电磁转矩 T 与生产机械的负载转矩 T_L 和系统转速 n 之间的关系。但是,要对运动方程求解,除了要知道电

动机的机械特性 $n=f(T)$ 之外,还必须知道负载的机械特性 $n=f(T_L)$。本节就讨论负载的机械特性。

负载的机械特性就是生产机械的负载特性。它表示同一转轴上转速与负载转矩之间的函数关系,即 $n=f(T_L)$。虽然生产机械的类型很多,但是大多数生产机械的负载特性可概括为下列三大类。

3.2.1 恒转矩负载特性

这一类负载比较多,它的机械特性的特点是:负载转矩 T_L 的大小与转速 n 无关,即当转速变化时,负载转矩保持常数。根据负载转矩的方向是否与转向有关,恒转矩负载又分为反抗性恒转矩负载和位能性恒转矩负载两种。

1. 反抗性恒转矩负载

这类负载的特点是:负载转矩的大小恒定不变,而负载转矩的方向总是与转速的方向相反,即负载转矩始终是阻碍运动的。属于这一类的生产机械有起重机的行走机构、皮带运输机等。图 3-5(a)所示为桥式起重机的行走机构的行走车轮,在轨道上的摩擦力总是和运动方向相反的。图 3-5(b)所示为对应的机械特性曲线,显然,反抗性恒转矩负载特性位于第一和第三象限内。

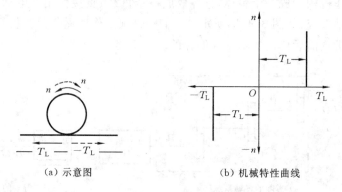

(a) 示意图　　　　　　　　　　(b) 机械特性曲线

图 3-5　反抗性负载转矩与旋转方向关系

2. 位能性恒转短负载

这类负载的特点是:不仅负载转矩的大小恒定不变,而且负载转矩的方向也不变。属于这一类的负载有起重机的提升机构,如图 3-6(a)所示。负载转矩是由重力作用产生的,无论起重机是提升重物还是下放重物,重力作用方向始终不变。图 3-6(b)所示为对应的机械特性曲线。显然,位能性恒转矩负载特性位于第一与第四象限内。

3.2.2 恒功率负载特性

恒功率负载的特点是:负载转矩与转速的乘积为一常数,即负载功率 $P_L=T_L\Omega$

$=T_{\mathrm{L}}\dfrac{2\pi}{60}n=$ 常数，也就是负载转矩 T_{L} 与转速 n 成反比。它的机械特性是一条双曲线，如图 3-7 所示。

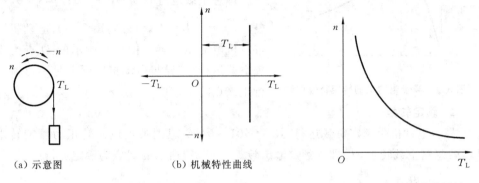

(a) 示意图　　　　　　(b) 机械特性曲线

图 3-6　位能性负载转矩与旋转方向关系　　　　**图 3-7　恒功率负载特性**

例：在机械加工工业中，车床在粗加工时，切削量比较大，切削阻力也大，宜采用低速运行。而在精加工时，切削量比较小，切削阻力也小，宜采用高速运行。这就使得在不同情况下，负载功率基本保持不变。

3.2.3　通风机类负载特性

通风机类负载有通风机、水泵、油泵等，它们的特点是负载转矩与转速的平方成正比，即 $T_{\mathrm{L}}\propto kn^{2}$。其中 k 是比例常数。这类机械的负载特性是一条抛物线，如图 3-8 中曲线 1 所示。

以上介绍的是三种典型的负载转矩特性，而实际的负载转矩特性往往是几种典型特性的综合。如实际的鼓风机除了主要是通风机负载特性外，由于轴上还有一定的摩擦转矩 T_{L0}，因此实际通风机的负载特性应为 $T_{\mathrm{L}}=T_{\mathrm{L0}}+kn^{2}$，如图 3-8 中曲线 2 所示。

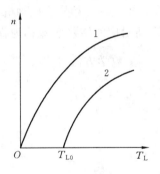

图 3-8　泵与风机类负载特性

3.3　三相异步电动机的机械特性

3.3.1　转矩特性

三相异步电动机拖动生产机械运行时，电磁转矩和转速是最重要的输出量。由于转差率和转速存在对应关系，$s=\dfrac{n_{1}-n}{n_{1}}$，通常将电磁转矩和转差率的关系称为转矩

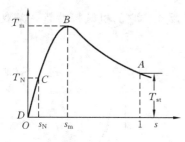

图 3-9 异步电动机的转矩特性曲线

特性 $T = f(s)$,如图 3-9 所示。

1. 理想空载运行

理想空载运行时,$n = n_1 = 60 f/p$,$s = 0$,$\dfrac{r'_2}{s} \to \infty$,$I_2 = 0$,$I_1 = I_0$,电磁转矩 $T = 0$,电动机不进行机电能量转换。图 3-9 所示的 D 点为理想空载运行点,异步电动机实际上是不可能运行于该点的。

2. 额定转矩

异步电动机带额定负载运行,$s_N = 0.01 \sim 0.06$,其对应的电磁转矩为额定转矩 T_N,若忽略空载转矩,T_N 即为额定输出转矩。图 3-1 所示的 C 点为额定运行点。

$$T_N = \frac{P_N \times 10^3}{\Omega} = \frac{P_N \times 10^3}{2\pi n_N/60} = 9\ 550\ \frac{P_N}{n_N}\ \text{N} \cdot \text{m} \tag{3-6}$$

3. 最大电磁转矩 T_m 和过载能力 k_m

1) 最大电磁转矩 T_m 与临界转差率 s_m

从图 3-9 中可以看出:当 $0 < s < s_m$ 时,随着 T 增大,s 是增加的,此时特性曲线斜率为正;当 $s_m < s < 1$ 时,随着 T 增大,s 是减少的,此时特性曲线斜率为负。所以最大转矩点是三相异步电动机转矩特性曲线斜率正负的分界点。因此将最大电磁转距 T_m 所对应的转差率 s_m 称为临界转差率。

用数学方法将式(2-72)对 s 求导,令 $\dfrac{\mathrm{d}T}{\mathrm{d}s} = 0$,即可求得最大电磁转距 T_m 和临界转差率 s_m。

$$s_m = \frac{r'_2}{\sqrt{r_1^2 + (x_1 + x'_2)^2}} \tag{3-7}$$

$$T_m = \frac{m_1 p U_1^2}{4\pi f_1 \left[r_1 + \sqrt{r_1^2 + (x_1 + x'_2)^2} \right]} \tag{3-8}$$

通常 $r_1 \ll (x_1 + x'_2)$,不计 r_1,有

$$s_m \approx \frac{r'_2}{x_1 + x'_2} \tag{3-9}$$

$$T_m \approx \frac{m_1 p U_1^2}{4\pi f_1 (x_1 + x'_2)} \tag{3-10}$$

由式(3-9)和式(3-10)可得出如下结论。

(1) 最大电磁转矩 T_m 与电源电压的平方成正比;临界转差率 s_m 只与电动机本身的参数有关,而与电源电压无关。

(2) 最大电磁转矩 T_m 与转子回路电阻 r'_2 无关,但临界转差率 s_m 与转子回路电阻 r'_2 成正比。因此在转子回路串电阻后可以改变转矩特性曲线,绕线式异步电动机

正是利用这一特点来改善异步电动机的启动、调速和制动性能的。

（3）如果忽略定子电阻 r_1，当电源电压和频率为常数时，最大电磁转矩 T_m 与电机参数 $(x_1 + x'_2)$ 成反比；临界转差率 s_m 也与电机参数 $(x_1 + x'_2)$ 成反比。

（4）当电源参数和电机参数一定时，最大电磁转矩 T_m 与极对数成正比。

（5）若忽略定子电阻 r_1，最大电磁转矩随频率增加而减少，且正比于 $\left(\dfrac{U_1}{f_1}\right)^2$。

2）过载系数 k_m

如果负载转矩大于最大电磁转矩，则电动机将因过载而停转。为了保证电动机不会因短时过载而停转，一般要求电动机有一定的过载能力。过载能力用过载系数来衡量。

把最大电磁转矩与额定转矩之比称为电动机的过载系数，用 k_m 表示，即

$$k_m = \frac{T_m}{T_N} \tag{3-11}$$

k_m 是表征电动机运行性能的指标，它可以衡量电动机的短时过载能力和运行的稳定性。最大电磁转矩越大，过载系数则越大，电动机的过载能力也越强。

对此国家对 k_m 有明确的规定：一般电动机，$k_m = 1.8 \sim 2.5$；Y 系列异步电动机，$k_m = 2 \sim 2.2$；起重、冶金、机械专用电动机，$k_m = 2.2 \sim 2.8$；特殊电动机，k_m 可达 3.7。

4. 启动转矩和启动转矩倍数 k_{st}

1）启动转矩

电动机接通电源瞬间的电磁转矩称为启动转矩，用 T_{st} 表示。

电动机启动时 $n = 0$，$s = 1$。将 $s = 1$ 代入电磁转矩的参数表达式，可求得启动转矩

$$T_{st} = \frac{m_1 p U_1^2 r'_2}{2\pi f_1 \left[(r_1 + r'_2)^2 + (x_1 + x'_2)^2\right]} \tag{3-12}$$

由式（3-12）可知，启动转矩具有以下特点：

（1）当频率和电机参数一定时，启动转矩 T_{st} 与电源电压的平方成正比；

（2）当频率一定时，漏抗 $(x_1 + x'_2)$ 越大，启动转矩越小；

（3）启动转矩与转子回路的电阻有关，在一定范围内增加转子回路的电阻可以增大启动转矩。

因此绕线式异步电动机可以通过转子回路串入电阻的方法来增大启动转矩，改善启动性能。只要启动时绕线式异步电动机在转子回路中所串电阻 R_{st} 适当，可以使 $s_m = 1$，那么此时的启动转矩可达到最大值。

启动时获得最大电磁转矩的条件是 $s_m = 1$，即

$$r'_2 + R'_{st} = \sqrt{r_1^2 + (x_1 + x'_2)^2} \approx x_1 + x'_2 \tag{3-13}$$

鼠笼式异步电动机不能用转子回路串电阻的方法来改善启动性能。启动转矩

只能在设计时考虑,一般用启动转矩倍数衡量。

2) 启动转矩倍数 k_{st}

启动转矩与额定转矩之比称为启动转矩倍数,即

$$k_{st} = \frac{T_{st}}{T_N} \tag{3-14}$$

启动转矩倍数也是反映电动机性能的另一个重要参数,它反映了电动机启动能力的大小。电动机启动的条件是启动转矩不小于 1.1 倍的负载转矩,即 $T_{st} \geqslant 1.1T_L$。一般鼠笼式电动机的 $k_{st} = 1.0 \sim 2.0$;起重和冶金专用的鼠笼式电动机的 $k_{st} = 2.8 \sim 4.0$。

3.3.2 电磁转矩的实用表达式

电磁转矩参数表达式清楚地显示了转矩与转差率及电动机参数之间的关系。但是电动机定子、转子参数在电动机的产品目录或铭牌上是查不到的。为了便于工程计算,于是推导出如下公式,即

$$\frac{T}{T_m} = \frac{2}{\dfrac{s}{s_m} + \dfrac{s_m}{s}} \tag{3-15}$$

这是异步电动机电磁转矩的实用表达式。只要知道 T_m 和 s_m,就可以求出 $T = f(s)$。

如果异步电动机所带的负载在额定转矩范围内,由于 $s \ll s_m$,则 $\dfrac{s}{s_m} \ll s_m \ll \dfrac{s_m}{s}$,此时可忽略 $\dfrac{s}{s_m}$,式(3-10)可以进一步简化为 $\dfrac{T}{T_m} = \dfrac{2}{\dfrac{s_m}{s}}$,即

$$T = \frac{2T_m}{s_m} s \tag{3-16}$$

式(3-16)为电磁转矩的简化实用表达式,该表达式更为简单,但必须能确定运行点处于特性曲线的直线段,否则只能用实用表达式。

通常可利用产品目录中给出的数据来估算 $T = f(s)$ 曲线。其大体步骤如下。

(1) 根据额定功率 P_N 及额定转速 n_N 求出 T_N。

(2) 由过载系数 k_m 求得最大电磁转矩 T_m,$T_m = k_m T_N$。

(3) 根据过载系数 k_m,借助于式(3-10)求取临界转差率 s_m。

由 $\dfrac{T_N}{T_m} = \dfrac{2}{\dfrac{s_N}{s_m} + \dfrac{s_m}{s_N}} = \dfrac{1}{k_m}$ 求得

$$s_m = s_N(k_m + \sqrt{k_m^2 - 1})$$

(4) 把上述求得的 T_m、s_m 代入式(3-10)就可获转矩特性方程

$$T = \frac{2T_{\mathrm{m}}}{\dfrac{s}{s_{\mathrm{m}}} + \dfrac{s_{\mathrm{m}}}{s}}$$

只要给定一系列 s 值,便可求出相应的电磁转矩,并作出 $T = f(s)$ 曲线。

例 3-1　一台三相笼型异步电动机,已知 $P_{\mathrm{N}} = 75 \ \mathrm{kW}, U_{\mathrm{N}} = 380 \ \mathrm{V}, n_{\mathrm{N}} = 1 \ 460$ r/min,过载能力 $k_{\mathrm{m}} = 2$,试求:(1)电磁转矩实用表达式;(2)启动转矩 T_{st};(3)当带 $T_{\mathrm{L}} = 250 \ \mathrm{N \cdot m}$ 的恒转矩负载时的转速。

解　(1)电动机的额定转矩

$$T_{\mathrm{N}} = 9 \ 550 \frac{P_{\mathrm{N}}}{n_{\mathrm{N}}} = 9 \ 550 \frac{75}{1 \ 460} \ \mathrm{N \cdot m} = 490.6 \ \mathrm{N \cdot m}$$

最大转矩　　$T_{\mathrm{m}} = k_{\mathrm{m}} T_{\mathrm{N}} = 2 \times 490.6 \ \mathrm{N \cdot m} = 981.2 \ \mathrm{N \cdot m}$

额定转差率　　$s_{\mathrm{N}} = \dfrac{n_1 - n_{\mathrm{N}}}{n_1} = \dfrac{1 \ 500 - 1 \ 460}{1 \ 500} = 0.027$

临界转差率　　$s_{\mathrm{m}} = s_{\mathrm{N}}(k_{\mathrm{m}} + \sqrt{k_{\mathrm{m}}^2 - 1}) = 0.027(2 + \sqrt{2^2 - 1}) = 0.1$

实用电磁转矩表达式为

$$T = \frac{2T_{\mathrm{m}}}{\dfrac{s}{s_{\mathrm{m}}} + \dfrac{s_{\mathrm{m}}}{s}} = \frac{2 \times 981.2}{\dfrac{s}{0.1} + \dfrac{0.1}{s}}$$

(2)启动时,$s = 1$。将 $s = 1$ 带入上式中,可得

$$T_{\mathrm{st}} = \frac{2 \times 981.2}{\dfrac{s}{0.1} + \dfrac{0.1}{s}} = \frac{2 \times 981.2}{\dfrac{1}{0.1} + \dfrac{0.1}{1}} \ \mathrm{N \cdot m} = 194.3 \ \mathrm{N \cdot m}$$

(3)当带 $T_{\mathrm{L}} = 250 \ \mathrm{N \cdot m}$ 的恒转矩负载时的转速

由　　　　$T = \dfrac{2 \times 981.2}{\dfrac{s}{0.1} + \dfrac{0.1}{s}}, \quad 250 = \dfrac{2 \times 981.2}{\dfrac{s}{0.1} + \dfrac{0.1}{s}}, \quad s_1 = 0.013, s_2 = 0.77$

其中 $s_2 = 0.77 > s_{\mathrm{m}}$,对于恒转矩负载是不稳定的,应该舍去。

$$n = n_1(1 - s_1) = 1 \ 500 \times (1 - 0.013) \ \mathrm{r/min} = 1 \ 480 \ \mathrm{r/min}$$

3.3.3　异步电动机的固有机械特性和人为机械特性

异步电动机的转速 n 和电磁转矩 T 之间的关系 $n = f(T)$,称之为机械特性。

在拖动系统中常用机械特性 $n = f(T)$ 来分析电动机的电力拖动问题,由于转速 $n = (1 - s)n_1$,可将 $T = f(s)$ 曲线转化为 $n = f(T)$ 曲线。

1. 固有机械特性

三相异步电动机的固有机械特性是指电动机工作在额定电压、额定频率下,定子、转子电路均不外接电阻,且按规定方式接线情况下的机械特性。当电机处于电动机运行状态时,其固有机械特性曲线如图 3-10 所示。

2. 人为机械特性

人为机械特性是指人为改变电源参数或电动机参数而得到的机械特性。电源参数有电源电压 U_1 和电源频率 f_1。电动机参数有极对数 p、定子参数 r_1、x_1、转子参数 r'_2、x'_2 等。这里只介绍几种常见的人为机械特性。

1) 降低定子电压的人为机械特性

电磁转矩和电压的平方成正比,因此增大或减小电源电压可以改变电磁转矩。由于异步电动机在额定电压下运行时,磁路已经饱和,所以不能利用升高电压的方法来改变机械特性,故这里只讨论降低电压的人为机械特性。

由前面分析可知,当定子电压 U_1 降低时,电磁转矩按 U_1^2 的关系减少,由于临界转差率 s_m 和同步转速 n_1 与 U_1 都无关,所以临界转差率 s_m 和同步转速 n_1 都不变。降低定子电压得到的各条人为机械特性曲线是一组过同步转速点的曲线簇。图3-11所示为 $U_1=U_N$ 的固有机械特性曲线和 $U_1=0.8U_N$ 及 $U_1=0.5U_N$ 时的人为机械特性曲线。

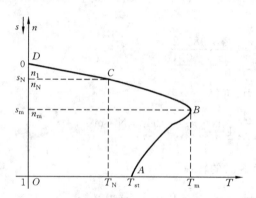

图 3-10   异步电动机固有机械特性曲线

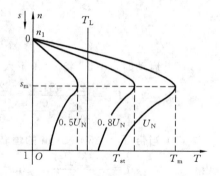

图 3-11   异步电动机降压时的
人为特性曲线

当电动机在某一负载下运行时,若降低电源电压,电磁转矩减小将导致电动机转速下降,转子电流、定子电流增大。若电动机电流超过额定值,则电动机的最终温升超过允许值,导致电动机寿命缩短,甚至使电动机烧毁。如果电压降低过多,也会致使最大转矩小于负载转矩,而使电动机发生停转。降低电压后的人为机械特性曲线中,线性段的斜率变大,特性变软,启动转矩倍数和过载能力显著下降。

2) 转子回路串接三相对称电阻时的人为机械特性

由前面分析可知,增大转子回路电阻时,同步转速 n_1 与最大电磁转矩 T_m 都不变,但临界转差 s_m 随所串电阻增加而增大。人为机械特性曲线是一组通过同步点的曲线簇,如图3-12所示。

显然,转子回路串接电阻后的人为机械特性曲线中,线性段的斜率变大,特性变

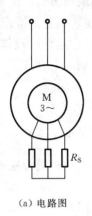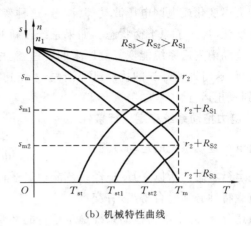

（a）电路图　　　　　　　　　（b）机械特性曲线

图 3-12　绕线式异步电动机转子回路串电阻

软。在一定范围内增加转子回路电阻可以增加电动机的启动转矩,如果串接某一电阻使 $T_m = T_{st}$,若再继续增加转子回路电阻,则启动转矩开始减小。

如图 3-12 所示,当所串电阻为 R_{S3} 时,$s_m = 1$,启动转矩已达到了最大值,若再增加转子回路电阻,启动转矩减小。

转子回路串对称电阻适用于绕线式异步电动机的启动、调速和制动,不适用于鼠笼式异步电动机。

3）定子回路串接对称电抗或电阻的人为特性

在鼠笼式异步电动机的定子三相回路内串接三相对称电抗或电阻时,由分析可知,同步转速 n_1 不变,但最大电磁转矩 T_m、临界转差率 s_m 和 T_{st} 都随所串电抗(电阻)的增加而减小。其人为机械特性曲线如图 3-13 所示。定子回路串接电抗一般用于鼠笼式异步电动机的降压启动,以限制启动电流。

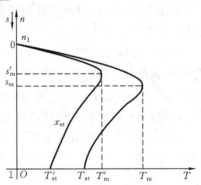

图 3-13　定子回路串接电抗的
人为机械特性曲线

定子回路串接三相对称电阻时的人为特性与串电抗类似。串接电阻的目的也是为了限制启动电流,但由于电阻要产生能量损耗,所以一般不宜采用。

另外,改变电压的频率和电动机的极对数也可以改变电动机的机械特性。

3.3.4　电力拖动系统稳定运行条件

1. 电力拖动系统稳定运行的概念

设有一电力拖动系统,原来运行于某一转速,由于受到外界某种短时的扰动,如负载的突然变化或电网电压波动等(注意:这种变化不是人为的调节),而使电动机转速发生变化,离开了原平衡状态。如果系统在新的条件下仍能达到新的平衡,或者当外界的扰动消失后系统能恢复到原来的转速,就称该系统能稳定运行;否则就称为不稳定运行,这时即使外界的扰动已经消失,系统速度也会无限制地上升或者是一直下降,直到停止运行。

2. 电力拖动系统稳定运行条件

由电力拖动系统的运动方程 $T-T_L=\dfrac{GD^2}{375}\dfrac{dn}{dt}$ 可知,当 $\dfrac{dn}{dt}=0$,$T=T_L$ 时,系统处于稳定运行状态。所以,为使拖动系统能稳定运行,要求电动机的机械特性和生产机械的负载特性必须配合得当,有交点。

通过分析,得出电力拖动系统稳定运行的必要和充分条件如下:

(1) 电动机的机械特性与生产机械的负载特性有交点,即存在 $T=T_L$;

(2) 在交点所对应的转速之上($\Delta n>0$),应保证 $T<T_L$(使电动机减速);而在这一转速之下($\Delta n<0$),则要求 $T>T_L$(使电动机加速)。

多数情况下,只要电动机具有下降的机械特性,就能满足稳定运行条件(个别除外,如通风机负载)。

应当指出,上述电力拖动系统的稳定运行条件,无论对交流电动机还是对直流电动机都是适用的,具有普遍的意义。

3. 异步电动机的稳定运行

由图 3-10 可知,机械特性曲线的斜率有正有负,因此根据斜率大小不同,我们一般将异步电动机的机械特性分成二个部分。

$0<s<s_m$ 部分:随着转矩增加,转速下降。根据电力拖动系统稳定运行的条件可知,在该部分是稳定运行区,异步电动机只要负载转矩小于最大电磁转矩就能稳定运行。该部分接近于一条直线,只是在转矩接近最大值时弯曲较大。故一般在额定转矩以内,异步电动机的机械特性曲线可以看成直线。

$s_m<s<1$ 部分:随着转矩减小,转速减小。与 $0<s<s_m$ 部分结论相反,该部分是异步电动机的不稳定运行区(风机、泵类负载除外)。

3.4　三相异步电动机的启动

电动机工作时,转子总是从静止状态开始转动,转速渐渐上升,最后达到稳定运行状态的。异步电动机的启动指的是从异步电动机接通电源开始,其转速从零上升到稳定转速的运行过程。

启动电流是指电动机在额定电压下直接启动时,启动瞬间($n=0$ 时)的电流,用 I_{st} 表示。启动转矩是指启动瞬间($n=0$ 时)电动机的电磁转矩,用 T_{st} 表示。

本节分别介绍鼠笼异步电动机和绕线异步电动机的启动方法。

3.4.1　对启动性能的要求

在电力拖动系统中,不同种类的负载有不同的启动条件。有些生产机械如鼓风机类的负载转矩是随转速增加而增加的;而有些生产机械如起重机类负载在启动和额定运行时负载转矩的大小是一样的;有些生产机械如机床等在启动过程中接近空载,等转速接近稳定运行时再加负载,此外还有频繁启动的机械设备。这些因素将对电动机启动性能提出不同的要求,但总的来说对异步电动机启动主要有以下几点要求:

(1) 启动转矩 T_{st} 要大,启动快,启动时间短。这对频繁启动的生产机械来说,可以提高生产率,但有些机械则要求平稳慢速启动,如载人或载危险物品的机械。

(2) 启动电流 I_{st} 不能超过电源和电机的允许电流,以免对电源、生产机械和电机产生不良影响。

(3) 启动设备要简单,控制要方便。

(4) 启动过程要平滑,即加速要均匀。

(5) 启动过程的能量损耗要小。

电机启动性能的好坏由多项指标确定,其中,最重要的是启动电流不太大和启动转矩足够大。一般条件是: $I_{st} \leqslant (1.5 \sim 2.5)I_N$, $T_{st} \geqslant (1.1 \sim 1.2)T_N$ 。

3.4.2　三相鼠笼式异步电动机的启动

1. 直接启动

直接启动也称为全压启动。启动时通过接触器将电动机的定子绕组直接接在额定电压的电网上。这是一种最简单的启动方法,不需要复杂的启动设备,但是其启动性能不能满足实际要求,其原因如下。

(1) 启动电流 I_{st} 过大　电动机启动瞬间的电流称为启动电流,用 I_{st} 表示。刚启动时, $n=0$, $s=1$,转子感应电动势很大,所以转子启动电流很大,一般可达转子额定电流的 $5 \sim 8$ 倍。根据磁动势平衡关系,启动时定子电流也很大,一般可达定子额定电流的 $4 \sim 7$ 倍。这么大的启动电流会带来许多不利影响:如使线路产生很大电压降,导致电网电压波动,影响线路上其他设备运行;另外流过电动机绕组的电流增加,铜损耗必然增大,使电动机发热、绝缘老化,电机效率下降等。

(2) 启动转矩 T_{st} 不大　虽然异步电动机的直接启动时启动电流很大,但由于启动时, $n=0$, $s=1$, $f_2=f_1$,转子漏抗很大,所以转子的功率因数很低;同时,由于启动电流大,定子绕组的漏抗压降大,使定子绕组感应电动势减少,导致对应的主磁通减少。由于这两方面因素,根据电磁转矩公式 $T=C_T\Phi_m I_2'\cos\varphi_2$,所以启动时虽然 I_2 很大,但异步电动机启动转矩并不大。

通过以上分析可知,鼠笼式异步电动机直接启动的主要缺点是启动电流大,而启动转矩却不大。这样的启动性能是不理想的。

因此直接启动一般只在小容量的电动机中使用。如容量在 7.5 kW 以下的三相异步电动机一般均可采用直接启动。如果电网容量很大,就可允许容量较大的电动机直接启动,通常也可用下面经验公式来确定电动机是否可以采用直接启动。

$$\frac{I_{st}}{I_N} < \frac{3}{4} + \frac{\text{变压器容量(kVA)}}{4 \times \text{电动机功率(kW)}} \tag{3-17}$$

式中:I_{st}——电动机的启动电流;I_N——电动机的额定电流。

若不满足上述条件,则采用降压启动。

例 3-2 有两台三相鼠笼式异步电动机,启动电流倍数都为 $k_i = 6.5$,其供电变压器容量为 560 kVA,两台电动机的容量分别为 $P_{N1} = 22$ kW,$P_{N2} = 70$ kW,问这两台电动机能否直接启动?

解 根据经验公式,对于第一台电动机:

$$\frac{3}{4} + \frac{\text{变压器容量(kVA)}}{4 \times \text{电动机功率(kW)}} = \frac{3}{4} + \frac{560}{4 \times 22} = 7.11 > 6.5$$

所以允许直接启动。

对于第二台电动机:

$$\frac{3}{4} + \frac{\text{变压器容量(kVA)}}{4 \times \text{电动机功率(kW)}} = \frac{3}{4} + \frac{560}{4 \times 70} = 2.75 < 6.5$$

所以不允许直接启动。

2. 降压启动

降压启动的目的是为了限制启动电流。通过启动设备使定子绕组承受的电压小于额定电压,从而减少启动电流,待电动机转速达到某一数值时,再让定子绕组承受额定电压,使电动机在额定电压下稳定运行。

由于电动机的转矩与电压的平方成正比,因此降压启动时,虽然启动电流减小,但启动转矩也大大减小,故此法一般只适用于电动机空载或轻载启动。降压启动的方法有几种,现分别介绍如下。

1) 定子回路串接电抗(电阻)降压启动

定子回路串接电抗(或电阻)降压启动是启动时在鼠笼电动机的定子三相绕组上串接对称电抗(或电阻)的一种启动方法,如图 3-14 所示。

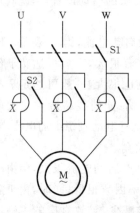

图 3-14 用电抗器降压启动原理接线图

启动时,合上 S1,打开 S2,这样电抗串入定子回路中,较大的启动电流在启动电抗(或电阻)上产生较大的压降,从而降低了加载在定子绕组上的电压,达到了限制启动电流的目的。当转速升高到某一数值时候,再把 S2 合上,切除电抗(电阻)使电动机在全压下运行。

相对较大的启动电流而言,异步电动机的励磁电流可忽略不计。启动时的转差率 $s=1$,根据异步电动机简化等效电路可得

$$I_{st} = \frac{U_1}{\sqrt{(r_1+r'_2)^2+(x_1+x'_2)^2}} \tag{3-18}$$

启动转矩为

$$T_{st} = \frac{m_1 p U_1^2 r'_2}{2\pi f_1[(r_1+r'_2)^2+(x_1+x'_2)^2]} \tag{3-19}$$

由以上两式可以看出,启动电流和电源电压成正比,而启动转矩和电压的平方成正比。

全压启动时的启动电流和启动转矩分别用 I_{stN} 和 T_{stN} 表示,设定子回路串电抗(电阻)后直接加在定子绕组上电压为 U_{st},令

$$k = \frac{U_N}{U_{st}}(k>1) \tag{3-20}$$

根据 $I_{st} \propto U, T_{st} \propto U^2$,则降压后启动电流和启动转矩分别为

$$I_{st} = \frac{I_{stN}}{k} \tag{3-21}$$

$$T_{st} = \frac{T_{stN}}{k^2} \tag{3-22}$$

由此可见,串接电抗(电阻)降压启动时,若加在电动机上的电压减小到额定电压的 $1/k$,则启动电流也减小到直接启动电流的 $1/k$,而启动转矩因与电源电压平方成正比,因而减小到直接启动的 $1/k^2$。

定子回路串接电抗(电阻)降压启动方式的设备简单、操作方便、价格便宜,但由于串接电阻时要消耗大量电能,故不能用于经常启动的场合,一般用于容量较小的低压电动机。串电抗器降压启动避免了上述缺点,但其设备费用较高,故通常用于容量较大的高压电动机。

例 3-3　某台异步电动机的额定数据为:$P_N=125$ kW,$n_N=1\,460$ r/min,$U_N=380$ V,Y 形连接,$I_N=230$ A,启动电流倍数 $k_i=5.5$,启动转矩倍数 $k_{st}=1.1$,过载系数 $k_m=2.2$,设供电变压器限制该电动机的最大启动电流为 900 A,问:(1)该电动机可否直接启动? (2)若采用定子串电抗启动使最大启动电流为 900 A,能否半载启动?

解　(1)直接启动电流　$I_{stN}=k_i I_N=5.5 \times 230$ A$=1\,265$ A>900 A
所以不能采用直接启动。

(2)定子串电抗器后,启动电流限制为 900 A,则

$$k = \frac{I_{stN}}{I_{st}} = \frac{1\,265}{900} = 1.4$$

$$T_{st} = \frac{T_{stN}}{k^2} = \frac{k_{st} \times T_N}{k^2} = \frac{1.1 T_N}{1.4^2} = 0.56 T_N$$

由于 $1.1 T_L = 1.1 \times 0.5 T_N = 0.55 T_N$,而 $T_{st} > 1.1 T_L$,所以可以半载启动。

2)星形-三角形(Y-△)换接降压启动

星形-三角形换接降压启动指的是启动时将定子绕组改接成星形连接,待电机转速上升到接近额定转速时再将定子绕组改接成三角形连接。其原理接线如图 3-15(a)所示。这种启动方法只适用于正常运行时定子绕组作三角形接法运行的异步电动机。

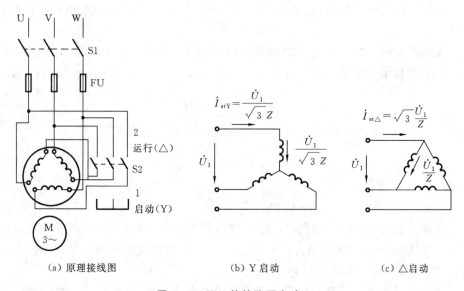

| (a) 原理接线图 | (b) Y 启动 | (c) △启动 |

图 3-15 Y-△换接降压启动

启动时先将开关 S2 投向"启动"侧,此时定子绕组接成星形连接,然后闭合开关 S1 进行启动。由于是星形连接,定子绕组的每相电压为电源电压的 $\frac{1}{\sqrt{3}}$,从而实现降压;待转速升高到某一数值,再将开关投向"运行"侧,恢复定子绕组为三角形连接,使电动机在全压下运行,如图 3-15 所示。

设电动机的额定电压为 U_N,电动机每相阻抗为 Z。

(1)直接启动 直接启动时定子绕组为三角形连接,此时绕组相电压为电源线电压 U_N,定子绕组每相启动电流为 $\frac{U_N}{Z}$,而电网供给的启动电流(线电流)为 $I_{st\triangle} = \sqrt{3}\frac{U_N}{Z}$。

(2)降压启动 降压启动时定子绕组为 Y 形,则绕组电压上为 $\frac{U_N}{\sqrt{3}}$,定子绕组每相启动电流为 $\frac{U_N}{\sqrt{3}Z}$,故降压时电动机的启动电流(线电流) $I_{stY} = \frac{U_N}{\sqrt{3}Z}$。

Y 形与△形连接启动时,启动电流的比值为

$$\frac{I_{stY}}{I_{st\triangle}} = \frac{\dfrac{U_N}{\sqrt{3}Z}}{\sqrt{3}\dfrac{U_N}{Z}} = \frac{1}{3} \qquad (3-23)$$

由于启动转矩与相电压的平方成正比,故 Y 形与△形连接启动的启动转矩的比值为

$$\frac{T_{stY}}{T_{st\triangle}} = \frac{\left(\dfrac{U_N}{\sqrt{3}}\right)^2}{U_N{}^2} = \frac{1}{3} \qquad (3-24)$$

可见 Y-△降压启动的启动电流及启动转矩都减小到直接启动时的1/3。

Y-△换接启动的最大的优点是操作方便,启动设备简单,成本低,但它仅适用于正常运行时定子绕组作三角形连接的异步电动机,因此一般用途的小型异步电动机,当容量大于 4 kW 时,定子绕组一般都采用三角形连接。由于启动转矩只有直接启动时的1/3,启动转矩降低很多,而且是不可调的,因此只能用于轻载或空载启动的设备上。

例 3-4　一台三相异步电动机,$P_N = 20$ kW,$U_N = 380$ V,△形接线,$\cos\varphi_N = 0.85$,$\eta_N = 0.866$,$n_N = 1\,460$ r/min,$T_{st}/T_N = 1.5$,$I_{st}/I_N = 6.5$,试求:(1)T_N;(2)Y-△启动时的启动电流和启动转矩。

解　(1) 额定电流

$$I_N = \frac{P_N}{\sqrt{3}U_N\cos\varphi_N\eta_N} = \frac{20 \times 10^3}{\sqrt{3} \times 380 \times 0.85 \times 0.866}\ \text{A} = 41.28\ \text{A}$$

额定转矩

$$T_N = 9\,550\frac{P_N}{n_N} = 9\,550\frac{20}{1\,460}\ \text{N} \cdot \text{m} = 130.9\ \text{N} \cdot \text{m}$$

(2) 由于 $\dfrac{T_{st}}{T_N} = 1.5$,所以直接启动时启动转矩为

$$T_{st\triangle} = 1.5T_N = 1.5 \times 130.9 = 196.3\ \text{N} \cdot \text{m}$$

因为 $\dfrac{I_{st}}{I_N} = 6.5$,直接启动时的启动电流为

$$I_{st\triangle} = 6.5I_N = 6.5 \times 41.28\ \text{A} = 268.32\ \text{A}$$

Y-△启动时的启动电流

$$I_{stY} = \frac{1}{3}I_{st\triangle} = \frac{1}{3} \times 268.32\ \text{A} = 89.44\ \text{A}$$

Y-△启动时的启动转矩

$$T_{stY} = \frac{1}{3}T_{st\triangle} = \frac{1}{3} \times 196.3\ \text{N} \cdot \text{m} = 65.43\ \text{N} \cdot \text{m}$$

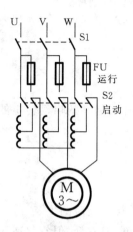

图 3-16 自耦变压器降压启动的原理接线图

3) 自耦变压器降压启动

这种启动方法是通过自耦变压器把电压降低后再加到电动机定子绕组上,以减小启动电流,如图 3-16 所示。

启动时,先合上开关 S1,再将开关 S2 掷于"启动"位置,这时电源电压经过自耦变压器降压后加在电动机上启动,限制了启动电流,待转速升高到接近额定转速时,再将开关 S2 掷于"运行"位置,自耦变压器被切除,电动机在额定电压下正常运行。

设自耦变压器的变比为 k_a(变压器抽头比为 $k = 1/k_a$),电网电压为 U_N,全压直接启动时的启动电流和启动转矩分别为 I_{stN} 和 T_{stN}。直接启动时的启动电流为 $I_{stN} = \dfrac{U_N}{Z}$,则经自耦变压器降压后,加在电动机上的启动电压(自耦变压器二次侧电压)为

$$U_{sta} = \frac{U_N}{k_a}$$

经过自耦变压器降压后,电动机定子绕组上流过的电流为

$$I'_{st} = \frac{U_{sta}}{Z} = \frac{\dfrac{U_N}{k_a}}{Z} = \frac{I_{stN}}{k_a} \tag{3-25}$$

此时电网供给的启动电流 I_{sta}(自耦变压器的一次侧电流)为

$$I_{sta} = \frac{I'_{st}}{k_a} = \frac{I_{stN}}{k_a^2} \tag{3-26}$$

采用自耦变压器降压启动时,加在电动机上的电压为额定电压的 $\dfrac{1}{k_a}$,由于启动转矩与电源电压的平方成正比,所以启动转矩 T'_{st} 也减小到直接启动时的 $\dfrac{1}{k_a^2}$,即

$$T_{sta} = \frac{T_{stN}}{k_a^2} \tag{3-27}$$

由此可见,利用自耦变压器降压启动,电网供给的启动电流及电动机的启动转矩都减小到直接启动时的 $\dfrac{1}{k_a^2}$。

异步电动机启动的专用自耦变压器有 QJ2 和 QJ3 两个系列。它们的低压侧各有三个抽头,QJ2 型的三个抽头电压分别为(额定电压的)55%、64% 和 73%;QJ3 型也有三种抽头比,分别为 40%、60% 和 80%。选用不同的抽头比,即不同的 k 值($k = \dfrac{1}{k_a}$),就可以得到不同的启动电流和启动转矩,以满足不同的启动要求。

　　自耦变压器降压启动的优点是不受电动机绕组连接方式的影响,还可根据启动的具体情况选择不同的抽头比,较定子回路串电抗启动和 Y-△ 启动更为灵活,在容量较大的鼠笼式异步电动机中得到广泛的应用。但采用该方法的投资大,启动设备体积也大,而且不允许频繁启动。

　　为了比较上述三种降压启动方法,现将主要数据列在表 3-1 中。

表 3-1　异步电动机降压启动方法比较

启 动 方 法	$\dfrac{U}{U_N}$	$\dfrac{I_{st}}{I_{stN}}$	$\dfrac{T_{st}}{T_{stN}}$	优 缺 点
直接启动	1	1	1	启动设备简单,启动电流大,启动转矩不大,适用于小容量轻载启动
串电抗(电阻)启动	$\dfrac{1}{k}$	$\dfrac{1}{k}$	$\dfrac{1}{k^2}$	启动设备简单,启动转矩小,适用于轻载启动
Y-△启动	$\dfrac{1}{\sqrt{3}}$	$\dfrac{1}{3}$	$\dfrac{1}{3}$	启动设备简单,启动转矩小,适用于轻载启动。只适用于定子绕组为三角形连接电动机
串自耦变压器启动	$\dfrac{1}{k_a}$	$\dfrac{1}{k_a^2}$	$\dfrac{1}{k_a^2}$	启动转矩不大,有三种抽头可选择,但启动设备复杂,不宜频繁启动

　　例 3-5　一台异步电动机,额定数据为 $P_N = 10$ kW,$n_N = 1\ 450$ r/min,△ 形连接,$U_N = 380$ V,$\cos\varphi = 0.87$,效率为 0.9,$I_{st}/I_N = 7$,$T_{st}/T_N = 1.4$。

　　(1)求额定电流及额定转矩;

　　(2)求采用 Y-△ 换接降压启动时的启动电流和启动转矩;当负载转矩为额定转矩的 50% 和 30% 时,能否采用 Y-△ 换接降压启动?

　　(3)如果用自耦变压器降压启动,当负载转矩为额定转矩的 80% 时,应在什么地方抽头? 启动电压为多少? 启动电流为多少?

　　解　(1)电动机额定电流

$$I_N = \frac{P_N}{\sqrt{3}U_N\eta_N\cos\varphi_N} = \frac{10\times10^3}{\sqrt{3}\times380\times0.9\times0.87}\ \text{A} = 19.4\ \text{A}$$

电动机额定转矩

$$T_N = 9\ 550\frac{P_N}{n_N} = 9\ 500\times\frac{10}{1\ 450}\ \text{N·m} = 65.86\ \text{N·m}$$

　　(2)用 Y-△ 换接降压启动时,

启动电流

$$I_{stY} = \frac{1}{3}I_{st\triangle} = \frac{1}{3}k_i I_N = \frac{1}{3}\times7\times19.4\ \text{A} = 45.27\ \text{A}$$

启动转矩

$$T_{stY} = \frac{1}{3}T_{st\triangle} = \frac{1}{3}k_{st}T_N = \frac{1}{3}\times1.4\times65.86\ \text{N·m} = 30.74\ \text{N·m}$$

当负载转矩为 $0.5T_N$ 时，

$$T_{L1} = \frac{1}{2} T_N = \frac{1}{2} \times 65.86 \text{ N} \cdot \text{m} = 32.93 \text{ N} \cdot \text{m}$$

由于 $T_{L1} > T_{stY}$，所以当负载转矩为 $0.5T_N$ 时不能采用 Y-△换接降压启动。

当负载转矩为 $0.3T_N$ 时

$$T_{L2} = 30\% T_{Nt} = 30\% \times 65.86 = 19.76 \text{ N} \cdot \text{m}$$

$$1.1T_{L2} = 1.1 \times 19.76 = 21.74 < 30.74$$

所以当负载转矩为 $30\% T_N$ 时可以采用 Y-△启动。

(3)设变压器变比抽头为 k，则

$$T_{sta} = k^2 T_{st} = k^2 \times k_{st} T_N = k^2 1.4 T_N \geqslant 1.1 \times T_{L3}, \qquad k^2 1.4 T_N \geqslant 1.1 \times 0.8 T_N$$

得 $k \geqslant 0.79$，选用变压器抽头比为 80%。

$$I_{sta} = k^2 I_{st} = k^2 k_i I_N = 0.8^2 \times 7 \times 19.4 \text{ A} = 57.34 \text{ A}$$

$$U_{st} = k U_N = 0.8 \times 380 \text{ V} = 304 \text{ V}$$

3.4.3　绕线式异步电动机的启动

对于绕线式异步电动机，在转子回路串入适当的电阻，既可以减小启动电流，又可以增大启动转矩，因而启动性能比鼠笼式异步电动机好。绕线式异步电动机启动方式分为转子回路串电阻启动及转子回路串频敏变阻器启动两种。

1. 转子回路串电阻启动

对于转子回路串电阻启动，为了在整个启动过程中获得较大的加速转矩，并使启动过程比较平滑，应在转子回路中串入多级对称电阻。启动时，随着转速的升高，逐段切除启动电阻。虽然增加转子回路电阻，可减少启动电流，增加启动转矩，但启动时转子回路所串电阻并不是越大越好，否则启动转矩会减小。

启动接线图和机械特性曲线如图 3-17 所示。启动过程如下：启动开始时，接触器触点 S 闭合，S1、S2、S3 断开，启动电阻全部串入转子回路中，转子每相电阻为 $R_3 = r_2 + R_{st1} + R_{st2} + R_{st3}$，对应的机械特性曲线如图中曲线 4 所示。启动瞬间，电磁转矩为最大加速转矩 T_1，且大于负载转矩 T_L。电动机从点 a 沿曲线 4 开始加速，电磁转矩逐渐减小，当减小到 T_2，如图中点 b 时，触点 S3 闭合，切除 R_{st3}。此时转子每相电阻变为 $R_2 = r_2 + R_{st1} + R_{st2}$，对应的机械特性曲线变为曲线 3。切换瞬间，转速 n 不能突变，电动机的运行点由 b 点跃到 c 点，电磁转矩又跃升为 T_1。此后电动机转子加速，随转速升高，电磁转矩沿曲线 3 逐渐下降到 T_2，如图中 d 点时，触点 S2 闭合，切除 R_{st2}。此后转子每相电阻变为 $R_1 = r_2 + R_{st1}$，电动机运行点由 d 点变到 e 点，电动机转速上升，工作点沿曲线 2 变化，最后在 f 点，触点 S1 闭合，切除 R_{st1}，电动机转子绕组直接短接，电动机机械特性曲线变为曲线 1，电磁转矩回升到 g 点之后，电动机沿固有特性曲线加速到负载点 h 点稳定运行，启动过程结束。

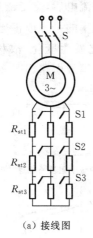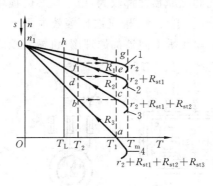

（a）接线图　　　　　　（b）机械特性曲线

图 3-17　三相绕线式异步电动机转子串电阻分级启动

绕线式异步电动机转子回路串电阻可以抑制启动电流并获得较大的启动转矩，选择适当电阻可使启动转矩达到最大值，故可以允许电动机在重载下启动。由人为机械特性曲线可知，转子回路串入适当电阻，可使 $s_m=1$，$T_{st}=T_m$，如图 3-18 所示。

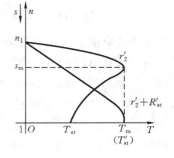

此时有

$$\frac{r'_2+R'_{st}}{x_1+x'_2}=1 \qquad (3-28)$$

转子串入电阻折算值 R'_{st} 为

$$R'_{st}=(x_1+x'_2)-r'_2 \qquad (3-29)$$

串入电阻的实际值 R_{st} 为

图 3-18　转子回路串电阻 $s_m=1$ 时的机械特性曲线

$$R_{st}=\frac{R'_{st}}{k_i k_e} \qquad (3-30)$$

绕线式异步电动机在分级切除电阻的启动中，电磁转矩突然增加，会产生较大的机械冲击。该启动方法所用的启动设备较复杂、笨重，运行维护工作量较大。

2. 转子回路串频敏变阻器启动

绕线式异步电动机采用转子回路串接电阻启动时，若想在启动过程中保持有较大的启动转矩且启动平稳，则必须采用多级电阻启动，这样会使启动设备很复杂。为了克服这个问题，转子回路可以采用串频敏变阻器启动。

频敏变阻器的结构类似于只有一次侧线圈的三相心式变压器，主要由铁芯和绕组组成，三个铁芯柱上各有一个绕组，一般接成星形，通过滑环和电刷与转子电路相接，频敏变阻器铁芯用几片或十几片 30～50 mm 厚的钢板制成。

频敏变阻器是根据涡流原理工作的,当绕组通过交流电后,交变磁通在铁芯中产生的涡流损耗和磁滞损耗都较大,由于铁芯的损耗与频率的平方成正比,当频率变化时,铁芯损耗会发生变化,相应铁耗等效电阻 r_m 也随之发生变化,故称为频敏变阻器。转子回路串频敏变阻器的原理图、机械特性曲线和等效电路如图 3-19 所示。

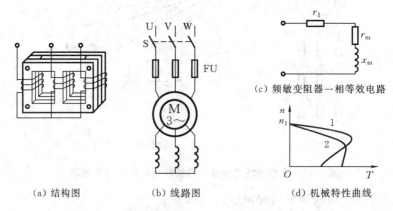

(c) 频敏变阻器一相等效电路

(a) 结构图　　　　(b) 线路图　　　　(d) 机械特性曲线

图 3-19　三相绕线式异步电动机转子串频敏变阻器启动

当绕线式异步电动机刚启动时,电动机转速很低,转子电流频率 f_2 很高,铁芯中涡流损耗及其对应的等效电阻 r_m 最大,相当于转子回路串入了一个较大的启动电阻,起到了限制启动电流和增加启动转矩的作用。在启动过程中,随转子转速上升,转差率减小,转子电流频率 $f_2 = sf_1$ 随之减小,于是频敏变阻器的涡流损耗减小,反映铁芯损耗的等效电阻 r_m 也随之减小,这相当于在启动过程中逐渐切除转子回路所串的电阻。启动结束后,转子绕组直接短接,把频敏变阻器从电路中切除。

频敏变阻器相当于一种无触点的变阻器,在启动过程中,频敏变阻器能自动、无级地减小转子电阻,如果参数选择合适,可以保持启动转矩近似不变,从而实现无级平滑启动。串频敏变阻器启动的机械特性曲线如图 3-19(d) 中曲线 2 所示,曲线 1 是电动机固有机械特性曲线。

频敏变阻器的结构较简单,维护方便,启动性能好。其缺点是体积较大,设备较重。由于其电抗的存在,功率因数较低,一般功率因数在 0.3~0.7 之间,最高也只能达到 0.8,启动转矩并不很大。因此,绕线式异步电动机轻载时采用频敏变阻器启动,重载时一般采用转子回路串电阻启动。

3.4.4　三相异步电动机软启动

三相异步电动机的软启动是一种新型无级启动方式。运用串接于电源与被控电机之间的软启动器,使电机输入电压从零以预设函数关系逐渐上升,直至启动结束,给予电机全电压,即为软启动。

在软启动过程中,电机启动转矩逐渐增加,转速也逐渐增加,启动过程平稳。

1. 软启动器的工作原理

如图 3-20 所示,软启动器是一种集电机软启动、软停车、轻载节能和多种保护功能于一体的新颖电机控制装置。它的主要构成是串接于电源与被控电机之间的三相反并联闸管及其电子控制电路。运用不同的方法控制三相反并联闸管的导通角,使被控电机的输入电压按不同的要求而变化,就可实现不同的功能。

图 3-20　软启动器

2. 软启动方式

(1) 斜坡升压软启动。这种启动方式最简单,不具备电流闭环控制,仅调整晶闸管导通角,使之与时间成一定函数关系。其缺点是,由于不限流,在电机启动过程中,有时要产生较大的冲击电流使晶闸管损坏,对电网影响较大,实际很少应用。

(2) 斜坡恒流软启动。这种启动方式是在电动机启动的初始阶段启动电流逐渐增加,当电流达到预先所设定的值后保持恒定(t_1 至 t_2 阶段),直至启动完毕。启动过程中,电流上升变化的速率可以根据电动机负载来调整、设定。电流上升速率大,则启动转矩大,启动时间短。该启动方式是应用最多的启动方式,尤其适用于风机、泵类负载的启动。

(3) 阶跃启动。一开机就以最短时间使启动电流迅速达到设定值,即为阶跃启动。通过调节启动电流设定值,可以达到快速启动效果。

(4) 脉冲冲击启动。在启动开始阶段,让晶闸管在级短时间内以较大电流导通一段时间后回落,再按原设定值线性上升,连入恒流启动。该启动方法在一般负载中较少应用,适用于重载并需克服较大静摩擦的启动场合。

3. 软启动与传统降压启动方式的不同之处

笼型电机传统的降压启动方式有 Y－△ 启动、自耦变压器降压启动、电抗器降压启动等。这些启动方式都属于有级降压启动,存在明显缺点,即启动过程中出现二次冲击电流。软启动与传统降压启动方式的不同之处如下。

(1) 无冲击电流。软启动器在启动电机时,通过逐渐增大晶闸管导通角,使电机启动电流从零线性上升至设定值。

（2）恒流启动。软启动器可以引入电流闭环控制，使电机在启动过程中保持恒流，确保电机平稳启动。

（3）根据负载情况及电网继电保护特性选择，可自由地无级调整至最佳的启动电流。

4. 电动机的软停车

电机停机时，传统的控制方式都是通过瞬间停电完成的。但有许多应用场合，不允许电机瞬间关机。例如，高层建筑、大楼的水泵系统，如果瞬间停机，就会产生巨大的"水锤"效应，使管道甚至水泵遭到损坏。为减少和防止"水锤"效应，需要电机逐渐停机，即软停车，采用软启动器能满足这一要求。在泵站中，应用软停车技术可避免泵站的"拍门"损坏，减少维修费用和维修工作量。

软启动器中的软停车过程是，晶闸管在得到停机指令后，从全导通逐渐地减小导通角，经过一定时间过渡到全关闭的过程。停车的时间根据实际需要可在 $0 \sim 120$ s 调整。软停止可以减轻停机过程中的振动，如减轻液体溢出。

5. 软启动的应用

软启动在不需要调速的各种场合都适用，目前的应用范围是交流 380 V（也可 660 V），电机功率从几千瓦到 800 kW。软启动器特别适用于各种泵类负载或风机类负载，需要软启动与软停车的场合。

对于变负载工况、电动机长期处于轻载运行，只有短时或瞬间处于重载的场合，应用软启动器（不带旁路接触器）则具有轻载节能的效果。

特别指出，软启动器和变频器是两种完全不同用途的产品。变频器是用于需要调速的地方，其输出不但改变电压而且同时改变频率；软启动器实际上是个调压器，用于电机启动时，输出只改变电压而不改变频率。变频器具备所有软启动器功能，但它的价格比软启动器贵得多，结构也复杂得多。

3.4.5 深槽式和双鼠笼式异步电动机

三相鼠笼式异步电动机的最大优点是结构简单、运行可靠，但启动性能差。它直接启动时启动电流很大，启动转矩却不大，而降压启动虽然可以减少启动电流，但启动转矩也随之减少。对于绕线式异步电动机，在一定范围内增加转子电阻可以增加启动转矩、减少启动电流，因此转子回路串一定电阻可以改善启动性能。但是，电动机正常运行的时候又希望转子电阻比较小，这样可以减少转子铜耗，提高电动机的效率。怎样才能使鼠笼式异步电动机在启动时候具有较大的转子电阻，而在正常运行时候又自动减少呢？由于鼠笼式异步电动机的转子结构具有不能再串入电阻的特点，于是人们通过改变转子槽的结构，利用集肤效应，制成深槽式和双鼠笼式异步电动机，达到改善鼠笼异步电动机的启动性能目的。

1. 深槽式异步电动机

1）结构特点

深槽式异步电动机的转子槽又深又窄,通常槽深与槽宽之比为 10～12。其他结构和普通鼠笼式异步电动机基本相同。

2）工作原理

当转子导条中流过电流时候,漏磁通的分布如图 3-21(a)所示。从图中可以看到转子导条从上到下交链的漏磁通逐渐增多,导条的漏电抗也是从上到下逐渐增大,因此越靠近槽底越具有较大的漏电抗,而越接近槽口部分的漏电抗越小。

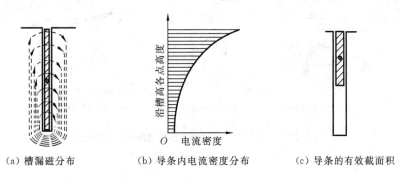

（a）槽漏磁分布　　　　（b）导条内电流密度分布　　　　（c）导条的有效截面积

图 3-21　深槽式转子导条中电流的分布

当电动机启动时,由于转速低,转差率比较大,因此转子侧频率比较高,转子导条的漏电抗也比较大。转子电流的分布主要取决于漏电抗,漏电抗越大则电流就越小。导条中槽底的漏电抗大,则槽底处的电流密度就小;槽口部分的漏电抗小,则槽口处的电流密度大,因此沿槽高的电流密度分布自上而下逐渐减少,如图 3-21(b)所示。大部分电流集中在导条的上部分,这种现象称为电流的集肤效应。集肤效应的效果相当于减少了导条的高度和截面,增加了转子电阻,从而减少启动电流,增加了启动转矩。由于电流好像被挤到槽口,因而也称挤流效应,如图 3-21(c)所示。

启动完毕后,电动机正常运行时,由于转子电流的频率很低,转子漏电抗也随之减少,此时转子导条的漏电抗比转子电阻小得多,因而这个时候电流的分布主要取决于转子电阻的分布。由于转子导条的电阻均匀分布,导体中电流将均匀分布,集肤效应消失,所以转子电阻减少为自身的直流电阻。由此可见,正常运行时,深槽式异步电动机的转子电阻能自动变小,可以满足减少转子铜耗、提高电动机的效率的要求。

深槽式异步电动机是根据集肤效应原理,减小转子导体有效截面,增加转子回路有效电阻以达到改善启动性能的目的。但深槽会使槽漏磁通增多,故深槽式异步电动机漏电抗比普通鼠笼式异步电动机大,功率因数、最大转矩及过载能力稍低。

2. 双鼠笼式异步电动机

1) 结构特点

双鼠笼式异步电动机转子上具有两套鼠笼型绕组,即上笼和下笼,如图 3-22(a) 所示。上笼的导条截面积较小,并用黄铜或青铜等电阻系数较大的材料制成,其电阻较大。下笼导条的截面积大,并用电阻系数较小的紫铜制成,其电阻较小。双笼式电机也常采用铸铝转子,如图 3-22(b) 所示。由于下笼处于铁芯内部,交链的漏磁通多,上笼靠近转子表面,交链的漏磁通较少,故下笼的漏电抗较上笼的漏电抗大得多。

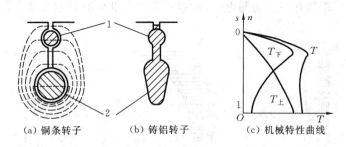

(a) 铜条转子   (b) 铸铝转子   (c) 机械特性曲线

图 3-22 双鼠笼式电动机转子槽形及其机械特性曲线

1—槽口导体   2—槽底导体

2) 工作原理

双鼠笼式异步电动机启动时,转子电流频率较高,转子漏电抗大于电阻,上、下笼电流的分配主要取决于漏电抗,由于下笼的漏电抗比上笼的大得多,故电流主要从上笼流过,因而启动时上笼起主要作用。由于上笼电阻大,可以产生较大的启动转矩,同时限制启动电流,通常把上笼又称为启动笼。

双鼠笼式异步电动机启动后,随着转速的升高,转差率 s 逐渐减小,转子电流频率 $f_2 = sf_1$ 也逐渐减小,转子漏电抗也随之减少,此时漏电抗远小于电阻。转子电流分布主要取决于电阻,于是电流从电阻较小的下笼流过,产生正常运行时的电磁转矩,下笼在运行时起主要作用,故下笼又称为工作笼(运行笼)。

因此,双鼠笼式异步电动机也是利用集肤效应原理来改善启动性能的。

双鼠笼式异步电动机的机械特性曲线如图 3-22(c) 所示,可以看成是上、下笼两条机械特性曲线的合成,改变上、下笼导体的材料和几何尺寸就可以得到不同的机械特性曲线,以满足不同负载的要求,这是双鼠笼式异步电动机一个突出的优点。

综上所述,深槽式和双鼠笼式异步电动机都是利用集肤效应原理来增大启动时的转子电阻来改善启动性能的,包括减小启动电流、增大启动转矩。因此大容量、高转速电动机一般都做成深槽式的或双鼠笼式的。

双鼠笼式异步电动机的启动性能比深槽式异步电动机的好,但深槽式异步电动机的结构简单,制造成本较低,故深槽式异步电动机的使用更广泛。但它们共同的缺点是转子漏电抗比普通鼠笼式异步电动机的大,因此功率因数和过载能力都比普通鼠笼式异步电动机的低。

3.5　三相异步电动机的调速

一个生产机械的运行速度,在不同的生产过程中的需要是不相同的。例如金属切削机床,由于加工件的材料和精度要求不同,速度也就不同,精加工用高转速,粗加工用低转速。又如轧钢机,当轧制不同品种和不同厚度的钢材时,也必须采用不同的最佳速度。这就是说,拖动系统运行的速度需要根据生产工艺要求而人为调节。调节转速简称调速。

为了改变拖动系统的运行速度,一般可采用两种方法:一种是不改变电动机的速度,通过改变电动机与生产机械之间传动装置的速比来达到调速的目的,工程上称为机械调速。另一种方法是用改变电动机的参数来达到改变电动机运行速度,工程上称为电气调速。除了单独应用上述两种调速方法外,生产中有时也将机械调速和电气调速配合起来以满足调速要求。本书只介绍电气调速。

异步电动机具有结构简单、价格便宜、运行可靠、维护方便等优点,但调速性能比不上直流电动机,如其调速范围窄、调速平滑性差。直流电动机存在价格高、维护困难、需要专门的直流电源等缺点。近几十年来,随着电子技术、计算机技术以及自动控制技术的飞速发展,交流调速技术日趋完善,大有取代直流调速技术的趋势。

根据异步电动机的转速关系式

$$n = n_1(1-s) = \frac{60 f_1}{p}(1-s) \tag{3-31}$$

可知,异步电动机调速方法有三种。

(1)变极调速　改变定子绕组的磁极对数 p 调速。

(2)变频调速　改变电源频率 f_1 调速。

(3)变转差率 s 调速　改变电动机的转差率调速,包括绕线式异步电动机的转子串接电阻调速、串级调速和定子调压调速等。

本节主要介绍以上各种调速方法的原理、运行特性和调速性能等。

3.5.1　评价调速方法的主要指标

1. 调速范围

调速范围是指电动机在额定负载下,可能达到的最高转速 $n_{\max}$ 与最低转速 $n_{\min}$ 之比,即

$$D = \frac{n_{\max}}{n_{\min}} \tag{3-32}$$

不同的生产机械对电动机的调速范围有不同的要求。要扩大调速范围,就必须尽可能地提高电动机的最高转速和降低电动机的最低转速。电动机的最高转速受电动机的机械强度和电压等级方面的限制,最低转速则受低速运行时转速的相对稳定性的限制。

2. 调速的稳定性

调速的稳定性是指负载转矩发生变化时,电动机转速随之变化的程度。工程上常用静差率来衡量。所谓静差率是指电动机在某一机械特性上运行时,在额定负载下的转速降 Δn_N 和对应的机械特性的理想空载转速 n_0 之比,即

$$\delta\% = \frac{n_0 - n_N}{n_0} \times 100\% = \frac{\Delta n_N}{n_0} \times 100\% \tag{3-33}$$

很显然,电动机机械特性愈硬,静差率愈小,相对稳定性愈高。硬度相同的两条机械特性,理想空载转速越低,其静差率越大。

3. 调速的平滑性

调速时,相邻两级转速的接近程度叫做调速的平滑性,可用平滑系数 φ 来表示。

$$\varphi = \frac{n_i}{n_{i-1}} \tag{3-34}$$

φ 值越接近1,则平滑性越好。当 $\varphi = 1$ 时,称为无级调速,即转速是连续可调的。

4. 调速的经济性

经济性包含两方面的内容,一方面是指调速所需的设备投资和调速过程中的能量损耗,另一方面是指电动机在调速时能否得到充分利用。

3.5.2 变极调速

由公式 $n_1 = 60f_1/p$ 可知,当电源频率不变时,电动机的同步转速和极对数成反比,改变极对数就可以改变同步转速,从而改变电动机转速。由于极对数总是呈整数变化的,所以同步转速的变化是一级一级地进行的,即不能实现平滑调速。

通常通过改变定子绕组接法来改变极对数的电机称为多速电机。从电机原理可知,只有定子和转子具有相同的极对数时,电动机才有恒定的电磁转矩,才能实现机电能量转换。因此在改变定子极数时必须改变转子极数,而鼠笼式异步电动机的转子极数能自动地跟随定子极数变化,所以变极调速只适用于鼠笼式异步电动机。

1. 变极原理

下面以四极变二极为例,说明定子绕组的变极原理。图 3-23 画出四极电机 U 相绕组的两个线圈,每个线圈代表 U 绕组的一半,称为半相绕组。两个半相绕组顺向串联(头尾相接)时,根据线圈中的电流方向,可以分析出定子绕组产生四极磁场,即 $2p = 4$,磁场方向如图 3-23(b)所示。

如果将两个半相绕组的连接方式改为 3-24 图所示,使其中一个半相绕组 u3、u4

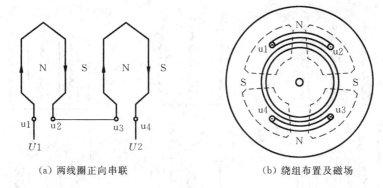

(a) 两线圈正向串联　　　　　　　(b) 绕组布置及磁场

图 3-23　四极三相异步电动机定子 U 相绕组

中的电流反向,这时定子绕组中产生二极磁场,即 $2p=2$。由此可见,使定子每相的一半绕组中电流改变方向,就可以改变磁极对数。

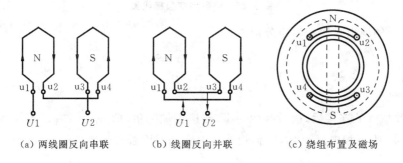

(a) 两线圈反向串联　　　(b) 线圈反向并联　　　(c) 绕组布置及磁场

图 3-24　二极三相异步电动机的 U 相绕组

2. 常用的变极接线方式

图 3-25 所示为两种最常用的变极接线方式,其中图 3-25(a)所示为由单星形连接改接成并联的双星形连接,写作 Y/Y Y(或 Y/2Y);图 3-25(b)所示为由单星形连接改为反向串联的单星形连接;图 3-25(c)所示为由三角形连接改接成双星形连接,写作△/Y Y(或△/2 Y)。这几种接法都是使每相的一半绕组内电流改变方向,因此定子磁场的极数减小一半,电动机转速接近成倍改变。但不同的接线方式,电动机允许输出功率不同,因此要根据生产机械的要求进行选择。

3. 变极调速时的容许输出

调速时电动机容许输出是指在保持电流为额定值的条件下,调速前、后电动机轴上输出的功率和转矩。下面对变极调速时的三种接线方式的容许输出进行分析。

1) Y/Y Y 接法变极调速

设外加电压为 U_N,绕组每相额定电流为 I_N,当采用 Y 形连接时,线电流等于相

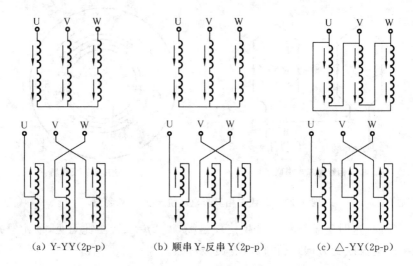

(a) Y-YY(2p-p)　　　(b) 顺串 Y-反串 Y(2p-p)　　　(c) △-YY(2p-p)

图 3-25　典型的变极接线图

电流,此时的输出功率和转矩分别为

$$\left.\begin{array}{l} P_Y = \sqrt{3}U_N I_N \eta\cos\varphi \\[2mm] T_Y = 9.55 \times \dfrac{P_Y}{n_Y} \end{array}\right\} \tag{3-35}$$

当改成 YY 连接后,极数减少一半,转速增加一倍,即 $n_{YY}=2n_Y$。若保持绕组电流 I_N 不变,则每相电流为 $2I_N$。假设改接前后功率因数和效率近似不变,则

$$\left.\begin{array}{l} P_{YY} = \sqrt{3}U_N \times (2I_N)\eta\cos\varphi = 2\sqrt{3}U_N I_N \eta\cos\varphi = 2P_Y \\[2mm] T_{YY} = 9.55 \times \dfrac{P_{YY}}{n_{YY}} = 9.55 \times \dfrac{2P_Y}{2n_{YY}} = 9.55 \times \dfrac{P_Y}{n_Y} = T_Y \end{array}\right\} \tag{3-36}$$

可见,采用 Y/YY 连接方式时,电动机的转速增加一倍,允许输出功率增加一倍,而允许输出转矩不变,因此这种接线方式的变极调速属于恒转矩调速,它适用拖动恒转矩负载。

2) △/YY 接法变极调速

若每相绕组的额定电流为 I_N,则三角形连接时的线电流为 $\sqrt{3}I_N$,输出功率和转矩的计算公式如下。△形接法时电动机的输出功率和输出转矩分别为

$$\left.\begin{array}{l} P_\triangle = \sqrt{3} \times U_N(\sqrt{3}I_N)\eta\cos\varphi = 3U_N I_N \eta\cos\varphi \\[2mm] T_\triangle = 9.55 \times \dfrac{P_\triangle}{n_\triangle} \end{array}\right\} \tag{3-37}$$

改成 YY 连接后,极对数减少一半,转速增加一倍,即 $n_{YY}=2n_\triangle$,则每相电流为 $2I_N$,输出功率和输出转矩为

$$P_{YY} = \sqrt{3}U_N(2I_N)\eta\cos\varphi = 2\sqrt{3}U_N I_N \eta\cos\varphi$$

$$\frac{P_{YY}}{P_\triangle} = \frac{2\sqrt{3}}{3} = 1.15, \quad P_{YY} = 1.15P_\triangle \approx P_\triangle \qquad (3\text{-}38)$$

$$T_{YY} = 9.55 \times \frac{P_{YY}}{n_{YY}} = 9.55 \times \frac{1.15P_\triangle}{2n_\triangle} = 0.58T_\triangle$$

可见,采用 $\triangle/YY$ 接法变极调速时,电动机的转速提高一倍,允许输出功率近似不变,允许输出转矩近似减小一半,因此这种调速方法适用于带恒功率负载。

同理可分析,顺串星形改接为反串星形连接方式的变极调速也属于恒功率调速。

4. 变极调速必须注意的问题

当改变定子绕组的接线方式时,要将三相绕组中任意两相的出线端交换一下,再接到三相电源上,这样才能保证调速前后电动机的转向不变。因为变极前后绕组相序将发生改变,这是由于电角度 $=p\times$ 机械角度,当极对数变化时,空间电角度大小也随之发生变化。当 $p=1$ 时,U、V、W 三相绕组在空间的电角度依次为 $0°$、$120°$、$240°$;而当 $p=2$ 时,U、V、W 三相绕组在空间分布的电角度变为 $0°$、$120°\times2=240°$、$240°\times2=480°$(即 $120°$)。可见,变极前后三相绕组的相序发生了变化。若要保持电动机转向不变,应把接到电动机的三根电源线任意对调两根。

变极调速的优点是设备简单、运行可靠、机械特性较硬,可以实现恒转矩调速,也可以实现恒功率调速。缺点是转速只能是有限的几挡,为有级调速,调速平滑性较差。

3.5.3　变频调速

由公式 $n_1 = 60f_1/p$ 可知,当电机极对数不变时,电动机的同步转速和频率成正比,若连续改变频率就可以连续改变同步转速,从而连续平滑地改变电动机的转速。但是单一调节电源的频率,将导致电动机运行性能恶化。

三相异步电动机正常运行时,定子漏阻抗压降很小,所以可以认为,定子每相电压 $U_1 \approx E_1$,气隙磁通为

$$\Phi_0 = \frac{E_1}{4.44f_1 N_1 k_{w1}} \approx \frac{U_1}{4.44f_1 N_1 k_{w1}} \qquad (3\text{-}39)$$

在变频调速时,如果只降低定子频率 f_1,而定子每相电压不变,则 Φ_0 要增大。由于在正常(额定)情况时电动机的主磁路就已经接近饱和,若频率下降,Φ_0 增大,主磁路必然过饱和,这将使励磁电流急剧增大,铁耗增加,功率因数下降。若频率增加,则 Φ_0 减小,使电磁转矩和最大电磁转矩下降,过载能力降低,电动机的容量也得不到充分利用。

因此,为了使电动机保持较好的运行性能,要求在调节频率 f_1 的同时,改变定子电压 U_1,以维持 Φ_0 不变,或者保持电动机的过载能力不变。电压随频率按什么规律

变化最为合适呢？一般认为，在任何类型的负载下变频调速时，若能保持电动机的过载能力不变，则电动机的运行性能较为理想。可以推导出保持 k_m 不变的条件为

$$\frac{U_1'}{U_1} = \frac{f_1'}{f_1} \sqrt{\frac{T_N'}{T_N}} \tag{3-40}$$

式(3-40)中加"'"的量表示变频后的物理量，该式表示了变频调速时电压 U_1 随频率 f_1 变化的规律，此时电动机的过载能力不变。

1. 电压随频率调节的规律

变频调速时，U_1 与 f_1 的调节规律是和负载的性质有关的，通常分为恒转矩变频调速和恒功率变频调速两种情况。

1) 恒转矩变频调速

对于恒转矩负载，$T_N = T_N'$，于是式(3-40)可变为

$$\frac{U_1}{f_1} = \frac{U_1'}{f_1'} = C(常数) \tag{3-41}$$

式(3-41)说明，在恒转矩负载下，若能保持电压与频率成正比调节，则电动机在调速过程中既能保证电动机的过载能力 k_m 不变，又能保证主磁通 Φ_0 不变。这也说明变频调速特别适合恒转矩负载。

2) 恒功率变频调速

对于恒功率负载，要求在变频调速时的电动机的输出功率保持不变，则

$$P_N = \frac{T_N n_N}{9.55} = \frac{T_N' n_N'}{9.55} = C(常数) \tag{3-42}$$

因此

$$\frac{T_N'}{T_N} = \frac{n_N}{n_N'} = \frac{f_1}{f_1'} \tag{3-43}$$

将式(3-43)代入式(3-40)中，得

$$\frac{U_1}{\sqrt{f_1}} = \frac{U_1'}{\sqrt{f_1'}} = C(常数) \tag{3-44}$$

即在恒功率负载下，如能保持 $\dfrac{U_1}{\sqrt{f_1}} = C$(常数)，则电动机的过载能力 k_m 不变，但主磁通 Φ_0 将发生变化。

通常把异步电动机的额定频率作为基频。变频调速时，可以从基频向下调节，也可以由基频向上调节。

(1) 在基频以下调速时，可保持 $\dfrac{U_1}{f_1} = C$(常数)，所以为恒转矩调速。当频率 f_1 减少时，最大转矩 T_m 不变，启动转矩 T_{st} 增加，临界点转速降落也不变。因此，机械特性曲线随频率的降低而向下平移，如图 3-26(a)中虚线所示。但实际上由于定子电阻的存在，随着频率 f_1 的下降($U_1/f_1 =$ 常数)，T_m 将减小，当频率很低时，T_m 将减小很多，如图 3-26(a)实线所示。

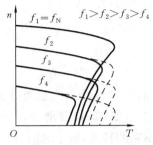

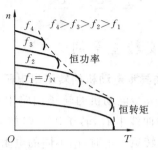

(a) $U_1/f_1=$常数时变频调速时的机械特性曲线　(b) 恒功率和恒转矩变频调速时的机械特性曲线

图 3-26　变频调速机械特性曲线

（2）在基频以上调速时，频率从额定频率往上增加，但电压却不能增加得比额定电压还高，最高保持为额定电压不变。这样随着频率升高，磁通必然会减少，这是降低磁通升速的调速方法。此时，最大转矩和启动转矩都随着频率的增高而减少，但临界点转速降落不变，即不同频率下各条机械特性曲线近似平行，如图 3-26(b)所示。此时近似为恒功率调速。

变频调速的主要优点是调速范围大、调速平滑、机械特性较硬、效率高。高性能的异步电动机变频调速系统的调速性能可与直流调速系统相媲美。但它需要一套专用变频电源，调速系统较复杂、设备投资较高。近年来随着晶闸管技术的发展，为获得变频电源提供了新的途径。晶闸管变频调速器的应用大大促进了变频调速的发展。变频调速是近代交流调速发展的主要方向之一。

例 3-6　某四极异步电动机，$P_N=30$ kW，$U_N=380$ V，$n_N=1\,450$ r/min，采用变频调速，拖动的恒转矩负载 $T_L=0.8T_N$。若要将转速降为 800 r/min，则变频电源输出的线电压和频率各为多少？要求在调速过程中保持 $\dfrac{U_1}{f_1}$ 为常数。

解
$$s_N=\frac{n_1-n_N}{n_1}=\frac{1\,500-1\,450}{1\,500}=0.033$$

当带 $T_L=0.8T_N$ 的负载时，
$$s=\frac{T_L}{T_N}s_N=\frac{0.8T_N}{T_N}\times0.033=0.026\,4$$

此时的转速降落为
$$\Delta n=sn_1=0.026\,4\times1\,500\ \text{r/min}=39.6\ \text{r/min}$$

电动机变频调速时机械特性曲线的斜率不变，即转速降落不变。因此，变频后转速为 800 r/min 时的同步转速为
$$n_1'=n+\Delta n=(800+39.6)\text{r/min}=839.6\ \text{r/min}$$

此时电源频率为
$$f_1=\frac{pn_1'}{60}=\frac{2\times839.6}{60}\ \text{Hz}=28\ \text{Hz}$$

$$\frac{U_1}{f_1} = \frac{U_N}{f_N}, \quad \frac{U_1}{28} = \frac{380}{50}, \quad U_1 = 212.8 \text{ V}$$

3.5.4 变转差率调速

1. 绕线异步电动机的转子串电阻调速

绕线式异步电动机的转子回路串接对称电阻的机械特性曲线如图 3-27 所示。从机械特性曲线上看,转子串入附加电阻时,n_1、T_m 不变,但 s_m 要增大,特性斜率增大。当负载转矩一定时,串不同的电阻,可以得到不同的转速,所串电阻越大,电机转速就越低。如图 3-27 所示,因为 $n_B > n_C$,所以 $R_{S1} < R_{S2}$。

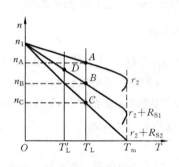

图 3-27 绕线式异步电动机的
转子串电阻调速

设 s_m、s、T 为转子串接电阻前的量,s'_m、s'、T' 为转子串入电阻 R_S 后的量,利用实用机械特性的简化方程可知

$$\frac{s_m}{s}T = \frac{s'_m}{s'}T' \tag{3-45}$$

又因为临界转差率和转子电阻成正比,故

$$\frac{r_2}{s}T = \frac{r_2 + R_S}{s'}T' \tag{3-46}$$

于是转子串接的附加电阻为

$$R_S = \left(\frac{s'T}{sT'} - 1\right)r_2 \tag{3-47}$$

当负载转矩保持不变,即恒转矩调速时,$T=T'$(如图中的 A、B 两点),则

$$R_S = \left(\frac{s'}{s} - 1\right)r_2 \tag{3-48}$$

如果调速时负载转矩发生了变化(如图 3-27 所示中的 A、D 两点),则必须用式(3-47)来计算串接的电阻值。

绕线式异步电动机可以在转子回路串电阻来改善电动机的启动性能和改变电动机转速,但启动电阻是按短时通电设计的,而调速电阻是按长期通电设计的。

这种调速方法只适用于绕线式异步电动机,其优点是设备简单、操作方便,可在一定范围内平滑调速,调速过程中最大转矩不变,电动机过载能力不变。缺点是调速是有级的、不平滑的;低速时转差率较大,转子铜耗增加,电机效率降低,机械特性变软。

这种调速方法多应用在起重机一类对调速性能要求不高的恒转矩负载上。

例 3-7 一台三相四极异步电动机,$n_N = 1\,480$ r/min,$f = 50$ Hz,转子每相电阻 $r_2 = 0.02$ Ω,若负载转矩不变,要求把转速降到 $1\,100$ r/min,试求转子回路每相所串的电阻为多大?

解
$$n_1 = \frac{60f}{p} = \frac{60 \times 50}{2} \text{ r/min} = 1\ 500 \text{ r/min}$$

当 $n_N = 1\ 480$ r/min 时，$\qquad s_N = \frac{n_1 - n_N}{n_1} = \frac{1\ 500 - 1\ 480}{1\ 500} = 0.013$

当 $n = 1\ 100$ r/min 时，$\qquad s = \frac{n_1 - n}{n_1} = \frac{1\ 500 - 1\ 100}{1\ 500} = 0.267$

由于负载转矩不变，所以所串电阻

$$R_s = \left(\frac{s}{s_N} - 1\right) r_2 = \left(\frac{0.267}{0.013} - 1\right) \times 0.02 \ \Omega = 0.39 \ \Omega$$

2. 绕线转子电动机的串级调速

串级调速就是在转子回路中串接一个与转子电动势 $\dot{E}_2$ 同频率的附加电动势 $\dot{E}_{ad}$，通过改变 $\dot{E}_{ad}$ 幅值大小和相位来实现调速。

串级调速的基本原理可分析如下（见图 3-28）。

当转子串入的 $\dot{E}_{ad}$ 与 $\dot{E}_{2s} = s\dot{E}_2$ 反相位时，转子电流为

$$I_2 = \frac{sE_2 - E_{ad}}{\sqrt{r_2^2 + (sx_2)^2}} = \frac{E_2 - \dfrac{E_{ad}}{s}}{\sqrt{\left(\dfrac{r_2}{s}\right)^2 + x_2^2}}$$

$$(3-49)$$

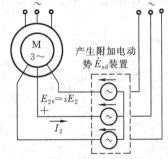

图 3-28 转子串 E_{ad} 的串级调速原理图

因为反相位的 $\dot{E}_{ad}$ 串入后，转子电流 I_2 减小，电动机产生的电磁转矩 $T = C_T \Phi_m I_2' \cos\varphi_2$ 也随 I_2 的减小而减小，于是电动机开始减速，转差率 s 增大。由式 (3-49) 可知，随着 s 增大，转子电流 I_2 开始回升，T 也相应回升，直到转速降至某个值，I_2 回升到使得 T 复原到与负载转矩平衡时，减速过程结束，电动机便在此低速下稳定运行，这就是向低于同步转速方向调速原理。

串入反相位 $\dot{E}_{ad}$ 的幅值越大，电动机的稳定转速就越低。

当转子串入的 $\dot{E}_{ad}$ 与 $\dot{E}_{2s}$ 同相位时，有

$$I_2 = \frac{sE_2 + E_{ad}}{\sqrt{r_2^2 + (sx_2)^2}} = \frac{E_2 + \dfrac{E_{ad}}{s}}{\sqrt{\left(\dfrac{r_2}{s}\right)^2 + x_2^2}} \qquad (3-50)$$

因为串入同相位的 $\dot{E}_{ad}$ 后，转子电流 I_2 增加，于是电动机的电磁转矩 T 相应增加，转速将上升，转差率减小。随着转差率的减小，转子电流 I_2 开始减小，电磁转矩 T 也相应减小，直到转速上升到某个值，I_2 减小使得电磁转矩 T 和负载转矩相平衡，

这样电动机的升速过程结束,电动机便在高速下稳定运行。

串入的同相位 $\dot{E}_{ad}$ 幅值越大,电动机的稳定转速就越高。因此串级调速完全克服了转子串电阻调速的缺点,它具有高效率、无级平滑调速、较硬的低速机械特性等优点。但串级调速获得附加电动势 $\dot{E}_{ad}$ 的装置比较复杂,成本较高,因此串级调速最适用于调速范围不太大的场合,如通风机和提升机等。

3. 调压调速

三相异步电动机降低电源电压后,n_1 和 s_m 都不变,但电磁转矩 $T \propto U_1^2$,因此电压降低,电磁转矩随之变小,转速也随之下降,电压越低,电动机的转速就越低。如图 3-29(a)所示,转速 n 为固有机械特性曲线上的运行点的转速,n' 为降压后的运行点的转速,$U_1' < U_1$,$n' < n$。降压调速方法比较简单,但是对于一般鼠笼式异步电动机,当带恒转矩负载时其降压调速范围比较窄,因此没有多大的实用价值。

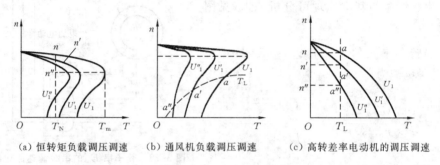

(a) 恒转矩负载调压调速　　(b) 通风机负载调压调速　　(c) 高转差率电动机的调速调速

图 3-29　鼠笼式异步电动机调压调速($U_1 > U_1' > U_1''$)

若电动机拖动风机类负载,如通风机,其负载转矩随转速变化的关系如图 3-29(b)中的虚线所示,从 a、a'、a'' 三个工作点对应转速看,降压调速时有较好调速范围。因此调压调速适合于风机类负载。

异步电动机的调压调速通常应用在专门设计的具有较大转子电阻的高转差率的异步电动机上。它即使带恒转矩负载,也有较宽的调速范围,如图 3-29(c)所示。由图可知,不同的电源电压 U_1、U_1'、U_1'',可获得不同的工作点 a、a'、a'',调速范围较宽。

但是这种电动机在低速时的机械特性太软,其静差率和运行稳定性往往不能满足工艺要求。因此,现代的调压调速系统通常采用速度负反馈闭环控制系统,以提高低速时机械特性硬度,从而在满足一定静差率的条件下,获得较宽的调速范围,同时保证电动机具有一定的过载能力。

调压调速既非恒转矩调速也非恒功率调速,它最适用于转矩随转速降低而减小的风机类负载(如通风机负载),也可用于恒转矩负载,最不适合恒功率负载。

3.5.5　采用电磁转差离合器调速的异步电动机

采用电磁转差离合器调速的异步电动机实际上就是一台带有电磁滑差离合器的鼠笼式异步电动机,称为电磁调速异步电动机,亦称滑差电动机。其原理如图3-30所示。

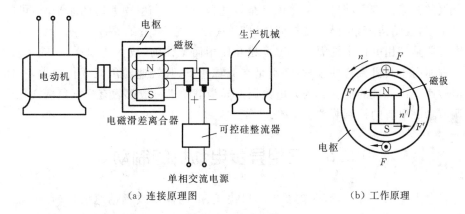

（a）连接原理图　　　　　　　　　　　　　（b）工作原理

图 3-30　电磁调速异步电动机

1. 电磁滑差离合器的结构

电磁滑差离合器由电枢和磁极两部分组成,两者之间无机械联系,各自能独立旋转。电枢是由铸钢制成的空心圆柱体,直接固定在异步电动机轴端上,由电动机拖动旋转,是离合器的主动部分。磁极的励磁绕组由外部直流电源经滑环通入直流励磁电流进行励磁。磁极通过联轴器与异步电动机拖动的生产机械直接连接,称为从动部分。

2. 电磁滑差离合器的工作原理

磁极的励磁绕组通入直流电后形成磁场。异步电动机带动离合器电枢以转速 n 旋转,电枢便切割磁场产生涡流,方向如图 3-30(b)所示。电枢中的涡流与磁场相互作用产生电磁力和电磁转矩,电枢受力方向可用左手定则判定,对电枢而言,F 产生的是个制动转矩,需要依靠异步电动机的输出机械转矩来克服此制动转矩,从而维持电枢的转动。

根据作用力与反作用力大小相等、方向相反的原则,可知离合器磁极所受到电磁力 F' 的方向与 F 的方向相反。在 F' 所产生的电磁转矩的作用下,磁极转子带动生产机械沿电枢旋转方向以 n' 的速度旋转,$n'<n$。由此可见,电磁滑差离合器的工作原理和异步电动机工作原理相同。电磁转矩的大小由磁极磁场的强弱和电枢与磁极之间的转差决定。当励磁电流为零时,磁通为零,无电磁转矩;当电枢与磁极间无相对运动时,涡流为零,电磁转矩也为零,故电磁离合器必须有滑差才能工作,所以以电磁

调速异步电动机又称为滑差电动机。

当负载转矩一定时,调节励磁电流的大小,磁场强弱、电磁转矩随之改变,从而达到调节转速的目的。

电磁离合器结构有多种形式。目前我国生产较多的是电枢为圆筒形铁芯,磁极为爪形磁极。

电磁调速异步电动机的主要优点是调速范围广,可达 10∶1;调速平滑,可实现无级调速,且结构简单,操作维护方便,广泛应用于纺织、造纸等各行业。其缺点是由于离合器是利用电枢中的涡流与磁场相互作用而工作的,故涡流损耗大,效率较低;另一方面由于其机械特性较软,特别是在低转速下,其转速随负载变化很大,不能满足恒转速生产机械的需要。为此电磁调速异步电动机一般都配有根据负载变化而自动调节励磁电流的控制装置。

3.6　三相异步电动机的制动

在电力拖动系统中,有时需要电动机快速、准确停车或者迅速反转;有时需要由高速运行迅速转为低速运行,这时就需要对电动机进行制动。常用的制动方法有机械制动或电气制动。电气制动就是使电动机产生一个与旋转方向相反的电磁转矩 T,阻碍电动机转动。这种制动方法制动转矩大,制动强度也比较容易控制,电力拖动系统多采用这种方法,也可以与机械制动配合使用。

当一台生产机械工作完毕需要停车时,最简单的方法是断开电枢电源,让系统在摩擦阻转矩的作用下,转速慢慢下降至零而停车,这叫做自由停车。自由停车一般较慢,如风机一类的负载,停车时间长短是无所谓的;有些机械则不然,如电车,若不能紧急停车,就会出大事故。如希望加快制动过程,就要人为地对电动机进行制动。

电气制动就是使电动机产生一个与电机旋转方向相反的电磁转矩,使电动机快速停车或阻止电动机转速增加。电气制动容易实现自动控制,所以在电力拖动系统中被广泛采用。

对电动机的制动有以下要求:

(1) 制动转矩要足够大,制动电流不超过电动机换向和发热所允许的数值(可仿照启动电流选取);

(2) 制动过程要平滑,有的生产机械(如载人电梯)制动时,要求电动机的转速均匀降低,当采用分级制动时,要求相邻的两级转速差要小,即平滑性好;

(3) 能按生产工艺的要求,准确、可靠地停止在预定位置,或将转速限定到指定值;

(4) 制动过程中能量的损耗及设备投资要少,即经济性好;

（5）制动时间要符合制动要求，一般来说，制动越快越好，但要考虑电动机及传动机构所允许的条件。

异步电动机的电气制动有三种方法，即能耗制动、反接制动和回馈制动（再生发电制动）。

3.6.1　能耗制动

异步电动机的能耗制动接线如图 3-31(a)所示。设电动机原来处于电动运行状态，转速为 n，制动时断开开关 S1，将电动机从电网中断开，同时闭合开关 S2，电动机就进入能耗制动状态。

能耗制动时直流电流流过定子绕组，于是定子绕组产生一个恒定磁场，转子因惯性而继续旋转并切割该恒定磁场，转子导体中便产生感应电动势及感应电流。由图 3-31(b)可以判定，转子感应电流与恒定磁场作用产生的电磁转矩与电机转向相反，为制动转矩，因此转速迅速下降。当转速下降至零时，转子感应电动势和感应电流均为零，制动结束。制动期间，转子的动能转变为电能消耗在转子回路的电阻上，所以称为能耗制动。

电动机正向运行时工作在固有特性曲线上的点 a（见图 3-32）。制动时定子绕组接直流电源后，电磁转矩和感应电流反向，所以此时机械特性曲线位于第二象限，如图 3-32 中曲线 2 所示。制动瞬间，转速不能突变，工作点由点 a 平移至能耗制动特性曲线（如曲线 2）上的点 b，在制动转矩的作用下，电动机开始减速，工作点沿曲线 2 变化，直至原点 O。

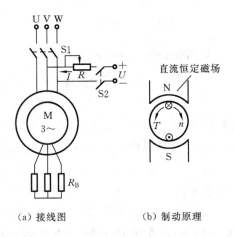

（a）接线图　　　（b）制动原理

图 3-31　三相异步电动机的能耗制动

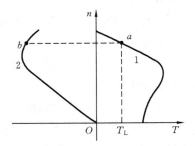

图 3-32　能耗制动机械特性

绕线式异步电动机采用能耗制动时，按照最大制动转矩为 $(1.25 \sim 2.2)T_N$ 的要求，可以用以下公式计算直流励磁电流和转子所串电阻的大小：

$$I = (2 \sim 3)I_0 \tag{3-51}$$

式中：I_0——异步电动机的空载电流。

$$R_B = (0.2 \sim 0.4)\frac{E_{2N}}{\sqrt{3}I_{2N}} - r_2 \tag{3-52}$$

能耗制动的优点是制动力强，制动较平稳，无大冲击，对电网影响小。缺点是需要一套专门的直流电源，制动的直流设备投资较大。

3.6.2 反接制动

反接制动分为电源两相反接的反接制动和倒拉反转的反接制动两种。

1. 电源两相反接的反接制动(正转反接)

制动时把定子两相电源接线端对调，如图 3-33(a)所示，由于改变了定子电源的相序，因而定子旋转磁场方向和原来的方向相反，电磁转矩的方向也随之改变，但由于转速的惯性旋转方向未变，所以电磁转矩变为制动转矩，电动机在制动转矩作用下开始减速。

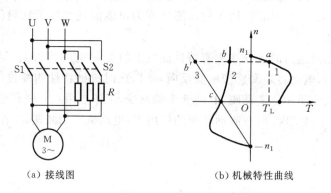

(a) 接线图   (b) 机械特性曲线

图 3-33 三相异步电动机定子绕组两相反接的反接制动

制动前，电动机工作在固有机械特性曲线上，如图 3-33(b)所示曲线 1 上的点 a，在定子两相反接的瞬间，转速来不及变化，工作点由点 a 平移到点 b，这时系统在制动电磁转矩和负载转矩共同的作用下迅速减速，工作点沿曲线 2 移动，到点 c 时，转速为零，制动结束。此时切断电源并停车，如果是位能性负载得用抱闸；否则，电动机会反向启动旋转。

由于反接制动时，旋转磁场与转子的相对速度很大（$\Delta n = n_1 + n$），因而转子感应电动势很大，故转子电流和定子电流都很大。为限制电流，常常在定子回路中串入限流电阻 R，如图 3-33(a)所示。对于绕线异步电动机，可在转子回路中串反接制动电阻来限制制动瞬间的电流以及增加电磁制动转矩。

定子两相反接制动时 n_1 为负，n 为正，所以 $s = \dfrac{-n_1 - n}{-n_1} = \dfrac{n_1 + n}{n_1} > 1$。

2. 倒拉反转反接制动（正接反转）

这种制动适用于绕线式异步电动机拖动位能性负载的情况，它能够使重物获得稳定的下放速度。如图 3-34 所示，设电动机原来工作在固有机械特性曲线 1 上的点 a，当在转子回路串入电阻 R 时，其机械特性由曲线 1 变为曲线 2。串入电阻 R 的瞬间，转速来不及变化，电动机的工作点由点 a 转移到人为机械特性曲线 2 的点 b。此时电动机电磁转矩 T_b 小于负载转矩 T_L，电机转速逐渐减小，工作点沿曲线 2 由点 b 向点 c 移动，

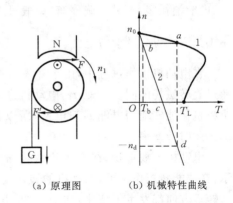

(a) 原理图　　　　(b) 机械特性曲线

图 3-34　异步电动机倒拉反转反接制动

在此过程中电机仍运行在电动状态。当工作点到点 c，转速 n 为零时，电动机电磁转矩 T_c 小于 T_L，重物将电动机倒拉反向旋转，在重物作用下，电动机反向加速，电磁转矩逐步增大，直到点 d，$T_d = T_L$ 为止，电动机便以较低的转速 n_d 下放重物，而不至于把重物损坏。在 cd 段，电磁转矩与电机转向相反，起制动作用，而此时负载转矩成为拖动转矩，拉着电动机反转，所以把这种制动称为倒拉反转反接制动。调节转子回路电阻大小可以获得不同的重物下放速度。所串电阻越大，获得下放重物的速度也越大。

由图 3-34(b) 可见，要实现倒拉反转的反接制动，转子回路必须串接足够大的电阻，使工作点位于第四象限，这种制动方式的目的主要是限制重物的下放速度。

调节转子电阻可以控制重物的下放速度，利用同一转矩下电阻和转差率成正比的关系，即

$$\frac{s_d}{s_a} = \frac{r_2 + R_B}{r_2} \qquad (3-53)$$

可求得在需要下放速度 n_d 时，转子附加电阻 R_B 的数值为

$$R_B = \left(\frac{s_d}{s_a} - 1\right) r_2 \qquad (3-54)$$

式中：s_a——反转制动开始时的转差率；

s_d——以稳定速度下放重物时的转差率。

倒拉反转反接制动时 n_1 为正，n 为负，所以 $s = \dfrac{n_1 - (-n)}{n_1} = \dfrac{n_1 + n}{n_1} > 1$。

以上介绍的电源两相反接的反接制动和倒拉反转的反接制动具有一个共同的特点，就是定子磁场和转子转向相反，即转差率大于 1。

反接制动中输入的机械功率转变成电功率后，连同定子传递的电磁功率一起全部消耗在转子回路的电阻上，因此反接制动的能量损耗比较大。

反接制动的优点是制动能力强，停车迅速，所需设备简单；缺点是制动过程冲击

大,电能消耗多,不易准确停车,一般只用于小型异步电动机中。

3.6.3 回馈制动

在电动机工作过程中,由于外来因素(如电动机下放重物)的影响,电动机转速 n 超过旋转磁场的同步转速 n_1,电动机进入发电运行状态,电磁转矩起制动作用,电动机将机械能转变为电能回馈电网,所以称为回馈制动,故又称为再生制动或反馈制动。此时转差率 $s<0$。

电动机下放重物,在下放开始时,$n<n_1$,电动机处于电动状态,如图 3-35(a)所示;在位能转矩作用下,电动机的转速高于同步转速,此时转子中感应的电动势、电流和转矩方向都发生了变化,如图 3-35(b)所示。此时电磁转矩的方向与转子转向相反,变为制动转矩,电机将机械能转变成电能向电网回馈。

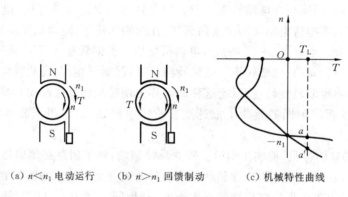

(a) $n<n_1$ 电动运行　　(b) $n>n_1$ 回馈制动　　(c) 机械特性曲线

图 3-35　回馈制动的原理图与机械特性曲线

制动时工作点如图 3-35(c)所示中的点 a,转子回路所串电阻越大,电动机下放重物的速度越快,如图 3-35(c)所示中的点 a'。为了限制下放速度,转子回路不要串入过大的电阻。

回馈制动主要发生在电车下坡、起重机下放重物或鼠笼式异步电动机变极调速由高速降为低速的时候。

回馈制动的优点是经济性能好,可将负载的机械能转换成电能回馈至电网。其缺点是应用范围窄,仅当电动机转速 $n>n_1$ 时才能实现制动。

3.7　单相异步电动机

用单相电源供电的异步电动机称为单相异步电动机。它具有结构简单、成本低廉、运行可靠、维修方便等优点,因而被广泛应用在家用电器和医疗器械上,如在电扇、电冰箱、洗衣机、空调设备和医疗器械中都使用单相异步电动机作为原动机。由于单相异步电动机的运行性能差,所以只做成小容量电机,功率从几瓦到几百瓦,一般都不到 1 kW。

3.7.1　单相异步电动机的基本结构

单相异步电动机由定子和转子两部分组成。定子部分由机座、定子铁芯、定子绕组、端盖等组成;转子部分主要由转子铁芯、转子绕组等组成,如图 3-36 所示。现简要介绍如下。

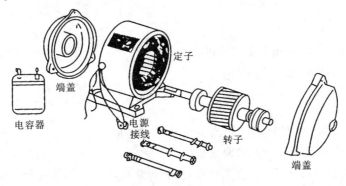

图 3-36　单相异步电动机的结构示意图

1. 铁芯

从结构上看,单相异步电动机的定子铁芯与普通三相异步电动机的相同(罩极电机除外)。定子铁芯和转子铁芯与三相异步电动机的一样,为了减少交变磁通产生的铁耗,用相互绝缘的硅钢片冲制后叠成,其作用是构成电机磁路。定子铁芯有隐极和凸极两种,转子铁芯与三相异步电动机转子铁芯相同。

2. 绕组

定子上通常装有两个绕组,一个是工作绕组,用来建立工作磁场;另一个是启动绕组,用来帮助电动机启动,且工作绕组和启动绕组的轴线在空间错开一定的角度。单相异步电动机的转子通常为鼠笼型转子。

3. 机座

随电动机冷却方式、防护型式、安装方式和用途的不同,单相异步电动机采用不同的机座结构,就其材料可分为铸铁、铸铝和钢板结构等几种。

4. 端盖

相应于不同材料的机座,端盖也有铸铁件、铸铝件及钢板冲压件三种。

3.7.2　单相异步电动机的工作原理

单相交流绕组通入单相交流电产生脉振磁动势,这个脉振磁动势可以分解为两个幅值相同,转速相等,旋转方向相反的旋转磁动势 F^+ 和 F^-。在气隙中建立与转子旋转方向相同的磁场被称为正转磁场,同时也在气隙中建立与转子旋转方向相反的磁场被称为反转磁场。这两个旋转磁场都切割转子导体,并分别在转子导体中产生感应电动势和感应电流。该电流与磁场相互作用产生正向和反向电磁转矩 T^+ 与 T^-,如图 3-37 所示。T^+ 企图使转子正转,T^- 企图使转子反转,这两个转矩叠加起来就是作用在电动机上的合成转矩 $T = T^+ + T^-$。

无论是正向转矩 T^+ 还是反向转矩 T^-,它们的大小与转差率的关系和三相异步电动机相同。若电动机的转速为 n,则对正向旋转磁场而言,转差率

$$s^+ = \frac{n_1 - n}{n_1} \tag{3-55}$$

$T^+ = f(s^+)$,与三相异步电动机的相同。

对反向旋转磁场而言,转差率

$$s^- = \frac{-n_1 - n}{-n_1} = \frac{n_1 + n}{n_1} = 2 - s^+ \tag{3-56}$$

即当 $s^+ = 0$ 时,相当于 $s^- = 2$;当 $s^- = 0$ 时,相当于 $s^+ = 2$。

单相异步电动机的 $T = f(s)$ 曲线是由 $T^+ = f(s^+)$ 与 $T^- = f(s^-)$ 两根特性曲线叠加而成的,如图 3-38 所示。由图可见,单相异步电动机有以下几个主要特点。

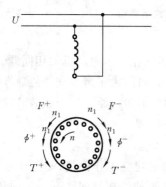

图 3-37 单相异步电动机的磁场和转矩

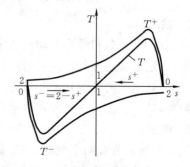

图 3-38 单相异步电动机的 T-s 曲线

(1)当转子静止时,正、反旋转磁场均以 n_1 速度正、反两个方向切割转子绕组,在转子绕组中感应出大小相等而方向相反的电动势和电流,它们分别产生大小相等而方向相反的两个电磁转矩,使其合成电磁转矩为零。启动瞬间,$n = 0$,$s^+ = s^- = 1$,$T = T^+ + T^- = 0$,说明单相异步电动机无启动转矩,如不采取其他措施,电动机就不能启动。

(2)当 $s \neq 1$ 时,$T = T^+ + T^- \neq 0$,T 无固定方向,它取决于 n 的正负。若用外力使电动机转动起来,$s^+ \neq 1$ 或 $s^- \neq 1$ 时,合成转矩不为零,此时若合成转矩大于负载转矩,则即使去掉外力,电动机也能旋转起来。因此,单相异步电动机虽无启动转矩,但一经启动,便可达到某一稳定工作转速,而旋转方向则取决于启动瞬间外力矩作用

于转子的方向。

（3）由于反向转矩的作用,合成转矩减小,最大转矩也随之减小,故单相异步电动机的过载能力较差,同时反向磁场在绕组中感应电流,增加了转子损耗,降低了电机效率。

由此可见,当三相异步电动机电源一相断线时,相当于一台单相异步电动机,所以不能启动。三相异步电动机在运行中一相断线,电机仍然能继续运转,但由于存在反向转矩,合成转矩减少,当负载转矩不变时,电动机转速会下降,转差率上升,使得定子、转子电流增加,损耗增加,效率下降,电动机温度升高等。

3.7.3　单相异步电动机的主要类型及启动方法

单相异步电动机没有启动转矩,不能自行启动。为了使单相异步电动机能够自行启动,关键是启动时设法在电机内部建立一个旋转磁场。根据获得旋转磁场的方式不同,单相异步电动机可分为分相式和罩极式两种。

1. 分相电动机

为了产生旋转磁场,单相电动机定子中必须有两个绕组：一个是工作绕组;另一个是启动绕组。这两个绕组在空间相差 90°的电角度,为空间对称绕组。若这两个绕组中通入大小相等、相位相差 90°的电流,可以证明其两相合成磁场为旋转磁场。

这两个绕组接到单相电源上,如何使其流过的电流有一定的相位差,从而产生旋转磁场、产生启动转矩? 通常可以通过在启动绕组中串入一个适当的电容或电阻,使这两个绕组的电流有一定的相位差。在启动绕组中串入离心开关或继电器,当转速达到 75%～80% 额定转速时,开关自动打开,使启动绕组脱离电源。靠工作绕组单相运行。用上述方法启动的电机称为分相电动机。分相电动机分为电阻分相和电容分相两类。

1）电阻分相电动机

单相电阻分相启动异步电动机原理接线如图 3-39 所示,工作绕组和启动绕组在空间互差 90°电角度,它们由同一单相电源供电,S 为一离心开关。

启动绕组用较细的、电阻率较高的导线制成,以增大电阻,使其电阻大于感抗;而工作绕组的感抗比电阻大得多,由于两个绕组的阻抗角不同,因此流过两个绕组电流的相位也不同,从而在空间产生旋转椭圆磁场。启动后,当电动机转速达到额定值的80% 左右,离心开关自动断开,把启动绕组从电源上切除。这种用电阻使工作绕组和启动绕组电流产生相位差的方法,称为电阻分相启动法。电阻分相启动适用于具有中等启动转矩和过载能力的小型车床,如应用于鼓风机、医疗机械中。

2）电容分相电动机

电容分相电动机的接线如图 3-40 所示。在结构上,它与电阻分相电动机相似。只是在启动绕组中串入的是一个电容,若电容选择恰当,有可能使启动绕组中的电流

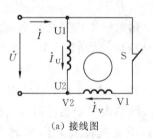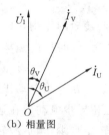

(a) 接线图   (b) 相量图

图 3-39   电阻分相电动机

领先工作绕组电流 90°，从而建立起一个椭圆度较小的旋转磁场，获得较大的启动转矩。电动机启动后，将启动绕组从电源切除。这种用电容器使工作绕组和启动绕组电流产生相位差的方法，称为电容分相法。电动机的启动绕组和电容器按短时通电设计，电容器一般可选用交流电解电容。电容启动异步电动机适用于具有较高启动转矩的小型空气压缩机，如电冰箱、磨粉机、水泵及满载启动的机械。

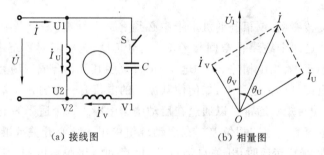

(a) 接线图   (b) 相量图

图 3-40   电容分相电动机

3) 电容运转电动机

如果把电容分相电动机的启动绕组设计成长期接在电源上，则这种电动机称为电容电动机，它的接线图如图 3-40 相同。只是开关 S 一直是闭合的，它实质上是一台两相异步电动机。

选择适当电容器及工作绕组和启动绕组匝数，可使气隙中磁场接近圆形的旋转磁场，使运行性能有较大改善。这种电动机的功率因数、效率及过载能力较高，体积小、重量轻。由于电容器长期接在电源上，一般采用油浸式或密封蜡浸纸介电容。由于电容量小，其启动性能不如电容分相电动机，适用于电风扇、通风机、录音机等各种空载和轻载启动的机械。

4) 电容启动及运转电动机

如图 3-41 所示，电容器 C_1 的容量较大，电容器 C_2 为运行电容器，其容量较小，C_1 和 C_2 共同作为启动时的电容器；S 为离心开关。启动时 C_1 和 C_2 并联，总电容量大，电动机有较大的启动转矩，启动性能好；启动后，当电动机转速达到 75％～80％

额定转速时,通过离心开关将 C_1 切除,这时只有电容量小的 C_2 参加运行,电动机又有较好的运行性能。适用于家用电器、泵、小型机械等。

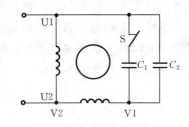

图 3-41　电容启动及运转电动机

对于单相分相式异步电动机,把工作绕组和启动绕组中任意一个绕组的首端和尾端对调,则单相分相异步电动机反转。其原因是把其中一个绕组反接后,该绕组磁场相位将反相,工作绕组和启动绕组磁场在时间上的相位差也发生改变,原来超前 $90°$ 的将改变为滞后 $90°$,旋转磁场的方向改变了,转子的转向也随之改变。

2. 罩极式电动机

单相罩极式异步电动机的定子的结构分为凸极式和隐极式两种。由于凸极式的结构简单些,所以一般都采用凸极式结构。凸极式的工作绕组集中绕制,套在定子磁极上。在极靴表面的 $\frac{1}{3} \sim \frac{1}{4}$ 处开有小槽,并用短路铜环把这部分磁极罩起来,故称罩极式电动机。短路铜环起到了启动绕组的作用,称为启动绕组。罩极式电动机的转子仍做成鼠笼型,如图 3-42(a)、(b)所示。

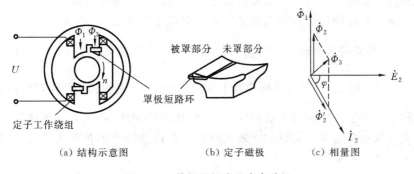

(a) 结构示意图　　　　(b) 定子磁极　　　　(c) 相量图

图 3-42　单相罩极式异步电动机

当工作绕组通入单相交流电流后,将产生脉振磁通,其中一部分磁通 $\dot{\Phi}_1$ 不穿过短路铜环,另一部分磁通 $\dot{\Phi}_2$ 则穿过短路铜环。由于 $\dot{\Phi}_1$ 和 $\dot{\Phi}_2$ 都是由工作绕组中的电流产生的,故 $\dot{\Phi}_1$ 和 $\dot{\Phi}_2$ 同相位,并且 $\Phi_1 > \Phi_2$。由于 Φ_2 脉振的结果,在短路环中感应出电动势 $\dot{E}_2$,它滞后 $\dot{\Phi}_2 90°$。由于短路环闭合,在短路环中就有滞后于 $\dot{E}_2$ 为 φ 角的电流 $\dot{I}_2$ 产生,它又产生与 $\dot{I}_2$ 同相位的磁通 $\dot{\Phi}'_2$,它也穿链于短路环,因此罩极部分穿链的总磁通为 $\dot{\Phi}_3 = \dot{\Phi}_2 + \dot{\Phi}'_2$,如图 3-42(c)所示。由此可见,未罩极部分磁通 $\dot{\Phi}_1$ 与被罩极部分磁通 $\dot{\Phi}_3$ 在空间和时间上均有相位差,因此它们的合成磁场将是一个由超前相转向滞后相的旋转磁场(即由未罩极部分转向罩极部分),由此产生电磁转矩,其方向也由未罩极部分转向罩极部分。

　　罩极式电动机的启动转矩是很小的,只限于录音机、电钟、电动模型、小型电扇等小功率电动机。罩极式电动机的结构简单、制造方便,除启动转矩小外,还有过载能力低、损耗大、效率低等缺点。

小　　结

　　电力拖动主要研究电动机与所拖动的生产机械之间的关系,即电动机的电磁转矩与生产机械的负载转矩以及系统转速之间的关系。在规定的转矩、转速正方向前提下,运动方程为

$$T - T_{\text{L}} = \frac{GD^2}{375} \frac{\mathrm{d}n}{\mathrm{d}t}$$

当 $T = T_{\text{L}}$ 时,$\frac{\mathrm{d}n}{\mathrm{d}t} = 0$,系统恒速稳定运行于电动机的机械特性与负载机械特性的交点上;当 $T > T_{\text{L}}$ 时,$\frac{\mathrm{d}n}{\mathrm{d}t} > 0$,系统加速运行;当 $T < T_{\text{L}}$ 时,$\frac{\mathrm{d}n}{\mathrm{d}t} < 0$,系统减速运行。加速与减速运行都属动态过程。运动方程是分析动态运行的理论依据。

　　电力拖动系统稳定运行的含意是指它具有抗干扰能力,即当外界干扰出现以及消失后,系统都能继续保持恒速运行。稳定运行的充分必要条件是在 $T = T_{\text{L}}$ 处,$\frac{\mathrm{d}T}{\mathrm{d}n} < \frac{\mathrm{d}T_{\text{L}}}{\mathrm{d}n}$。一般情况下,只要电动机具有下降的机械特性,就能满足稳定运行的条件。

　　几种典型的生产机械的负载特性有:反抗性恒转矩负载,位能性恒转矩负载、恒功率负载及风机类负载。实际的生产机械往往是以某种类型负载为主,同时兼有其他类型的负载。

　　异步电动机对机械负载的输出主要表现在转速和电磁转矩上。电磁转矩和转速之间的关系 $n = f(T)$ 称为机械特性。机械特性分为固有机械特性和人为机械特性。通过改变定子电源电压、转子回路电阻、电源频率等可得到相应的人为机械特性,以适应不同机械负载对电动机转矩及转速的需要。在分析人为机械特性时,要注意最大电磁转矩、临界转差率和启动转矩这三个物理量随参数变化的规律。

额定转矩　　　　$T_{\text{N}} = \dfrac{P_{\text{N}} \times 10^3}{\Omega} = \dfrac{P_{\text{N}} \times 10^3}{2\pi n_{\text{N}}/60} = 9\,550\,\dfrac{P_{\text{N}}}{n_{\text{N}}}$

最大电磁转矩　　$T_{\text{m}} = \dfrac{m_1 p U_1^2}{4\pi f_1 \left[r_1 + \sqrt{r_1^2 + (x_1 + x_2')^2} \right]}$

临界转差率　　　　$s_{\text{m}} = \dfrac{r_2'}{\sqrt{r_1^2 + (x_1 + x_2')^2}}$

启动转矩　　　　　　$T_{\text{st}} = \dfrac{m_1 p U_1^2 r_2'}{2\pi f_1 \left[(r_1 + r_2')^2 + (x_1 + x_2')^2 \right]}$

最大电磁转矩和启动转矩均与电源电压的平方成正比;最大转矩与转子回路电阻无关;临界转差率和转子回路电阻成正比;在一定范围内启动转矩和转子回路电阻成正比,因此增加转子回路电阻可以增加启动转矩,当临界转差率为 1 时,启动转矩将达到最大电磁转矩。

根据电机的铭牌数据推导出电磁转矩的实用表达式,它主要用于电机拖动系统的设计。

异步电动机的启动性能要求启动电流小、启动转矩足够大,但异步电动机直接启动时启动电流大,而启动转矩却不大。

小容量的异步电动机可以采用直接启动方式,容量较大的鼠笼式异步电动机可以采用降压启动方式。

降压启动常用的方法有:定子回路串电抗或电阻器启动、Y-△降压启动和串自耦变压器降压启动。降压启动时,启动电流减小,但启动转矩也同时减小了,故只适用于空载和轻载启动。

定子回路串电抗或电阻器启动时启动电流随电压变化成线性关系减小,而启动转矩随电压变化成平方关系减小。Y-△降压启动只适用于正常工作时三角形连接的电动机,其启动电流和启动转矩均降为直接启动时的 1/3。串自耦变压器降压启动时,其启动电流和启动转矩均降为直接启动时的 $1/k_{\text{a}}^2$(k_{a} 为自耦变压器的变比)。

绕线式异步电动机利用转子回路串电阻启动或转子回路串频敏变阻器启动,可减小启动电流,提高转子功率因数,增加启动转矩,改善电动机的启动性能,它适用于中、大型异步电动机的重载启动。

深槽式和双鼠笼式异步电动机都是利用“集肤效应”原理来改善启动性能的。

异步电动机调速有变极调速、变频调速、变转差率调速。其中变转差率调速包括绕线式异步电动机的转子串电阻调速、串级调速和降压调速。

变极调速是通过改变定子绕组的接线方式来改变定子的极对数的,变极调速只适用于鼠笼式异步电动机。为保证变极前后电动机的转向不变,应任意对调两根电源线。变频调速是现代交流调速的主要发展方向,它可以实现无级调速。绕线式异步电动机的转子回路串电阻调速,方法简单,但调速性能不平滑,稳定性差,且转子铜耗大,效率低。转子回路串级调速克服了串电阻调速的缺点,它通过在转子回路串电动势,将转差功率利用起来,从而提高调速效率,但其设备复杂。异步电动机的降压调速一般用在风机类负载场合和高转差率的电动机上,同时应采用速度负反馈闭环控制系统。

异步电动机电气制动的方法有能耗制动、反接制动、回馈制动。

能耗制动时首先断开定子电源,在定子绕组中通入直流电产生磁场。对于鼠笼式异步电动机,为了增大初始制动转矩,就必须增大直流励磁电流;对于绕线式转子异步电动机,可以采用转子串电阻的方法来增大初始制动转矩。

反接制动有电源反接制动和倒拉反转反接制动两种。倒拉反接制动只适用于绕线式异步电动机拖动位能性负载的情况。反接制动比较简单、效果好,但能量损耗较大、不经济。

只有在异步电动机的转速超过同步转速时,电动机才进入回馈制动状态。

单相异步电动机是采用单相交流电源供电的异步电动机,其主要特点是没有启动转矩,不能自行启动,为了建立启动转矩,必须采取一定措施。常用启动方法有分相式启动和罩极式启动。

思考题与习题

1. 什么叫电力拖动系统?

2. 什么叫单轴系统? 什么叫多轴系统? 为什么要把多轴系统折算成单轴系统?

3. 常见的生产机械的负载特性有哪几种? 位能性恒转矩负载与反抗性恒转矩负载有何区别?

4. 运用拖动系统的运动方程说明系统旋转运动的三种状态。

5. 什么是三相异步电动机的固有机械特性和人为机械特性?

6. 三相异步电动机带额定负载运行,且负载转矩不变时,若电源电压下降过多,对电动机的 $T_m, T_{st}, \Phi_0, I_1, I_2$ 及 n 有何影响?

7. 三相异步电动机的过载能力与哪些电机参数有关?

8. 试分析下列情况下异步电动机的最大转矩、临界转差率和启动转矩的变化。(1)转子回路中串电阻;(2)定子回路中串电阻;(3)降低电源电压;(4)降低电源频率。

9. 普通鼠笼式异步电动机在额定电压下启动,为什么启动电流大而启动转矩却不大?

10. 三相鼠笼式异步电动机在什么条件下可直接启动? 若不能直接启动,应采用什么方法启动?

11. 降压启动的目的是什么? 为什么不能带较大的负载启动?

12. 绕线式异步电动机在转子回路串电阻后,为什么能减小启动电流而增大启动转矩? 是不是串入的电阻越大越好?

13. 绕线式异步电动机转子回路串电阻启动时可减少启动电流,同时增大启动转矩,那么转子回路串电感或电容启动,是否也有同样效果? 或者启动电阻不加在转子内,而串联在定子回路中,是否也可以达到同样的效果?

14. 绕线式异步电动机转子回路串频敏变阻器启动的原理是什么?

15. 一台 380/220 V,Y/△接线的三相异步电动机,当电动机为 Y 接线,接在

380 V的电源上全压启动,电动机为△接线,接在 220 V 的电源上全压启动时,试问这两种情况下的启动转矩和启动电流是否一样,为什么?

16. 三相鼠笼式异步电动机定子串接电阻或电抗降压启动时,当定子电压降到额定电压的 $1/k$ 时,启动电流和启动转矩降到额定电压时的多少倍?

17. 有一台异步电动机的额定电压为380 V/220 V,Y/△连接,当电源电压为380 V 时,能否采用 Y-△换接降压启动? 为什么?

18. 什么是三相异步电动机的 Y-△降压启动? 它与直接启动相比,启动转矩和启动电流有何变化?

19. 试说明深槽式和双鼠笼式异步电动机改善启动性能的原因,并比较其优缺点。

20. 三相异步电动机有哪几种调速方法?

21. 如何实现三相异步电动机的变极调速? 变极调速前后若不改变电源相序,电机的转向是否发生变化?

22. 变频调速有哪两种控制方法? 试述其性能的区别。

23. 三相异步电动机有哪几种制动方法? 每种方法下的转差率和能量传递关系有何不同?

24. 单相异步电动机能否自行启动? 若不能又应该如何启动?

25. 三相异步电动机启动时,如电源一相短线,这时电动机能否启动? 如绕组一相断线,这时电动机能否启动? Y、△接线是否一样?

26. 有一台过载系数为 2 的三相异步电动机,其额定电压为 380 V,带额定负载运行时,由于电网突然故障,电网电压下降到 230 V,此时电动机能否继续运行,为什么?

27. 一台三相八极异步电动机,$P_N = 260$ kW,$U_N = 380$ V,$f = 50$ Hz,$n_N = 700$ r/min,过载系数 $k_m = 2.13$,试用简化电磁转矩计算公式求:(1)临界转差率 s_m;(2)$s = 0.01$ 和 $s = 0.03$ 时的电磁转矩。

28. 三相异步电动机额定功率 $P_N = 7.5$ kW,频率为 $f = 50$ Hz,额定转速为 $n_N = 2\,890$ r/min,最大转矩 $T_m = 57$ N·m。求该电动机的过载系数 k_m 和转差率。

29. 一台三相异步电动机:$P_N = 15$ kW,$U_N = 380$ V,$\cos\varphi_N = 0.85$,$\eta_N = 0.87$,$T_{st}/T_N = 1.1$,$I_{st}/I_N = 6.5$,$T_m/T_N = 2$,$n_N = 1\,460$ r/min,试求(1)额定电流 I_N;(2)额定转矩 T_N;(3)直接启动时的启动电流 I_{st} 和启动转矩 T_{st};(4)当电机带额定负载运行时,由于电网电压突然下降到 $0.6U_N$ 时,电机能否继续运行?

30. 一台三相鼠笼式异步电动机,$P_N = 30$ kW,$U_N = 380$ V,$\cos\varphi_N = 0.87$,$\eta_N = 0.92$。$T_{st}/T_N = 2$,$I_{st}/I_N = 6$,用电抗器启动。(1)当限制启动电流为 $4.5I_N$ 时,启动电压应降至多少? (2)此时可否满载启动。

31. 一台三相鼠笼式异步电动机,$P_N = 40$ kW,$U_N = 380$ V,$n_N = 2\,930$ r/min,$\eta_N = 0.9$,$\cos\varphi = 0.85$,$k_i = 5.5$,$k_{st} = 0.9$,定子绕组为三角形连接;供电变压器允许启动

电流为 150 A,当负载转矩分别为 $0.25T_N$ 与 $0.5T_N$ 时,能否采用 Y-△降压启动?

32. 一台三相异步电动机,△接线,$P_N=20$ kW,$U_N=380$ V,$\cos\varphi_N=0.85$,$\eta_N=0.866$,$n_N=1460$ r/min,$T_{st}/T_N=1.5$,$I_{st}/I_N=6.5$。

试求:(1) I_N;(2) 最大能启动多大转矩的负载?(3) 全压启动时的启动电流值;(4) Y-△启动时的启动电流;(5) Y-△启动时的启动转矩。

33. 有一台异步电动机,其额定数据为:$P_N=10$ kW,$n_N=1450$ r/min,$U_N=380$ V,△连接,$\cos\varphi=0.87$,$I_{st}/I_N=7$,$T_{st}/T_N=1.4$,试求:

(1) 额定电流及额定转矩;

(2) 采用 Y-△换接降压启动时的启动电流和启动转矩;

(3) 当负载转矩为额定转矩的 50% 和 30% 时,能否采用 Y-△换接降压启动?

(4) 如果用自耦变压器降压启动,当负载转矩为额定转矩的 80% 时,抽头比为多大? 启动电压为多少? 启动电流为多少?

34. 有一台△形连接的异步电动机 $U_N=380$ V,$I_N=20$ A,$\cos\varphi_N=0.87$,$I_{st}/I_N=7$,$T_{st}/T_N=1.4$,试问:当负载转矩 $T_L=0.5T_N$ 时,如果采用自耦变压器降压启动,试确定自耦变压器的抽头(设自耦变压器有三个抽头:73%、64%、55%)及自耦变压器降压启动时,电网供给的启动电流是多少?

35. 一台三相四极绕线式异步电动机,$n_N=1\,465$ r/min,转子每相电阻 $r_2=0.03$ Ω,若负载转矩不变,要求把转速降到 $n=1\,080$ r/min,试求转子回路每相应串多大电阻?

第4章 同步电机

学习目标

1. 掌握同步发电机、同步电动机的工作原理和基本结构。

2. 理解同步电机的铭牌数据的含义,熟悉额定值之间的换算。

3. 理解电枢反应的概念,掌握不同 ψ 角时电枢反应的性质、作用和对电机的影响。

4. 理解同步发电机的各运行特性的定义,掌握同步发电机的运行特性实验求取方法。

5. 熟悉隐极同步电机对称稳态运行时的基本方程、等效电路和相量图。

6. 掌握同步发电机准同期并列的条件及方法,理握同步发电机自同步法并列的方法。

7. 掌握并列于无穷大电网的同步发电机的有功功率、无功功率调节方法。

8. 理解同步发电机 U 形曲线的意义,掌握同步电动机的 U 形曲线及启动、调速方法。

    同步电机是交流旋转电机中的一种,因其转子的转速始终与定子旋转磁场的转速相同而得名。同步电机主要用作发电机,同步发电机将机械能转换为电能,是现代发电的主要设备。现代电力工业中,无论是火力发电、水力发电、还是原子能发电,几乎全部采用同步发电机。同步电机也可用作电动机,同步电动机将电能转换为机械能,主要用于拖动功率较大,转速不要求调节的生产机械,如大型水泵、空气压缩机、矿井通风机等。同步电机还可用作同步调相机,同步调相机实际上就是一台空载运转的同步电动机,专门向电网输送感性无功功率,用来改善电网的功率因数,以提高电网的运行经济性及电压的稳定性。在大变电站、大工厂、矿山企业使用较多。

4.1 同步电机的基本工作原理和结构

4.1.1 同步电机的基本工作原理与分类

    图 4-1 为同步电机的构造原理图,它由定子和转子两部分组成。同步电机的定子和异步电机的定子相同,即在定子铁芯内圆均匀分布的槽内嵌放三相对称绕组,图中只画出一相绕组。对于发电机又称电枢。转子主要由磁极铁芯与励磁绕组组成,

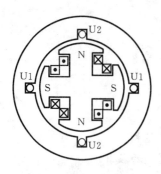

图 4-1　同步电机的构造原理图

励磁绕组外接直流电源流过励磁电流建立磁场。

1. 同步发电机的基本工作原理

1) 转子旋转磁场的形成

当励磁绕组通以直流电流后,转子即建立恒定磁场。当原动机拖动转子旋转时,就得到一个旋转磁场。

2) 三相交流电动势的产生

定子三相对称绕组切割转子旋转磁场,感应产生三相对称交流感应电动势,即三相电动势大小相等,相位互差 120°。

该电动势的频率为

$$f = \frac{pn}{60} \tag{4-1}$$

式中:p——电机的极对数;n——转子每分钟转速。

3) 机械能转换为电能

如果同步发电机接上负载,在电动势的作用下,将有三相电流流过。这说明同步发电机把机械能转换成了电能。

2. 同步电动机的基本工作原理

1) 定子旋转磁场的形成

在定子三相对称绕组上施以三相对称交流电压时,定子铁芯中产生一个定子旋转磁场,其旋转速度为同步转速 n_1。

2) 转子磁场的形成

转子励磁绕组通以直流电流后,转子即建立恒定转子磁场。

3) 电能转换为机械能

上述两个磁场相互作用,转子将在定子旋转磁场的带动下沿定子磁场的方向以相同的转速旋转,转子的转速为

$$n = n_1 = \frac{60f}{p} \tag{4-2}$$

此时,若转子上带有机械负载,就拖动机械负载一起旋转。这说明同步电动机将电能转换为机械能。

综上所述,同步电机无论作为发电机运行还是作为电动机运行,其转速与频率之间都将保持严格不变的关系。电网频率一定时,电机转速为恒定值,这是同步电机和异步电机的基本差别之一。

由于我国电力系统的标准频率为 50 Hz,所以同步电机的转速为 $n = \dfrac{3\,000}{p}$ r/min。由计算可知,二极电机的转速为 3 000 r/min,四极电机的转速为 1 500 r/min,

依此类推。

3. 同步电机的分类

同步电机按运行方式,可分为发电机、电动机和调相机三类。按原动机类别,同步发电机又可分为汽轮发电机、水轮发电机和柴油发电机等。

按结构形式,同步电机可分为旋转电枢式和旋转磁极式两种:前者适用于小容量同步电机,近来应用很少;后者应用广泛,是同步电机的基本结构形式。

旋转磁极式同步电机按磁极的形状,又可分为隐极式和凸极式两种类型,如图 4-2 所示。隐极式气隙是均匀的,转子做成圆柱形。凸极式有明显的磁极,气隙是不均匀的,极弧底下气隙较小,极间部分气隙较大。

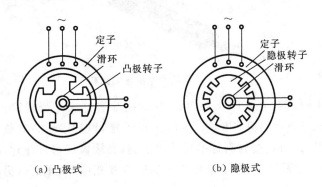

(a) 凸极式　　　　　(b) 隐极式

图 4-2　旋转磁极式同步电机

汽轮发电机的转速高,转子各部分受到的离心力很大,机械强度要求高,故一般采用隐极式;水轮发电机转速低、极数多,故都采用结构和制造上比较简单的凸极式;同步电动机、柴油发电机和调相机,一般也做成凸极式。

4.1.2　同步电机的基本结构

1. 汽轮发电机的基本结构

汽轮发电机是以汽轮机或燃气轮机为原动机的同步发电机,是火力发电厂、核能发电厂的主要设备之一,其基本结构为隐极式。图 4-3 所示为一台汽轮发电机的基本结构。

由于汽轮机和燃气轮机高转速运行时的效率较高,因此一般做成具有最高同步速的两极结构。汽轮发电机由于转速高、离心力大,其外形必然细长,均为卧式结构。汽轮发电机的主要部件有定子、转子、端盖和轴承等。

1) 定子

定子又称为电枢,主要由定子铁芯、定子绕组、机座以及紧固连接部件组成。

(1) 定子铁芯是构成电机磁路和固定定子绕组的重要部件。要求导磁性能好、损耗小、刚度好、振动小,并在结构和通风系统布置上能有良好的冷却效果。

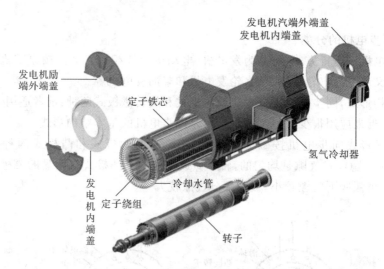

图 4-3　汽轮发电机基本结构

定子铁芯由厚度为 0.35 mm 或 0.5 mm 的涂有绝缘漆膜硅钢片叠成,每叠厚 30~60 mm。各段叠片间留有 6~10 mm 的通风槽,以利于铁芯散热。当定子铁芯外圆的直径大于 1 m 时,受材料标准尺寸的限制,必须做成扇形冲片,然后按圆周拼合起来叠装而成。叠装时把各层扇形片间的接缝互相错开,压紧后仍为一整体圆筒形,如图 4-4 所示。

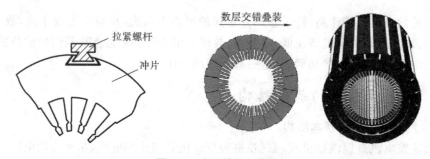

图 4-4　定子铁芯示意图

(2) 定子绕组又称电枢绕组,作用是产生对称的三相交流电动势,向负载输出三相交流电流,实现机电能量的转换。定子绕组一般采用双层短距叠绕组形式,在定子铁芯内圆槽内嵌放定子线圈,按一定规律连接成三相对称绕组。

定子绕组由多个线圈连接组成,为了减小绕组中导体集肤效应引起的附加损耗,每个线圈常用若干股相互绝缘的扁铜线绕制而成,并且在槽内及端部还要按一定方式进行编织换位。

定子机座应有足够的强度和刚度,除支撑定子铁芯外,还要满足通风散热的要求。一般机座都是由钢板焊接而成。

2）转子

转子主要由转子铁芯、励磁绕组、护环、中心环、滑环及风扇等部件组成。

（1）转子铁芯既是转子磁极的主体，又要承受由于高速旋转而产生的巨大离心力，因此转子铁芯要具备高导磁性能和高机械强度。转子铁芯常用含有镍、铬、钼、钒的优质合金钢材料与转轴锻造成一体。转轴的一部分作为磁极，加工出若干个槽，槽内嵌放励磁绕组。转子表面约占圆周长三分之一的部分不开槽，称大齿，即主磁极。图 4-5 所示为隐极发电机转子铁芯。

（2）励磁绕组采用同心式线圈结构，由扁铜线绕制而成。励磁绕组嵌放在转子铁芯槽内，使用不导磁高强度材料做成的槽楔将励磁绕组固定在槽内压紧。

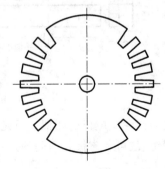

图 4-5 隐极发电机转子铁芯

（3）阻尼绕组。某些大型汽轮发电机为了降低不平衡运行时转子的发热，转子上装有阻尼绕组。阻尼绕组的作用是提高同步发电机承担不对称负载的能力和抑制转子机械振荡。当发电机正常稳定运行时，阻尼绕组不起任何作用。

（4）护环、中心环与滑环。护环为金属圆筒，用于保护励磁绕组的两个端部，防止因离心力作用而被甩出，因此要求采用高强度非导磁的合金钢制成。中心环用于支持护环，并阻止励磁绕组的轴向移动。滑环装在转轴上，实现励磁绕组与励磁电源的连接，一端经引线连接励磁绕组，另一端经电刷接励磁电源。

2. 水轮发电机的基本结构

水轮发电机与汽轮发电机的基本工作原理相同，但在结构上有很大区别。水轮发电机由水轮机驱动，转速较低，通常采用凸极式转子。从支撑方式看，隐极同步发电机只有卧式一种，但凸极同步发电机有立式和卧式两种。冲击式水轮机驱动的发电机多采用卧式结构，一般为小容量发电机；而低速、大容量水轮发电机则采用立式结构。

立式水轮发电机转子部分必须支撑在一个推力轴承上。根据推力轴承安放位置的不同，立式水轮发电机可分为悬式和伞式两种基本结构，如图 4-6 所示。

悬式结构是将推力轴承装在转子的上部，整个转子悬挂在机架上。该结构适用于中高速机组。其优点是机组径向机械稳定性较好，轴承损坏较小，轴承维护检修方便。伞式结构则是将推力轴承装在转子下部的机架上，整个转子是处于一种被托架着的状态转动。该结构适用于中低速大容量机组。其优点是可降低电站厂房高度，减轻机组重量；其缺点是推力轴承直径较大，轴承损耗较大，轴承的维护检修较不方便。

1）定子

水轮发电机定子铁芯的基本结构与汽轮发电机的相同。同时，定子绕组的结构

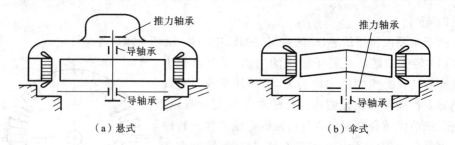

（a）悬式   （b）伞式

图 4-6   悬式和伞式水轮发电机

也与汽轮发电机的相似。只是由于水轮发电机的磁极数多,定子绕组多采用双层波绕组,故可节省极相组间的连接线,并且多采用分数槽绕组以改善绕组感应电动势的波形。

2) 转子

凸极同步发电机的转子由磁极、励磁绕组、磁轭和阻尼绕组等部分构成。

磁极一般由 1～3 mm 的钢板叠压而成,高速电机则采用实心形式。励磁绕组是集中式绕组,多采用绝缘扁铜线绕制而成,套装在磁极铁芯上,如图 4-7 所示。阻尼绕组由若干插在极靴槽中的铜条经两端环短接而成,其作用与汽轮发电机阻尼绕组的作用相同。磁轭可用铸钢,也可用冲片叠压。在磁极的两端加上磁极压板,用柳丁或拉紧螺杆等进行紧固。磁极用"T"形尾或鸽尾与磁轭相连,二者连接应牢固,以满足旋转受力要求。

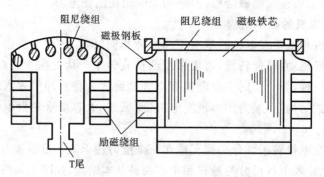

图 4-7   凸极同步发电机的磁极与绕组

4.1.3   同步电机的额定值及励磁方式

1. 同步电机的额定值

额定值是制造厂对电机正常工作所作的使用规定,也是设计和试验电机的依据。同步电机的铭牌上注明了该电机的额定值。主要有下列五项。

1) 额定容量 S_N 或额定功率 P_N

额定功率是指电机在额定状态下运行时,输出功率的保证值。对同步发电机是指输出的额定视在功率或有功功率,常用 kVA 或 kW 表示。对同步电动机指轴端输出的额定机械功率一般都用 kW 表示。对同步调相机则用线端输出额定无功功率表示,单位为 kVA 或 kvar。

2) 额定电压 U_N

额定电压是指电机在额定运行时的三相定子绕组的线电压,常以 kV 为单位。

3) 额定电流 I_N

额定电流是指电机在额定运行时流过三相定子绕组的线电流,单位为 A 或 kA。

4) 额定功率因数 $\cos\varphi_N$

额定功率因数是指电机在额定运行时的功率因数。

5)额定效率 η_N

额定效率是指电机额定运行时的效率。

综合上述定义,额定值间有下列关系:

对发电机 $$P_N = \sqrt{3}U_N I_N \cos\varphi_N \tag{4-3}$$

对电动机 $$P_N = \sqrt{3}U_N I_N \cos\varphi_N \eta_N \tag{4-4}$$

除上述额定值外,铭牌上还列出电机的额定频率 f_N、额定转速 n_N,额定励磁电流 I_{fN}、额定励磁电压 U_{fN} 和额定温升等。

4.1.4 同步电机的励磁方式

同步电机运行时必须在转子绕组中通入直流电流,以建立主磁场。所谓励磁方式是指同步电机获得直流励磁电流的方式。而整个供给励磁电流的线路和装置称为励磁系统。励磁系统主要由两个组成部分:一是励磁功率部分,主要用于向同步发电机的励磁绕组提供直流电流的励磁电源;二是励磁调节部分,可以根据发电机电压及运行工况的变化,自动调节励磁功率单元输出的励磁电流的大小,以满足系统运行的要求。

励磁系统直接影响同步电机运行的可靠性、经济性。

同步电机的励磁方式按励磁电源的不同分为三种:直流励磁机励磁方式、交流励磁机励磁方式与静止励磁方式。其中,交流励磁机励磁方式按整流器是否旋转又可分为交流励磁机静止整流器励磁方式与交流励磁机旋转整流器励磁方式两种。

常用的励磁方式是静止励磁方式。静止励磁方式较多,其中应有较多的是自并励励磁方式。该励磁方式的励磁电源取自发电机本身。发电机的励磁电流由并接在发电机端的励磁整流变压器经由晶闸管整流器、电刷、集电环提供,系统如图 4-8 所示。该系统取消了励磁机部分,整个励磁装置没有旋转部件,属于静止励磁方式的一种。

1) 直流励磁机励磁

用直流发电机作为励磁电源向同步发电机提供励磁电流,称为直流发电机励磁系统。

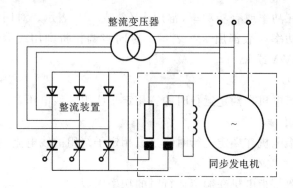

图 4-8　自励式静止半导体励磁系统

2）静止半导体励磁

利用同轴交流发电机或同步发电机本身加整流装置代替了直流励磁机的方式称为静止半导体励磁系统。

3）旋转半导体励磁

旋转半导体励磁不需要电刷和滑环装置,故此种励磁也称为无刷励磁。

4）三次谐波励磁

三次谐波励磁就是利用发电机气隙磁场中的三次及其倍数次谐波进行自励磁。

4.2　同步发电机的运行分析

4.2.1　同步发电机的空载运行

同步发电机被原动机拖动到同步转速,励磁绕组中通以直流电流,定子绕组开路时的运行称为空载运行。此时三相定子电流均为零,只有直流励磁电流产生的主磁场,又叫空载磁场。其中一部分既交链转子,又经过气隙交链定子的磁通,称为主磁通,即空载时的气隙磁通,它的磁通密度波形是沿气隙圆周空间分布的近似正弦波,用 Φ_0 表示;而另一部分不穿过气隙,仅和励磁绕组本身交链的磁通称为主极漏磁通,用 Φ_σ 表示,这部分磁通不参与电机的机-电能量转换。如图 4-9 所示,由于主磁通的路径(即主磁路)主要由定、转子铁芯和两段气隙构成,而漏磁通的路径主要由空气和非磁性材料组成,因此主磁路的磁阻比漏磁路的磁阻小得多,主磁通数值远大于漏磁通。

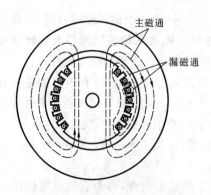

图 4-9　同步电机的磁路

同步发电机空载运行时,空载磁场随转子一同旋转,其主磁通切割定子绕组,在定子绕组中感应出频率为 f 的三相基波电动势,其有效值为

$$E_0 = 4.44 f N_1 k_{w1} \Phi_0 \tag{4-5}$$

式中:Φ_0——每极基波磁通,单位为 Wb;

　　　N_1——定子绕组每相串联匝数;

　　　k_{w1}——基波电动势的绕组系数。

4.2.2　同步发电机的电枢反应

同步发电机空载运行时,气隙中仅存在一个以同步转速旋转的主极磁场,在定子绕组中感应空载电动势 $\dot{E}_0$。当接上三相对称负载时,定子绕组中就有三相对称电流(也称作电枢电流 $\dot{I}$)流过,产生一个旋转的电枢磁场。因此,对称负载时在同步发电机的气隙中同时存在着两个磁动势:电枢磁动势与励磁磁动势相互作用形成了负载时气隙中的合成磁场。

对称负载时电枢磁动势的基波对主极磁场基波的影响称为对称负载时的电枢反应。

电枢反应的性质取决于电枢磁动势基波和励磁磁动势基波的空间相对位置。该相对位置与励磁电动势 E_0 和电枢电流 I 之间的相位差 ψ 有关。ψ 称为内功率因数角,与负载的性质有关。下面就 ψ 角的几种情况,分别讨论电枢反应的性质。

为了分析方便,电枢绕组的每一相均用一个等效整距集中线圈表示,励磁磁动势和电枢磁动势仅取其基波。由交流旋转磁场原理可知,三相合成旋转磁动势的幅值总是与电流为最大的一相绕组的轴线重合。不同 ψ 的电枢反应性质如下。

1)I 和 E_0 同相($\psi = 0°$)时的电枢反应

图 4-10(a)是一台凸极同步发电机的原理图。此时转子磁极轴线(直轴或 d 轴)超前于 U 相轴线 90°。旋转的励磁磁场在定子三相绕组中感应对称的三相电动势。感应电动势和电流的时间相量图如图 4-10(b)所示。三相绕组合成的基波磁动势 $\overline{F_a}$ 的轴线总是和转子磁极轴线相差 90°电角度,而与转子的交轴(或 q 轴)相重合。因此,$\psi = 0°$ 时的电枢反应称为交轴电枢反应。

由图 4-10(b)可知,交轴电枢反应使气隙合成磁场轴线位置从空载时的直轴处逆转向后移一个锐角,其位移角度的大小取决于同步发电机的负载大小,而幅值也有所增加。

$\psi = 0°$ 时,同步发电机的负载近似为电阻性负载。此时定子电流产生的交轴电枢磁场与流过励磁电流的转子励磁绕组相互作用而产生电磁力,与转子形成电磁转矩。该电磁转矩的方向与转子的旋转方向相反,对转子起制动作用,使发电机的转速下降。为了维持发电机的转速不变,需要相应地增加原动机的输入功率。

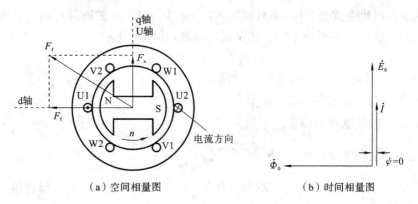

（a）空间相量图 （b）时间相量图

图 4-10 $\psi = 0°$时的电枢反应

2）I 滞后 $E_0 90°(\psi = 90°)$时的电枢反应

三相绕组中电流的方向及产生的磁动势如图 4-11(a)所示。此时电枢磁动势 $\overline{F_a}$ 的轴线滞后于转子的励磁磁动势 $\overline{F_f}180°$电角度，即 $\overline{F_a}$ 与 $\overline{F_f}$ 的方向相反。此时转子的励磁磁动势和电枢磁动势一同作用在直轴上，方向相反，电枢反应为纯去磁作用，合成磁动势的幅值减小。所以这一电枢反应称为直轴去磁电枢反应。图 4-11(b)所示为 $\psi = 90°$时三相空载电动势和电枢电流的相量图。

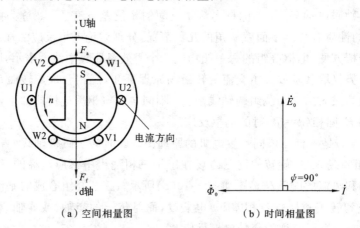

（a）空间相量图 （b）时间相量图

图 4-11 $\psi = 90°$时的电枢反应

$\psi = 90°$时，同步发电机的负载电流为感性无功电流。电枢磁场对转子载流导体产生的电磁力不形成电磁转矩，对发电机转子的转速不会产生制动作用，但会使发电机的端电压降低。若要维持端电压不变，需要相应地增加励磁电流。

3）I 超前 $E_0 90°(\psi = -90°)$时的电枢反应

三相绕组中电流的方向及产生的磁动势如图 4-12(a)所示。此时电枢磁动势 $\overline{F_a}$ 的轴线滞后于转子的励磁磁动势 $\overline{F_f}0°$电角度，即 $\overline{F_a}$ 与 $\overline{F_f}$ 的方向相同。此时转子的励磁磁动势和电枢磁动势一同作用在直轴上,二者同相,电枢反应为纯助磁作用,合成磁动势的幅值增大。所以这一电枢反应称为直轴助磁电枢反应。图 4-12(b)所示为 $\psi=-90°$ 时三相空载电动势和电枢电流的相量图。

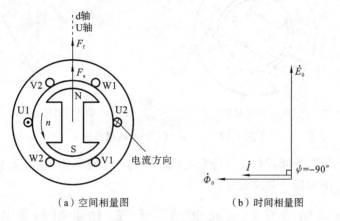

（a）空间相量图　　　　　　　　　（b）时间相量图

图 4-12　$\psi=-90°$ 时的电枢反应

$\psi=-90°$ 时,同步发电机的负载电流是容性无功电流。电枢磁场对转子载流导体产生的电磁力不形成电磁转矩,对发电机转子的转速不会产生制动作用,但会使发电机的端电压升高。若要维持端电压不变,需要相应地减小励磁电流。

4) $0°<\psi<90°$ 时的电枢反应

一般情况下,同步发电机既向电网输出一定的有功功率,又向电网输送一定的电感性无功功率,此时 $0°<\psi<90°$,即电枢电流 I 滞后于励磁电动势 E_0 一个锐角 ψ,这时的电枢反应如图 4-13 所示,电枢磁动势 $\overline{F_a}$ 滞后励磁磁动势 $\overline{F_f}$ 一个 $(90°+\psi)$ 的空间电角度。该位置既不在电机的交轴上,又不在直轴上。所以,此时的电枢反应既非单纯交磁性质,也非纯去磁性质,而是兼有两种性质。因此可将此时的电枢磁动势 $\overline{F_a}$ 分解成直轴和交轴两个分量。即

$$\overline{F_a}=\overline{F_{ad}}+\overline{F_{aq}} \tag{4-6}$$

式中

$$F_{ad}=F_a\sin\psi \tag{4-7}$$

$$F_{aq}=F_a\cos\psi \tag{4-8}$$

其中,$\overline{F_{aq}}$ 为交轴电枢反应分量,起交磁作用;$\overline{F_{ad}}$ 为直轴电枢反应分量,起去磁作用。

图 4-13(b)所示为 $0°<\psi<90°$ 时三相空载电动势和电枢电流的相量图。其中每相电枢电流可分解为直轴和交轴两个分量,即

$$\dot{I}=\dot{I}_d+\dot{I}_q \tag{4-9}$$

式中

$$I_d=I\sin\psi \tag{4-10}$$

$$I_q=I\cos\psi \tag{4-11}$$

$0°<\psi<90°$ 时,电枢反应既有交轴电枢反应,又有直轴去磁电枢反应,使发电机

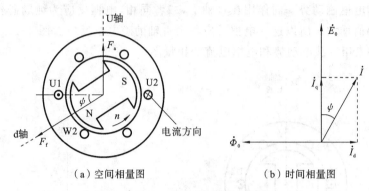

（a）空间相量图　　　　　　　　（b）时间相量图

图 4-13 $0° < \psi < 90°$时的电枢反应

的转速和端电压均下降。若要维持发电机的转速和端电压不变,需要相应地增加原动机的输入功率和转子的励磁电流。

4.2.3 隐极同步发电机的电动势方程、相量图和等效电路

1. 隐极同步发电机的电动势方程

在同步发电机带载运行时,气隙中存在着两种磁场,即由交流励磁的电枢旋转磁场和由直流励磁的励磁旋转磁场。在不计饱和的情况下,可以应用叠加原理进行分析,即认为励磁磁动势和电枢磁动势分别产生对应的基波磁通和电动势,它们之间的关系如图 4-14 所示。

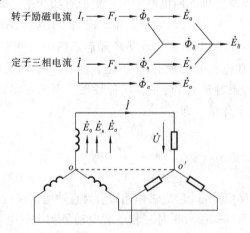

图 4-14 同步发电机相绕组中各物理量的正方向规定

由于不考虑饱和时 $E_a \propto \varPhi_a \propto F_a \propto I$,即电枢反应电动势 E_a 正比于电枢电流 I,且相位上 $\dot{E}_a$ 滞后 $\dot{I}$ 90°。因此,电枢反应电动势可用相应的电抗压降来表示

$$\dot{E}_a = -jx_a\dot{I}$$

式中,x_a 为对应于电枢反应磁通的电抗,称为电枢反应电抗。该值相当于感应电动机

中的励磁电抗 x_m。由于同步电机具有较大的空气隙,故在数值上 x_a 要比 x_m 小。

同样,由电枢磁动势产生的与转子无关的漏磁通 Φ_σ 在定子绕组中感应漏磁电动势 E_σ,也可以写成电抗压降的形式,即

$$\dot{E}_\sigma = -jx_\sigma \dot{I}$$

根据基尔霍夫回路电压定律,可写出电枢回路的电动势方程为

$$\dot{E}_0 = \dot{U} + \dot{E}_a + \dot{E}_\sigma + R_a\dot{I}$$

即 $$\dot{E}_0 = \dot{U} + R_a\dot{I} + jx_\sigma\dot{I} + jx_a\dot{I} = \dot{U} + \dot{I}R_a + jx_t\dot{I} \qquad (4\text{-}12)$$

式中:$x_t = x_\sigma + x_a$,称为同步电抗。

x_t 表征在对称负载下单位电枢电流三相联合产生的电枢总磁场(包括电枢反应磁场和漏磁场)在电枢每一相绕组中的感应电动势。

2. 同步发电机的相量图

不考虑磁路饱和时,如果已知发电机带负载情况,即已知 $\dot{U}$、$\dot{I}$ 及 $\cos\varphi$,并且知道发电机的参数 R_a 和 x_t,根据式(4-12)可以画出隐极同步发电机的相量图如图 4-15 所示。

根据相量图可直接计算出 E_0 和 Ψ 的值,即

$$E_0 = \sqrt{(U\cos\varphi + R_aI)^2 + (U\sin\varphi + x_tI)^2} \qquad (4\text{-}13)$$

$$\psi = \arctan\frac{x_tI + U\sin\varphi}{R_aI + U\cos\varphi} \qquad (4\text{-}14)$$

3. 同步发电机的等效电路

式(4-12)表明,隐极同步发电机的等效电路相当于直流励磁电动势 $\dot{E}_0$ 和同步阻抗 $Z_t = R_a + jx_t$ 串联的电路,如图 4-16 所示。其中,$\dot{E}_0$ 反映了励磁磁场的作用,R_a 代表电枢电阻,x_t 反映了漏磁场和电枢反应磁场的总作用。由于这个电路极为简单,而且物理概念明确,故在隐极机分析和工程计算上得到了广泛的应用。

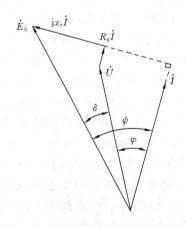

图 4-15　隐极同步发电机的相量图

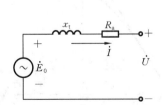

图 4-16　隐极同步发电机的等效电路

例 4-1 有一台汽轮发电机,定子三相绕组 Y 形连接,$P_N = 25000$ kW,$U_N = 10.5$ kV,$\cos\varphi = 0.8$(滞后),$x_t^* = 2.13$,电枢电阻略去不计。

试求额定负载下励磁电动势 E_0 及 $\dot{E}_0$ 与 $\dot{I}$ 的夹角 ψ。

解
$$E_0^* = \sqrt{(U^* \cos\varphi)^2 + (U^* \sin\varphi + I^* x_t^*)^2}$$
$$= \sqrt{0.8^2 + (0.6 + 1 \times 2.13)^2} = 2.845$$

$$E_0 = E_0^* U_{N\Phi} = 2.845 \times \frac{10.5}{\sqrt{3}} \text{ kV} = 17.25 \text{ kV}$$

$$\tan\psi = \frac{Ix_t + U\sin\varphi_N}{U\cos\varphi_N} = \frac{1 \times 2.13 + 1 \times 0.6}{0.8} = 3.4125$$

得
$$\psi = 73.67°$$

4.3　同步发电机的运行特性

当同步发电机在转速(频率)保持恒定,并假定功率因数 $\cos\varphi$ 不变时,发电机有三个互相影响的变量,即发电机的端电压 U、负载电流 I 和励磁电流 I_f。当保持其中某一变量为常数时,其他二者之间的函数关系称为同步发电机的运行特性。同步发电机的运行特性有空载特性、短路特性、外特性和调整特性。

4.3.1　空载特性

在额定转速下,发电机空载电压($U_0 = E_0$)与励磁电流 I_f 之间的函数关系称为发电机的空载特性,即 $E_0 = f(I_f)$,如图 4-17 所示。由于 $E_0 \propto \phi_0$,$F_f \propto I_f$,因此改变坐标的比例,空载特性也可表示为 $\phi_0 = f(F_f)$ 的关系曲线。该曲线称为同步发电机的磁化曲线。

空载特性是同步发电机的基本特性,由图 4-17 可见,当主磁通 ϕ_0 较小时,电机的整个磁路处于不饱和状态,空载曲线下部为直线。直线部分的延长线 oh 称为气隙线。气隙线表示了在电机磁路不饱和的情况下,主磁通随励磁磁动势的变化而变化的关系。随着主磁通的增加,铁芯逐渐饱和,铁芯部分所消耗的磁动势较大,主磁通 ϕ_0 不再随着励磁磁动势线性增加,因此空载曲线向下弯曲。为了充分地利用铁磁材料,在设计电机时,通常把电机的额定电压点设计在磁化曲线的弯曲处,如图 4-17 曲线 1 上的 c 点。

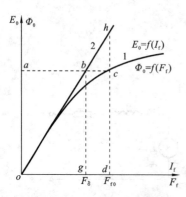

图 4-17　同步发电机的空载特性

空载特性在同步发电机理论中有着重要作用。将设计好的电机的空载特性与标准空载曲线的数据相比较,如果两者接近,就说明电机设计合理。反之,则说明该电机的磁路过于饱和或者材料没有得到充分利用。如果磁路过于饱和,则表明励磁绕组用铜过多,且电压调节困难;如果磁路饱和度太低,则负载变化时电压变化较大,且铁芯利用率较低,铁芯耗材较多。通过空载特性结合短路特性可以求取同步电机的参数。发电厂通过测取空载特性来判断三相绕组的对称性以及励磁系统的故障。

4.3.2　同步发电机短路特性

短路特性是指保持同步发电机在额定转速状况下,将定子三相绕组短路,定子绕组的相电流 I_k(稳态短路电流)与转子励磁电流 I_f 的关系。

1. 短路特性

图 4-18 所示为同步发电机短路试验接线。试验时,电枢绕组三相端点短路,原动机拖动转子到同步转速 n_N,调节励磁电流 I_f 从 0 增加到 $1.2I_N$ 为止。记录不同短路电流时的 I_a、I_K、I_f,作出短路特性 $I_K = f(I_f)$,如图 4-19 所示。

短路试验时,发电机的端电压 $U = 0$,限制短路电流的仅是发电机的内部阻抗。由于一般同步发电机的电枢电阻 R_a 远小于同步电抗 x_d,所以短路电流可认为是纯感性的,即 $\varphi \approx 90°$。此时的电枢磁动势基本上是一个纯去磁作用的直轴磁动势,此时电枢绕组的电抗为直轴同步电抗 x_d。发电机中气隙合成磁动势数值很小,使磁路处于不饱和状态,所以短路特性为一直线,如图 4-19 所示。即

$$I_K = \frac{E_0}{x_d} \propto I_f \tag{4-15}$$

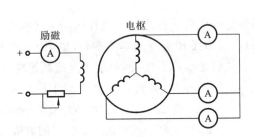

图 4-18　同步发电机短路试验接线图

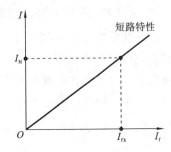

图 4-19　同步发电机短路特性

4.3.3　同步发电机外特性

1. 外特性

外特性是指发电机保持额定转速不变,$I_f = $ 常数、$\cos\varphi = $ 常数时,发电机的端电压 U 与负载电流 I 之间的关系曲线 $U = f(I)$。外特性既可用直接负载法测取,也可用作图法间接求取。

图 4-20 所示为带有不同功率因数的负载时同步发电机的外特性。对于感性负

载 $\cos\varphi=0.8$(滞后)和纯电阻负载 $\cos\varphi=1$ 时,外特性曲线是下降的。因为在这两种情况下,$0°<\varphi<90°$,电枢反应均有去磁作用,引起绕组漏阻抗降压。对于容性负载,$\cos\varphi=0.8$(超前)时,由于 $\varphi<0°$,电枢反应具有助磁作用,容性电流的漏抗电压上升,故外特性曲线也可能是上升的。

2. 电压变化率

从同步发电机的外特性可以求出其电压变化率,如图 4-21 所示。发电机在额定负载($I=I_N$,$\cos\varphi=\cos\varphi_N$,$U=U_N$)运行时,励磁电流为额定励磁电流 I_{fN}。保持励磁和转速不变而卸去负载,此时端电压将上升到空载电动势 E_0,如图 4-21 所示。同步发电机的电压变化率(或电压调整率)定义为

$$\Delta U\% = \frac{E_0 - U_N}{U_N} \times 100\% \tag{4-16}$$

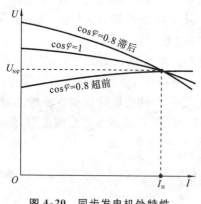

图 4-20　同步发电机外特性

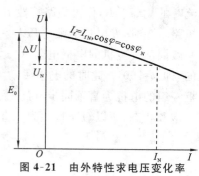

图 4-21　由外特性求电压变化率

电压变化率是表征同步发电机运行性能的重要数据之一。现代的同步发电机多装有快速自动调压装置,能自动调整励磁电流以维持电压基本不变,所以 $\Delta U\%$ 的数值可大些。为了防止短路故障跳闸切断负载时电压剧烈上升,可能击穿绕组绝缘,要求 $\Delta U\%$ 小于 50%。水轮发电机的 $\Delta U\%$ 为 18%~30%,汽轮发电机由于同步电抗较大,故 $\Delta U\%$ 也较大,为 30%~48%(以上均为 $\cos\varphi=0.8$ 滞后时的数值)。

4.3.4　同步发电机调整特性

调整特性是指发电机保持 $n=n_N$、$U=U_N$、$\cos\varphi=$ 常数时,励磁电流 I_f 与负载电流 I 的关系 $I_f=f(I)$。

图 4-22 所示为带有不同功率因数的负载时,同步发电机的不同调整特性曲线,

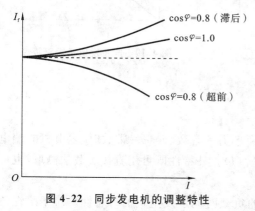

图 4-22　同步发电机的调整特性

并且调整特性的变化趋势与外特性的正好相反。对于感性负载和纯电阻负载,为了补偿负载电流形成的电枢反应的去磁作用和漏阻抗压降以维持端电压为额定电压,就必须随负载电流 I 的增大而相应地增加励磁电流。因此,此时的调整特性曲线是上升的。对于容性负载时,为了抵消电枢反应助磁作用以维持发电机端电压不变,就必须随负载电流的增大而相应地减小励磁电流。因此,此时的调整特性曲线是向下的。

4.4　同步发电机并联运行的条件与方法

同步发电机单机运行时,随着负载的变化,发电机的频率和端电压将发生相应的变化,供电的质量和可靠性较差。为了克服这些缺点,现代发电厂与变电所通常采用并联运行方式,如图 4-23 所示。电网供电与单机供电相比,其主要优点如下。

(1) 提高了供电的可靠性。一台发电机发生故障或定期检修不会引起停电事故。

(2) 提高了供电的经济性和灵活性。例如,水力发电厂与火电厂并联运行时,在枯水期和丰水期,两种电厂可以调配发电,使水资源得到合理利用。在用电高峰期和低谷期,可以灵活地决定投入电网的发电机数量,提高了发电效率和供电灵活性。

(3) 提高了供电质量。由于电网的容量巨大(相对于单台发电机或者个别负载可视为无穷大),因此单台发电机的投入与停机、个别负载的变化对电网的影响甚微,

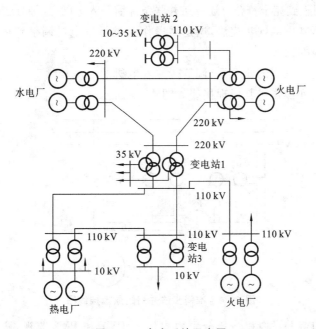

图 4-23　电力系统示意图

衡量供电质量的电压和频率可视为恒定不变的常数。同步发电机并联到电网后,它的运行情况要受到电网的制约,即发电机的电压、频率要与电网一致。

4.4.1　准同期法

同步发电机与电网并联合闸时,为了避免产生巨大的冲击电流,防止发电机组的转轴受到突然的冲击扭矩而遭损坏,以致电力系统受到严重的干扰,为此需要满足一定的并联条件。

1. 准同期法并联条件

(1) 发电机电压和电网电压的大小相等且波形相同;

(2) 发电机电压相位和电网电压相位相同;

(3) 发电机的频率和电网频率相等;

(4) 发电机和电网的相序要相同。

上述条件中,发电机电压波形在制造电机时已得到保证。第(4)项要求一般在安装发电机时,根据发电机规定的旋转方向,确定发电机的相序,因而得到满足。这样并联投入时只要调节待并发电机电压大小、相位和频率与电网的相同,即满足了并联条件。事实上,绝对地符合并联条件只是一种理想,通常允许在小的冲击电流下将发电机投入电网并联运行。

2. 准同步法的并列操作

把发电机调整到完全符合上述 4 条并联条件后并入电网,这种方法称为准同期法。

这里只介绍其中的同步表法,这是靠操作人员将发电机调整到符合并联条件后才进行合闸并网的操作。

同步表法是在仪表的监视下,调节待并发电机的电压和频率,使之符合与系统并列的条件时的并列操作。其原理接线如图 4-24 所示。

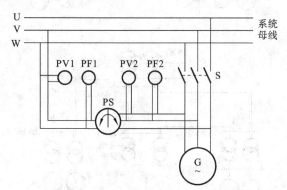

图 4-24　准同步法并列的原理接线图

系统电压和待并发电机电压分别由电压表 PV1 和 PV2 监视,调节待并列发电机的励磁电流,使其电压与系统电压大小相等。系统频率和待并列发电机频率分别

由频率表 PF1 和 PF2 监视,调节待并列发电机的原动机
转速,使其频率接近系统的频率。准同步法并列条件中的
相位与频率相同,可由同步表 PS 监视,如图 4-25 所示,同
步表表盘有一红线刻度。当同步表的指针向快的方向旋
转时,表明待并列发电机高于系统频率,此时应减小原动
机转速,反之亦然。并列操作时,调节待并列发电机的励
磁电流和转速,使仪表 PV1 和 PV2、PF1 和 PF2 的读数
相同,同步表 PS 的指针转动缓慢,指针转至接近红线时,
表明并列条件已满足,应迅速合闸,完成并列操作。

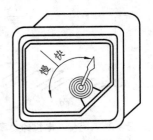

图 4-25　同步表外形图

　　实际操作中,除要绝对满足相序相同外,其余三个条件允许有一定的偏差,例如
频率偏差为 $0.2\% \sim 0.5\%$。

　　准同期法的优点是,投入瞬间,发电机与电网间无电流冲击;缺点是操作复杂,需
要较长的时间进行调整。尤其是电网处于异常状态时,电压和频率都在不断地变化,
此时用准同期法并联就相当困难。故其主要用于系统正常运行时的并列。

4.4.2　自同步法

　　准同步方法的优点是合闸时能使新投入的发电机和电网避免过大的冲击电流,
缺点是操作较复杂,要求操作人员技术熟练而且比较费时间。当电网发生故障时,电
网电压和频率都在变动,要满足准同步法条件比较困难。此时,为了把发电机迅速投
入电网,可采用自同步法。

　　用自同步法进行并网操作,是在相序一致的情况下先将励磁绕组通过适当电阻短
接,原动机将发电机拖动到接近同步时,在没有接通励磁电流的情况下合闸,将发电机
并入电网,并迅速加入直流励磁,利用电机“自整步”作用将发电机拉入系统同步运行。

　　自同步法的优点是操作简单、迅速,不需要增加复杂设备;缺点是合闸及投入励
磁时会产生冲击电流,一般用于系统故障时的并联操作。

4.5　同步发电机并列运行时的有功功率调节和静态稳定

　　一台同步发电机并入电网后,必须向电网输送功率,并根据电力系统的需要随时
进行调节,以满足电网中负载变化的需要。下面讨论如何使已并入电网的发电机增
加或减少有功功率。

4.5.1　功率和转矩平衡方程

　　同步发电机的功率转换可用图 4-26 所示关系来说明,发电机来自原动机的输入
机械功率为 P_1,这个功率的一部分用来抵偿机械损耗 p_Ω、铁芯损耗 p_{Fe} 和附加损耗

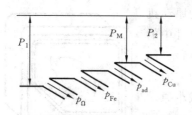

图 4-26　同步发电机的功率流程图

p_{ad},其余部分便以电磁感应的方式传递到电枢绕组,这个功率称为电磁功率,用 P_M 来表示,即

$$P_1 - (p_\Omega + p_{Fe} + p_{ad}) = P_1 - p_0 = P_M$$
(4-17)

式中:p_0——空载损耗,$p_0 = p_\Omega + p_{Fe} + p_{ad}$。

励磁损耗与励磁系统有关。对于同轴励磁机,P_1 中扣除励磁机的输入功率后才是 P_M。电磁功率中再扣除电枢绕组中的铜损耗 $p_{Cu} = 3R_a I^2$,才为输出电功率 P_2,即

$$P_2 = P_M - p_{Cu}$$
(4-18)

对于大、中型同步发电机,定子铜损耗不超过额定功率的 1%,可略去不计,则

$$P_M \approx P_2 = mUI\cos\varphi$$
(4-19)

将式(4-17)两边同除以同步机械角速度 $\Omega_1 = 2\pi\dfrac{n_1}{60}$,得转矩平衡方程,即

$$T = T_1 - T_0$$

或
$$T_1 = T + T_0$$
(4-20)

式中:T_1——原动机转矩,$T_1 = \dfrac{P_1}{\Omega_1}$,是驱动转矩;

T——电磁转矩,$T = \dfrac{P_M}{\Omega_1}$,是制动转矩;

T_0——空载转矩,$T_0 = \dfrac{p_0}{\Omega_1}$,是制动转矩。

4.5.2　隐极发电机功角特性

由图 4-27 可通过推导求得

$$\cos\varphi = \frac{E_0}{IX_t}\sin\delta$$
(4-21)

代入 $P_M \approx P_2 = mUI\cos\varphi$,可求得电磁功率表达式为

$$P_M = m\frac{E_0 U}{x_t}\sin\delta$$
(4-22)

由式(4-22)可知:当电网电压 U 和频率恒定,参数 x_t 为常数,励磁电动势 E_0 不变(即 I_f 不变)时,同步发电机的电磁功率只取决于 $\dot{E}_0$ 与 $\dot{U}$ 的夹角 δ,称 δ 为功率角,则 $P_M = f(\delta)$ 为同步发电机的功角特性,如图 4-27 所示。

从功角特性可知,电磁功率 P_M 与功率角 δ 的正弦成正比,当 $\delta = 90°$ 时,功率达到极限值

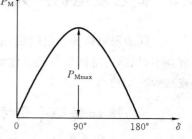

图 4-27　同步发电机的功角特性

$P_{Mmax}=mE_0U/x_t$；当 $\delta>180°$，电磁功率由正变负，这说明发电机不向电网输送有功功率，而是从电网吸收有功功率，此时电机转入电动机运行状态。

由此可见，功率角体现发电机的功率输出大小，是研究同步发电机并列运行的一个重要物理量。下面分析功率角的物理意义。

功率角 δ 有着双重物理意义：一个是电动势 $\dot{E}_0$ 和电压 $\dot{U}$ 间的时间相角差；另一个是 F_f 和 F_δ 的空间相角差，也是转子主磁场轴线和气隙合成等效磁场轴线在空间的夹角。对功率角的正负作如下规定：沿着转子旋转方向 $\dot{E}_0$ 超前 $\dot{U}$，功率角 δ 为正，这表明 F_f 超前 F_δ，对应的电磁功率 P_M 为正，同步电机输出有功功率，即工作于发电机状态；若 $\dot{E}_0$ 滞后于 $\dot{U}$，则功率角为负值，这表明 F_f 滞后于 F_δ，对应的 P_M 为负，同步电机自电网吸取有功功率，同步电机工作于电动机状态。

4.5.3　同步发电机有功功率的调节

为简化分析，现以已并入无穷大电网的隐极发电机为例，略去磁路饱和的影响和电枢电阻，且维持发电机励磁电流不变。

当发电机处于空载运行状态时，发电机的输入机械功率 P_1 恰好和空载损耗 p_0 相平衡，没有多余的部分可以转化为电磁功率，即 $P_1=p_0$，$T_1=T_0$，$P_M=0$，如图 4-28(a) 所示。此时虽然可以有 $E_0>U$，且有电流 $\dot{I}$ 输出，但它是无功电流。此时气隙合成磁场和转子磁场的轴线重合，功率角等于零。

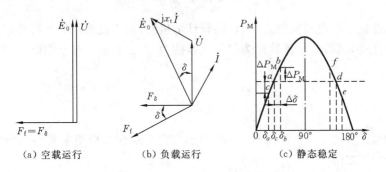

(a) 空载运行　　　　　(b) 负载运行　　　　　(c) 静态稳定

图 4-28　与无穷大电网并联时同步发电机有功功率的调节

当增加原动机的输入功率 P_1，即增大了输入转矩 T_1 时，$T_1>T_0$，出现了剩余转矩 (T_1-T_0) 使转子瞬时加速，主磁极的位置将沿转向超前气隙合成磁场，相应的 $\dot{E}_0$ 也超前 $\dot{U}$ 一个 δ 角，如图 4-28(b) 所示。$P_M>0$，发电机开始向电网输出有功电流，并同时出现与电磁功率 P_M 相对应的制动电磁转矩 T。当 δ 增大到某一数值使电磁转矩与剩余转矩 (T_1-T_0) 相平衡时，发电机的转子就不再加速，最后平衡在对应的功率角 δ 处。

由此可见,要调节同步发电机的有功功率的输出,就必须调节来自原动机的输入功率,改变功率角使电磁功率变化,输出功率也随之而变。但并不是无限制地加大发电机的输入功率,发电机的输出总会相应增大。对于隐极电机,当功率角达到 $90°$ 时,电磁功率将达到功率的极限值 P_{Mmax},若再增加输入,剩余功率将使转子继续加速,δ 角继续增大,电磁功率反而减小,结果使得电机的转速连续上升直至失步,或称为失去"静态稳定"。

4.5.4　静态稳定

所谓"静态稳定"是指电网或原动机方面出现某些微小扰动时,同步发电机能在这种瞬时扰动消除后,继续保持原来的平衡运行状态,就称这时的同步发电机是静态稳定的;否则就是静态不稳定。图 4-28(c)所示的点 a 是静态稳定的,而点 d 是静态不稳定的。

分析表明,在功角特性曲线的上升部分的工作点都是静态稳定的,下降部分的工作点都是静态不稳定的,为此静态稳定的条件用数学式表示为

$$\frac{dP_M}{d\delta} > 0 \tag{4-23}$$

$\dfrac{dP_M}{d\delta}$ 是衡量同步发电机稳定运行能力的一个系数,称为比整步功率,用 P_{syn} 表示。

对于隐极机来说

$$P_{syn} = \frac{dP_M}{d\delta} = m\frac{E_0 U}{x_t}\cos\delta \tag{4-24}$$

为了使同步发电机能稳定运行,在设计电机时,就使发电机的极限功率比其额定功率大一定的倍数,这个倍数称为静态过载能力,用 λ 表示。对于隐极机,有

$$\lambda = \frac{P_{Mmax}}{P_N} = \frac{m\dfrac{E_0 U}{x_t}}{m\dfrac{E_0 U}{x_t}\sin\delta_N} = \frac{1}{\sin\delta_N} \tag{4-25}$$

一般要求 $\lambda > 1.7$,通常在 $1.7 \sim 3$ 之间,与此对应的发电机额定运行时的功率角 δ_N 在 $25° \sim 35°$ 之间。

4.6　同步发电机的无功功率调节及 V 形曲线

电网在向负载提供有功功率的同时,还向负载提供一定数量的无功功率(例如,向异步电动机和变压器提供励磁电流),无功功率将由并联在电网上的发电机共同分担。电网的负载大多是感性负载,其电枢反应具有去磁作用。为了维持发电机端电压不变,必须增大励磁电流。因此,无功功率的调节必须依靠调节励磁电流。

4.6.1　无功功率的功角特性

并联于无穷大电网的同步发电机当电网电压和频率恒定、参数(x_d、x_q、x_t)为常数、空载电动势 E_0 不变(即 I_f 不变)时,$Q=f(d)$ 为无功功率的功角特性。

推导得

$$Q=mUI\sin\varphi=m\frac{E_0U}{x_t}\cos\delta-m\frac{U^2}{x_t} \tag{4-26}$$

隐极同步发电机的无功功率特性如图 4-29 所示,当电网电压和频率恒定、参数为常数、空载电势 E_0 不变(即 I_f 不变)时,无功功率 Q 也是功角 δ 的函数。

当 $Q>0$ 时,发电机输出感性无功(吸收容性无功);当 $Q<0$ 时,发电机向电网吸收感性无功(输出容性无功)。

当励磁电流保持不变时,有功功率的调节会引起无功功率的变化。原因是当调节有功功率时,功率角大小会发生变化,无功功率也随之改变。当有功功率增大时,功角增大,无功功率减少,如图 4-29 所示。

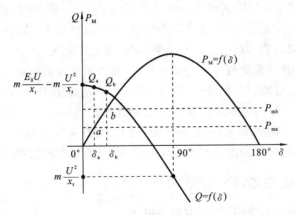

图 4-29　隐极发电机的有功功率和无功功率的功角特性

4.6.2　无功功率的调节

从能量守恒的观点来看,同步发电机与电网并列运行时,如果仅调节无功功率,是不需要改变原动机的输入功率的。只要调节励磁电流,就可改变同步发电机发出的无功功率,调节无功功率,对有功功率不会产生影响;但调节无功功率将改变功率极限值和功率角的大小,从而影响静态稳定度。

下面仍以隐极同步发电机为例,不计磁路饱和的影响,且忽略电枢电阻。当发电机的端电压恒定,在保持发电机输出的有功功率不变时,应有

$$P_M=\frac{mE_0U}{x_t}\sin\delta=常数,\quad 即\ E_0\sin\delta=常数$$

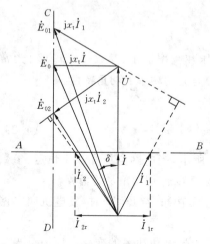

图 4-30 不同励磁电流时同步
发电机的相量图

$P_2 = mUI\cos\varphi = $ 常数, 即 $I\cos\varphi = $ 常数

上述两式说明,在输出恒定的有功功率时,如调节励磁电流,电动势相量 $\dot{E}_0$ 端点的轨迹为图 4-30 中的 CD 线,电流相量 $\dot{I}$ 端点的轨迹为 AB 线。不同励磁电流时的 $\dot{E}_0$ 和电流相量端点在轨迹线上有不同的位置。

在图 4-30 中,E_0 为正常励磁电流下功率因数为 1 时的空载电动势。电枢电流全为有功分量。当过励时,$I_{f1} > I_{f0}$,从而 $E_{01} > E_0$,则电枢电流 I_1 中除有功电流 I 外,还出现一个滞后的无功分量 I_{1r},向电网输出一个感性的无功功率;反之,当欠励时,$I_{f2} < I_{f0}$,$E_{02} < E_0$,则电枢电流 I_2 中除有功分量 I 外,还出现一个超前的无功分量 I_{2r},向电网输出一个容性的无功功率,即从电网吸收感性无功功率。如果进一步减少励磁电流,电动势将更小,功率角将增大,当 $\delta = 90°$ 时,发电机达到稳定运行的极限。若再进一步减小励磁电流,发电机将失去同步。

综上所述,在保持原动机输入功率不变时,通过调节励磁电流可以达到调节同步发电机无功功率的目的。当从某一"欠励"状态开始增加励磁电流时,发电机输出超前的无功功率开始减少,电枢电流中的无功分量也开始减少。达到"正常励磁"状态时,发电机输出的无功功率为零,电枢电流中的无功分量也变为零。此时,如果继续增加励磁电流,发电机将输出滞后的无功功率,电枢电流中的无功分量又开始增加。

4.6.3 同步发电机的 V 形曲线

在有功功率保持不变时,表示电枢电流 I 和励磁电流 I_f 的关系曲线 $I = f(I_f)$,由于其形状像字母"V",故称为 V 形曲线,如图 4-31 所示。

由图可见,对应于不同的有功功率都可作出一条 V 形曲线,功率值越大,曲线越上移。每条曲线的最低点表示 $\cos\varphi = 1$,这点的电枢电流最小,全为有功分量,这点的励磁就是"正常励磁"。将各曲线最低点连接起来得到一条 $\cos\varphi = 1$ 的曲线,在这条曲线的右面,发电机处于过励状态,输出感性的无功功率;在该曲线的左面,发电机处于欠励状态,输出

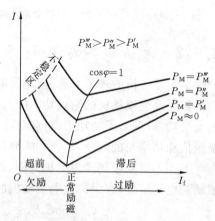

图 4-31 同步发电机的 V 形曲线

容性无功功率。V 形曲线左侧有一个不稳定区,对应于 $\delta > 90°$。

例 4-2 一台三相隐极同步发电机与无穷大电网并联运行,电网电压为 380 V,发电机定子绕组为 Y 连接,每相同步电抗 $x_t = 1.2$ Ω,此发电机向电网输出线电流 $I = 69.5$ A,空载相电动势 $E_0 = 270$ V,$\cos\varphi = 0.8$(滞后)。若减小励磁电流使相电动势 $E_0 = 250$ V,保持原动机输入功率不变,不计定子电阻,试求:(1)改变励磁电流前发电机输出的有功功率和无功功率;(2)改变励磁电流后发电机输出的有功功率、无功功率、功率因数及定子电流。

解 (1)改变励磁电流前,输出的有功功率为

$$P_2 = \sqrt{3}UI\cos\varphi = \sqrt{3} \times 380 \times 69.5 \times 0.8 \text{ W} = 36\ 600 \text{ W}$$

输出的无功功率

$$Q = \sqrt{3}UI\sin\varphi = \sqrt{3} \times 380 \times 69.5 \times 0.6 \text{ var} = 27\ 400 \text{ var}$$

(2)改变励磁电流后因不计电阻,所以

$$P_2 = P_M = \frac{3E_0 U}{x_t}\sin\delta$$

$$\sin\delta = \frac{P_2 x_t}{3E_0 U} = \frac{36\ 600 \times 1.2}{3 \times 250 \times 220} = 0.266$$

即
$$\delta = 15.4°$$

根据相量图知

$$\Psi = \arctan\frac{E_0 - U\cos\delta}{U\sin\delta} = \arctan\frac{250 - 220\cos15.4°}{220 \times 0.266} = 33°$$

$$\varphi' = \Psi - \delta = 33° - 15.4° = 17.6°$$

故
$$\cos\varphi' = \cos17.6° = 0.953$$

因为有功功率不变,即 $I\cos\varphi = I'\cos\varphi' = $ 常数,故改变励磁电流后,定子电流为

$$I' = \frac{I\cos\varphi}{\cos\varphi'} = \frac{69.5 \times 0.8}{0.953} \text{ A} = 58.3 \text{ A}$$

有功功率不变
$$P_2 = \sqrt{3} \times 380 \times 58.3 \times 0.953 \text{ W} = 36\ 600 \text{ W}$$

向电网输出的无功功率

$$Q = \sqrt{3}UI\sin\varphi' = \sqrt{3} \times 380 \times 58.3\sin17.6° \text{ var} = 11\ 600 \text{ var}$$

4.7 同步电动机

4.7.1 同步电机的可逆原理

和其他旋转电机一样,同步电机也是可逆的,既可以作为发电机运行,又可以作为电动机运行,完全取决于它的输入功率是机械功率还是电功率。本节以一台已投

入电网运行的隐极电机为例,说明其从同步发电机过渡到同步电动机运行状态的物理过程,以及其内部各电磁物理量之间的关系变化。

如前所述,同步电机运行于发电机状态时,其转子主磁极轴线超前于气隙合成磁场的等效磁极轴线一个功率角 δ,它可以想象为转子磁极拖着合成等效磁极以同步转速旋转,如图 4-32(a)所示。这时发电机产生的电磁制动转矩与输入的驱动转矩相平衡,把机械功率转变为电功率输送给电网。因此,此时电磁功率 P_M 和功率角 δ 均为正值,励磁电动势 $\dot{E}_0$ 超前于电网电压 $\dot{U}$ 一个 δ 角度。

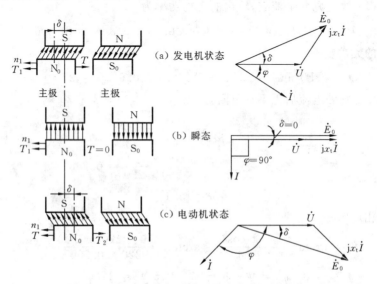

图 4-32 同步发电机过渡到同步电动机的过程

如果逐步减少发电机的输入功率,转子将瞬时减速,δ 角减小,相应的电磁功率 P_M 也减小。当 δ 减到零时,相应地电磁功率也为零,发电机的输入功率只能抵偿空载损耗,这时发电机处于空载运行状态,并不向电网输送功率,如图 4-32(b)所示。

继续减少发电机的输入功率,则 δ 和 P_M 变为负值,电机开始自电网吸取功率和原动机一起共同提供驱动转矩来克服空载制动转矩,供给空载损耗。如果再卸掉原动机,就变成了空转的电动机,此时空载损耗全部由电网输入的电功率来供给。如在电机轴上再加上机械负载,则负值的 δ 角将增大,由电网输入的电功率和相应的电磁功率也将增大,以供给电动机的输出功率。此时,功率角 δ 为负值,即 $\dot{E}_0$ 滞后于 $\dot{U}$,主极磁场落后于气隙合成磁场,转子受到一个驱动性质的电磁转矩作用,此时可以想象为由气隙合成磁场拖着转子磁场同步转动,如图 4-32(c)所示。

综上所述,同步电机有如下几种运行状态。

$90° > \delta > 0°$ 时,同步电机处于发电状态,向电网输送有功功率,同时也可输送或吸收无功功率。

$\delta = 0°$时,同步电机处于发电机空载运行状态,只向电网送出或吸收无功功率。

$\delta \approx 0°$时,δ为负值,同步电机处于电动机空载运行状态,从电网吸收少量有功功率,供给电机空转损耗,并可向电网送出或吸收无功功率。

$-90° < \delta < 0°$时,同步电机处于电动机运行状态,从电网吸收有功功率,同时可向电网送出或吸收无功功率。

4.7.2　同步电动机的基本方程和相量图

按照发电机惯例,同步电动机为一台输出负的有功功率的发电机,其隐极电机的电动势方程式为

$$\dot{E}_0 = \dot{U} + R_a \dot{I} + \mathrm{j} x_t \dot{I} \tag{4-27}$$

此时$\dot{E}_0$滞后于$\dot{U}$一个功率角δ,$\varphi > 90°$。其相量图和等效电路如图 4-33(a)、(c)所示。习惯上,人们总是把电动机看作是电网的负载,它从电网吸取有功功率。为此,按照电动机惯例重新定义,把输出负值电流看成是输入正值电流,则$\dot{I}$应转过180°,其电动势相量图和等效电路如图 4-33(b)、(c)所示。此时$\varphi < 90°$,表示电动机自电网吸取有功功率。其电动势方程为

$$\dot{U} = \dot{E}_0 + R_a \dot{I}_M + \mathrm{j} x_t \dot{I}_M \tag{4-28}$$

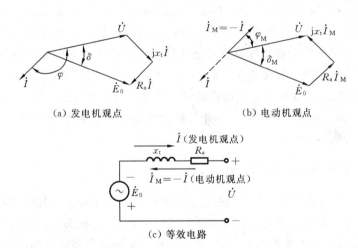

(a) 发电机观点　　　　　　(b) 电动机观点

(c) 等效电路

图 4-33　隐极同步电动机的相量图和等效电路

同步电动机的电磁功率P_M与功率角δ的关系和发电机的P_M与δ的关系一样,所不同的是在电动机中功率角δ变为负值。因此,只需在发电机的电磁功率公式中用$\delta_M = -\delta$代替δ即可。于是,同步电动机电磁功率公式为

$$P_M = \frac{m E_0 U}{x_t} \sin \delta_M \tag{4-29}$$

式(4-29)除以同步角速度 Ω_1，便得到同步电动机的电磁转矩为

$$T = \frac{mE_0 U}{x_t \Omega_1}\sin\delta_M \tag{4-30}$$

当同步电动机的负载转矩大于最大电磁转矩时，电动机便无法保持同步旋转状态，即产生"失步"现象。为了衡量同步电动机的过载能力，常以最大电磁转矩与额定转矩之比值来看，对隐极式同步电动机，则有

$$\lambda_m = \frac{T_{max}}{T_N} = \frac{1}{\sin\delta_{MN}} \tag{4-31}$$

式中：λ_m——同步电动机的过载能力；

δ_{MN}——额定运行时的功率角；

同步电动机稳定运行时，一般 $\lambda_m = 2 \sim 3$，$\delta_{MN} = 20° \sim 30°$。

由于同步电动机运行状态从机-电能量转换角度来看，是同步发电机运行状态的逆过程，由此可得同步电动机的功率方程为

$$P_1 = p_{Cu} + P_M$$

$$P_M = p_{Fe} + p_\Omega + p_{ad} + P_2 = P_2 + p_0 \tag{4-32}$$

将式(4-32)两边同除同步角速度 Ω_1，得

$$T = T_2 + T_0 \tag{4-33}$$

此即转矩平衡方程，该式表明同步电动机产生的电磁转矩 T 是驱动转矩，其大小等于负载制动转矩 T_2 和空载制动转矩 T_0 之和，驱动转矩与制动转矩相等时，电动机稳定运行。由于同步电动机是气隙合成磁场拖着转子励磁磁场同步转动的，因此其转速总是同步转速不变。当负载制动转矩 T_2 变化时，转子转速瞬间改变，功率角 δ 随之改变，电磁转矩 T 也相应变化以保持转矩平衡关系不变，维持稳定状态。所以当励磁电流不变时，同步电动机之功率角 δ 的大小取决于负载制动转矩 T_2 的大小，而不取决于电动机本身。

4.7.3 同步电动机的 V 形曲线

与同步发电机相似，当同步电动机输出的有功功率恒定而改变其励磁电流时，也可以调节电动机的无功功率输出。为简单起见，仍以隐极电机为例，不计电枢电阻和磁路饱和的影响，且认为空载损耗不变，则电动机的电磁功率即输入功率不变，即

$$P_M = \frac{mE_0 U}{x_t}\sin\delta = mUI_M\cos\varphi = 常数 \tag{4-34}$$

由此可得 $E_0\sin\delta = 常数$，$I_M\cos\varphi = 常数$

如图 4-34 所示，当励磁电流变化时，$\dot{E}_0$ 的端点将在垂直线 CD 上移动，$\dot{I}_M$ 的端点将在水平线 AB 上移动。正常励磁时，电动机的功率因数等于1，电枢电流全部为有功电流，故电流的数值最小。当励磁电流大于正常励磁电流，即 $I_f > I_{f0}$ 时，电动机

处于过励状态,除有功电流外,电枢电流还将出现一个超前的无功电流分量,即电枢电流增大。当励磁电流小于正常励磁电流,即 $I_f < I_{f0}$ 时,电动机处于欠励状态,电枢电流将出现一个滞后的无功电流分量,即电枢电流也增大。所以电动机过励时,自电网吸取超前的无功电流和无功功率,功率因数是超前的;电动机欠励时,自电网吸取滞后的无功电流和无功功率,功率因数是滞后的。

由以上分析可知,同步电动机在输出有功功率恒定的情况下,励磁电流的改变将引起电枢电流的变化,曲线 $I_M = f(I_f)$ 仍旧形似 V 形,故称为同步电动机的 V 形曲线,如图 4-35 所示。图中所示为对应于不同的电磁功率时的 V 形曲线,其中 $P_M = 0$ 的一条曲线对应于同步调相机的运行状态。

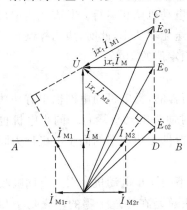

图 4-34 同步电动机励磁电流
变化时的相量图

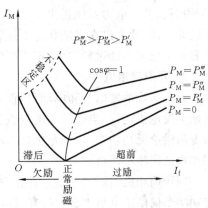

图 4-35 同步电动机的 V 形曲线

由于同步电动机的最大电磁功率 P_{Mmax} 与 E_0 成正比,所以,当减小励磁电流时,其过载能力也要降低,而对应的功率角 δ 则增大。这样一来,当励磁电流减小到一定数值时,电动机就不能稳定运行而失去同步。图 4-35 中虚线表示出电动机不稳定区的界限。

调节励磁电流可以调节同步电动机的无功电流和功率因数,这是同步电动机最可贵的特点。电网上的主要负载是感应电动机和变压器,它们都要从电网中吸取感性的无功功率。如果将同步电动机工作在过励状态,从电网吸取容性无功功率,则可就地向其他感性负载提供感性无功功率,从而提高电网的功率因数。因此,为了改善电网的功率因数和提高电机的过载能力,现代同步电动机的额定功率因数一般均设计为 1～0.8(超前)。

4.7.4 同步电动机调相运行及同步调相机

接到电网上的负载,绝大多数既消耗有功功率,又消耗无功功率,因此电力系统除了要供给负载有功功率外还要供给无功功率。一个现代化的电力系统,异步电动机负载需要的无功功率占电网供给的总无功功率的 70%,变压器占 20%,其他设备占 10%。这些无功功率完全由电网供给,就会导致功率因数降低。电网的传输能力是一定的,负载功率因数越低,电网能输送到用电点的有功功率就越小,致使整个电力系统的设备利用率降低。此外,由于功率因数降低,线路损耗和压降增大,同时输电质量下降,运行很不经济。为此在负载需要大量无功功率的用电点,装上同步调相机补偿负载所需的无功功率,以提高电网的功率因数。另外,还可以让同步电动机作调相运行向电网提供无功功率。

1. 同步电动机调相运行

同步电动机处于空载运行状态,从电力系统吸收少量有功功率,抵偿电机运转的各种损耗,并向电力系统送出无功功率,即为同步电动机调相运行。其方式为增加转子励磁电流,使电机在过励状态下运行,向电网输送无功功率,此时,应当控制转子电流和定子电流不超过额定值,定子端电压不超过额定值的 10%。

2. 同步调相机

通常所说的发电机和电动机,仅对有功功率而言的,当电机向电网输出有功功率时便为发电机运行,当电机从电网吸收有功功率时便为电动机运行。同步电机也可以专门供给无功功率,特别是感性无功功率,这种专供无功功率的同步电机称为同步调相机或同步补偿机。

同步调相机实际上就是一台在空载运行情况下的同步电动机。它从电网吸收的有功功率仅供给电机本身的损耗,因此同步调相机总是在接近于零的电磁功率和零功率因数的情况下运行。忽略调相机的全部损耗,则电枢电流全是无功分量,其电动势方程为

$$\dot{U} = \dot{E}_0 + j\dot{I}x_t \tag{4-35}$$

根据此式可画出过励和欠励时同步调相机的相量图,如图 4-36 所示。从图可见,过励时,电流 $\dot{I}$ 超前 $\dot{U}$90°;而欠励时,电流 $\dot{I}$ 滞后 $\dot{U}$90°。所以只要调节励磁电流,就能灵活地调节它的无功功率的性质和大小。同步调相机的 V 形曲线参见图4-35中的 $P_M = 0$ 的曲线。由于电力系统大多数情况下带感性无功功率,故调相机通常都是在过励状态下运行的,即向电网提供无功功率,提高功率因数。

同步调相机的额定容量是指它在过励时的视在功率,通常按过励状态时所允许的容量而定,这时的励磁电流称为额定励磁电流。考虑到稳定等因素,欠励时的容量为过励时额定容量的

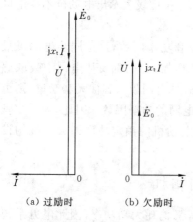

(a) 过励时　　(b) 欠励时

图 4-36　同步调相机的相量图

50％～65％。同步调相机一般采用凸极式结构,由于转轴上不带机械负载,故在机械结构上要求较低,转轴较细。静态过载倍数也可以小些,相应地可以减小小气隙和励磁绕组的用铜量。为节省材料,调相机的转速较高。调相机的转子上装有鼠笼绕组,作异步启动之用。启动时常采用电抗器降压法,以限制启动电流,减少启动时对电网的影响。

例 4-3　某工厂电源电压为 6 000 V,厂中使用了许多台异步电动机,设其总输出功率为 1 500 kW,平均效率为 70 ％,功率因数为 0.7(滞后),由于生产需要又增添一台同步电动机。设当该同步电动机的功率因数为 0.8(超前)时,已将全厂的功率因数调整到 1,求此同步电动机承担多少视在功率(kV·A)和有功功率(kW)。

解　这些异步电动机总的视在功率 S 为

$$S = \frac{P_2}{\eta\cos\varphi} = \frac{1\,500}{0.7 \times 0.7} \text{ kV·A} = 3\,060 \text{ kV·A}$$

由于 $\cos\varphi = 0.7$,$\sin\varphi = 0.713$,故这些异步电动机总的无功功率 Q 为

$$Q = S\sin\varphi = 3\,060 \times 0.713 \text{ kvar} = 2\,185 \text{ kvar}$$

同步电动机运行后,$\cos\varphi = 1$,故全厂的感性无功全由该同步电动机提供,即有

$$Q' = Q = 2\,185 \text{ kvar}$$

因 $\cos\varphi' = 0.8$,$\sin\varphi' = 0.6$,故同步电动机的视在功率为

$$S' = \frac{Q'}{\sin\varphi'} = \frac{2\,185}{0.6} \text{ kV·A} = 3\,640 \text{ kV·A}$$

有功功率为　　$P' = S'\cos\varphi' = 3\,640 \times 0.8 \text{ kW} = 2\,910 \text{ kW}$

4.8　同步电动机的电力拖动

4.8.1　同步电动机的启动

同步电动机的电磁转矩是由定子旋转磁场与转子励磁磁场间产生吸引力而形成的,只有当两个磁场相对静止时才能得到恒定方向的电磁转矩。如给同步电动机加励磁并直接投入电网,由于转子在启动时是静止的,故转子磁场静止不动,定子旋转磁场以同步转速 n_1 对转子磁场作相对运动,则一瞬间定子旋转磁场将吸引转子磁场向前。由于转子具有转动惯量,还来不及转动,另一瞬间定子磁场又推斥转子磁场向后,转子上受到的便是一个方向交变的电磁转矩,如图 4-37 所示。转子所受的

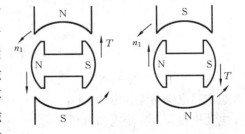

图 4-37　同步电动机启动时定子磁场对转子磁场的作用

平均转矩为零,故同步电动机不能自行启动。要启动同步电动机,就必须借助于其他方法。

常用的启动方法有三种,即辅助电动机启动法、变频启动法和异步启动法。这里主要介绍应用最广的异步启动法。

1. 异步启动法

异步启动法是通过在凸极式同步电动机的转子上装置阻尼绕组来获得启动转矩的。阻尼绕组和异步电动机的笼型绕组相似,只是它装在转子磁极的极靴上,有时就称同步电动机的阻尼绕组为启动绕组,如图 4-38 所示。

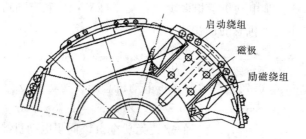

图 4-38　装有启动绕组的同步电机转子

同步电动机的异步启动方法如下。

(1)将同步电动机的励磁绕组通过一个电阻短接,如图 4-39 所示。短路电阻的大小约为励磁绕组本身电阻的 10 倍。串电阻的作用主要是削弱由转子绕组产生的对启动不利的单轴转矩。而启动时励磁绕组开路是很危险的,因为电机刚启动时定子旋转磁场与转子之间相对速度很大,而励磁绕组的匝数很多,定子旋转磁场将在该绕组中感应很高的电压,可能击穿励磁绕组的绝缘。

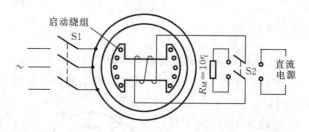

图 4-39　同步电动机异步启动法原理线路图

(2)将同步电动机的定子绕组接通三相交流电源。这时定子旋转磁场将在阻尼绕组中感应电动势和电流,此电流与定子旋转磁场相互作用而产生异步电磁转矩,同步电动机便作为异步电动机而启动。

(3)当同步电动机的转速达到同步转速的 95% 时,将励磁绕组与直流电源接通,则转子磁极就有了确定的极性。这时在转子上增加了一个频率很低的交变转矩,即转子磁场与定子磁场之间的吸引力产生的整步转矩，将转子逐渐牵入同步。凸极同步电动机由于有磁阻转矩，因此比隐极机更易牵入同步，当容量小、惯性小时，仅靠磁阻转矩也常可牵入同步。同步电动机牵入同步是一个复杂的过渡过程，如果条件不满足，还不一定能成功。一般地说，在牵入同步前转差越小，同步电动机的转动惯量越小，负载越轻，牵入同步越容易。

如果电动机在正常励磁电流下牵入同步运行失败，则可采用强迫励磁措施，将励磁电流增大，这时最大电磁转矩将大幅度增加，牵入同步就比较容易。

三相同步电动机的异步启动和三相异步电动机启动一样，为了限制过大的启动电流，可以采用降压方法启动。通常采用自耦变压器或电抗器来降压，在转速接近同步速时，先恢复全电压，然后再给予直流励磁使同步电动机牵入同步运行。

2. 辅助电动机启动法

如果同步电动机中没有设启动绕组，可以用辅助启动法启动。就是用一台异步电动机或其他动力机械把转子加速到接近同步转速时脱开，再通入定子电流及励磁电流，使电动机进入同步运行。此法的缺点是不能带负载启动，否则辅助异步电动机的容量将很大，启动设备和操作也变得很复杂。

3. 变频启动法

变频启动法需要一个能够把电源频率从零逐步调节到额定频率的变频电源。这样就可把旋转磁场的转速从零调到额定同步转速。在启动的整个过程中，转子的转速始终与定子旋转磁场的转速同步。此法的主要不足之处是需要一个变频电源，并且励磁机不能和主机同轴，因为一开始就需要对励磁绕组通入所需要的励磁电流，如果同轴，励磁机在最初转速很低时，无法产生所需要的励磁电压。

小　　结

同步电机是根据电磁感应原理工作的，其最基本的特点是电枢电流的频率和极对数与转速有着严格的关系。当电网频率一定时，同步电机转速为恒定值。在结构上一般采用旋转磁极式。

汽轮发电机由于转速高和容量大，因此必须采用隐极结构，且转子直径小，各零部件的机械强度要求高。

由于水轮机多为立式低转速的，因此水轮发电机一般采用立式凸极结构，且极数多，体积较大。一般用途的同步电动机和调相机多数为卧式凸极结构。同步发电机的发展方向为单机容量不断增大，冷却方式、冷却介质和电机所用材料不断改进。

在对称负载时，电枢磁场对气隙磁场的影响称为电枢反应。电枢反应的性质取决于负载的性质和电机内部的参数，即取决于励磁电动势 $\dot{E}_0$ 和电枢电流 $\dot{I}$ 之间的夹角 ψ 的数值。一般带感性负载运行时，电枢磁动势可分解为交轴电枢反应磁动势和去磁的直轴电枢反应磁动势。交轴电枢反应是机-电能量转换的关键。

基本方程和相量图对分析同步电机各物理量之间的关系非常重要。在不考虑饱和时,可认为各个磁通势分别产生磁通及感应电动势,并由此作出电动势方程及相量图。

同步发电机的空载特性实际上也反映了它的磁化曲线。而一台电机的磁化曲线实际上只取决于电机各段铁芯和气隙的尺寸以及铁芯的材料,当电机制成后,其磁化曲线就确定不变了。

同步发电机的特性主要有外特性和调整特性。外特性反映负载变化而不调节励磁时端电压的变化情况;调整特性反映的是负载变化时,为保持端电压恒定而调整励磁电流的规律。

并联运行是现代同步发电机的主要运行方式,采用并联运行可提高供电可靠性,改善电能质量,实现经济运行。并联的方法有准同期法和自同期法。正常情况下采用准同步法,自同期法主要用于事故状态下的并网。

采用准同步法并列运行的条件:待并列发电机电压与系统电压大小相等;待并列发电机电压相位与系统电压相位相同;待并列发电机的频率与系统频率相等;待并列发电机电压相序与系统电压相序相同。

并联运行的主要特性是功角特性,用它可以分析同步发电机并入电网后的有功功率和无功功率的调节方法。若要调节输出的有功功率,就必须改变原动机输出机械功率。此时无功功率随之改变。有功功率的调节表现为功率角的变化。而当要调节无功功率输出时,只需改变励磁电流大小,此时有功功率输出不变。无功功率的调节表现为空载电动势和功率角同时变化。有功功率的调节受到静态稳定的限制,调节励磁电流以改变无功功率时,如果励磁电流调得过低,则也有可能使电机失去稳定而被迫停止运行。

同步电动机与同步发电机的区别在于有功功率的传递方向不同。同步发电机向电网输送有功功率,因而功率角为正值。同步电动机从电网吸收有功功率,因而功率角为负值。

同步电动机主要优点如下。

① 转速恒定:只要负载在允许的范围内变化,电动机的转速就始终保持同步。

② 功率因数可调节:不但本身具有很好的功率因数,而且过励状态时还可以改善电网的功率因数。

③ 电网电压变化时,过载能力变化小。对隐极机而言,同步电动机的最大电磁转矩与电网电压及空载电势成正比,而异步电动机的最大电磁转矩与电网电压的平方成正比。

另外,当调节励磁电流时同步电动机可以改变最大电磁转矩。

同步电动机不能自行启动是主要问题。现在广泛应用的是异步启动法。

　　同步调相机实质上就是空载运行的同步电动机。作为无功功率电源,同步调相机对改善电网的功率因数、保持电压稳定及电力系统的经济运行起着重要的作用。

思考题与习题

　　1. 简述同步发电机的工作原理。

　　2. 简述同步电动机的工作原理。

　　3. 水轮发电机与汽轮发电机在结构上有什么不同,各有什么特点?

　　4. 同步发电机电枢绕组感应电动势的频率、磁极数及同步转速之间有何关系?试求下列电机的磁极数或转速:

　　(1) 一台汽轮发电机 $f=50$ Hz, $n=3000$ r/min,磁极数为多少?

　　(2) 一台水轮发电机 $f=50$ Hz, $p=48$,转速为多少?

　　5. 有一台 TS854-210-40 的水轮发电机, $P_N=100$ MW, $U_N=13.8$ kV, $\cos\varphi=0.9$, $f_N=50$ Hz,求(1)发电机的额定电流;(2)额定运行时能发多少有功和无功功率?(3)转速是多少?

　　6. 一台汽轮发电机的额定功率为 1×10^6 kW,额定电压为 10.5 kV,额定功率因数为 0.85,试求额定电流。

　　7. 简述同步电机与异步电机在结构上的不同之处。

　　8. 何谓同步发电机的电枢反应? 电枢反应的性质主要取决于什么?

　　9. 试分析在下列情况下电枢反应各起什么作用?

　　(1) 三相对称电阻负载。

　　(2) 纯电容负载 $x_C^*=0.8$,发电机同步电抗 $x_t^*=1.0$。

　　(3) 纯电感性负载 $x_L^*=0.7$。

　　10. 同步电抗对应什么磁通? 它的物理意义是什么?

　　11. 有一台汽轮发电机, $P_N=100$ MW, $U_N=10500$ V,Y 接法,每相同步电抗 $x_t=1.04$ Ω, $\cos\varphi_N=0.8$(滞后),忽略电枢绕组的电阻,试求额定负载运行时的 E_0、ψ 和 δ_N。

　　12. 同步发电机短路特性曲线为什么是直线? 负载大小的性质对发电机外特性和调整特性有何影响? 为什么? 电压变化率与哪些因素有关?

　　13. 试述三相同步发电机准同步并列的条件? 为什么要满足这些条件?

　　14. 为什么正常情况下不采用自同期法并车? 为什么在采用自同期法并车时,励磁绕组需串电阻短路?

　　15. 与无穷大电网并联运行的同步发电机如何调节有功功率? 试用功角特性分析说明。

　　16. 试比较在与无穷大电网并联运行的同步发电机的静态稳定性能:

(1) 正常励磁、过励、欠励；

(2) 在轻载状态下运行或在重载状态下运行。

17. 与无限大容量电网并联运行的同步发电机如何调节无功功率？

18. 从同步发电机过渡到同步电动机时，功率角、电枢电流、电磁转矩的大小和方向有何变化？

19. 改变励磁电流时，同步电动机的定子电流发生什么变化？对电网有什么影响？

20. 什么叫同步电动机的 V 形曲线？

21. 同步电动机为什么不能自行启动？一般采用哪些启动方法？

22. 三相同步电动机采用异步启动法时，为什么其励磁绕组要先经过附加电阻短接？

23. 某工厂自 6000 V 的电网上吸取 $\cos\varphi_N = 0.6$ 的电功率 2000 kW，今装一台同步电动机，容量为 720 kW，效率 0.9，Y 连接，求功率因数提高到 0.8 时，同步电动机的额定功率和 $\cos\varphi_N$。

第5章 直流电机及电力拖动

学习目标

1. 掌握直流发电机的发电原理。
2. 掌握直流电动机的旋转原理。
3. 了解直流电机的基本结构。
4. 理解直流电机的铭牌意义以及额定值。
5. 理解直流电机的电枢电动势和电磁转矩意义。
6. 理解直流发电机的运行特性。
7. 掌握直流电动机的基本方程式和机械特性。
8. 掌握直流电动机的启动方法。
9. 掌握直流电动机的调速方法。
10. 掌握直流电动机的制动方法。

直流电机是实现直流电能和机械能相互转换的电气设备,其中将机械能转换为直流电能的是直流发电机,将直流电能转换为机械能的是直流电动机。

直流电机的主要优点是启动和调速性能好,过载能力强,因此多应用于对启动和调速要求较高的生产机械,如轧钢机、电力机车、造纸机及纺织机械等。

直流发电机作为直流电源,电势波形好,抗干扰能力强,主要应用在电镀、电解行业中。

直流电机的缺点主要表现在电流换向方面。这个问题的存在使其结构、生产工艺复杂,且使用有色金属较多,价格昂贵,运行维护较困难。

在很多领域内,直流电动机将逐步被交流调速电动机所取代,直流发电机正在被电力电子整流装置所取代。目前,直流电机仍在许多场合发挥作用。

5.1 直流电机的工作原理和结构

5.1.1 直流电机的基本工作原理

1. 直流发电机的基本工作原理

直流发电机是根据导体在磁场中作切割磁力线运动,从而在导体中产生感应电势的电磁感应原理制成的。

在图 5-1 所示的直流发电机模型中,定子上的主磁极 N 和 S 可以是永久磁铁,也可以是电磁铁。嵌在转子铁芯槽中的某一个元件 abcd 位于一对主磁极之间,元件的两个端点 a 和 d 分别接到换向片 1 和 2 上,换向片表面分别放置固定不动的电刷 A 和 B,而换向片随同元件同步旋转,由电刷、换向片把元件 abcd 与外负载连接成电路。

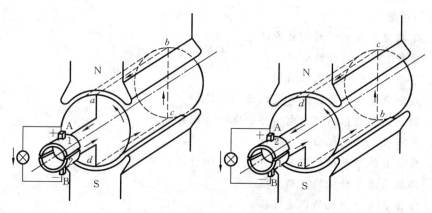

(a) 导体 cd 处在 N 极、cd 在 S 极下时　　　(b) 导体 cd 处在 N 极、ab 在 S 极下时

图 5-1　直流发电机工作原理

当转子在原动机的拖动下按逆时针方向旋转时,元件 abcd 中将有感应电势产生。在图 5-1(a)所示的时刻,导体 ab 处在 N 极下面,根据右手定则判断其感应电势方向为由 b 到 a;导体 cd 处在 S 极下面,其感应电势方向为由 d 到 c;元件中的电势方向为 d—c—b—a,此刻 a 点通过换向片 1 与电刷 A 接触,d 点通过换向片 2 与电刷 B 接触,则电刷 A 呈正电位,电刷 B 呈负电位,流向负载的电流是由电刷 A 指向电刷 B。

当转子旋转180°后到图 5-1(b)所示的时刻时,导体 cd 处在 N 极下面,根据右手定则判断其感应电势方向为由 c 到 d;导体 ab 处在 S 极下面,其感应电势方向为由 a 到 b;元件中的电势方向为 a—b—c—d,与图 5-1(a)所示的恰好相反。但此刻 d 点通过换向片 2 与电刷 A 相接触,a 点通过换向片 1 与电刷 B 相接触,从两电刷间看电刷 A 仍呈正电位,电刷 B 仍呈负电位,流向负载的电流仍是由电刷 A 指向电刷 B。

可以看出,当转子旋转360°经过一对磁极后,元件中电势将变化一个周期。转子连续旋转时,元件中产生的是交变电势,而电刷 A 和电刷 B 之间的电势方向却保持不变。

由以上分析可知,由于换向器的作用,处在 N 极下面的导体永远与电刷 A 相接触,处在 S 极下面的导体永远与电刷 B 相接触,因而电刷 A 总是呈正电位,电刷 B 总是呈负电位,从而获得直流输出电势。

一个线圈产生的电势波形如图 5-2(a)所示,这是一个脉动的直流电势,不适合于做直流电源使用。实际应用的直流发电机是由很多个元件和相同个数的换向片组成的电枢绕组,这样可以在很大程度上减少其脉动幅值,从而得到稳恒直流电势,其电势波形如图 5-2(b)所示。

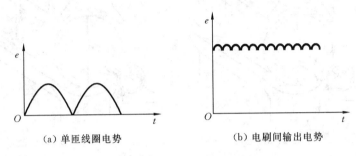

(a) 单匝线圈电势　　　　　　(b) 电刷间输出电势

图 5-2 直流发电机输出的电势波形

总结:直流发电机的工作原理如下。

(1)原动机拖动转子(即电枢)以每分转 n 转转动。

(2)电机的固定主磁极建立磁场。

(3)转子导体在磁场中运动,切割磁力线而感应交流电动势,经电刷和换向器整流作用输出直流电势。

注意:某一根转子导体的电势性质是交流电;而经电刷输出的电动势却是直流电。

例 5-1　在图 5-1 所示中,若直流发电机顺时针旋转,则电刷输出电动势极性有何变化? 还有什么因素会引起同样变化?

解　直流发电机顺时针旋转时,用右手定则可判定出:电刷 A 为负极性,电刷 B 为正极性,电刷两端输出电动势极性改变。通过改变主磁场极性同样会引起电刷两端输出电动势极性改变。

2. 直流电动机的基本工作原理

直流电动机是根据通电导体在磁场中会受到磁场力作用这一基本原理制成的。

在图 5-3 所示直流电动机模型中,在电刷 A 和 B 之间加上一个直流电压时,在元件中便会有电流流过,若起始时元件处在图 5-3(a)所示位置,则电流由电刷 A 经元件按 $a-b-c-d$ 的方向从电刷 B 流出。根据左手定则可判定,处在 N 极下的导体 ab 受到一个向左的电磁力;处在 S 极下的导体 cd 受到一个向右的电磁力。两个电磁力形成一个使转子按逆时针方向旋转的电磁转矩。当这一电磁转矩足够大时,电机就按逆时针方向开始旋转。当转子转过 $180°$ 到达如图 5-3(b)所示位置时,电流由电刷 A 经元件按 $d-c-b-a$ 的方向从电刷 B 流出,此时元件中电流的方向改变了,但是导体 ab 处在 S 极下受到一个向右的电磁力,导体 cd 处在 N 极下受到一个

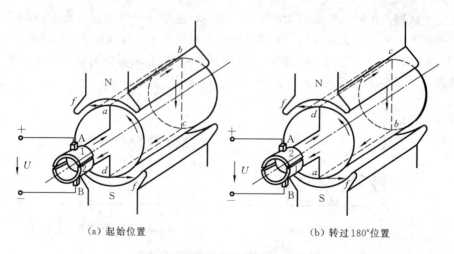

(a) 起始位置   (b) 转过180°位置

图 5-3 直流电动机的工作原理

向左的电磁力,两个电磁力矩仍形成一个使转子按逆时针方向旋转的电磁转矩。

可以看出,转子在旋转过程中,元件中电流方向是交变的,但由于受换向器的作用,处在同一磁极下面的导体中的电流方向是恒定的,从而使得直流电动机的电磁转矩方向不变。

为使直流电动机产生一个恒定的电磁转矩,与直流发电机一样,电枢上不止安放一个元件,而是安放若干个元件和换向片。

总结:直流电动机工作原理如下。

(1) 将直流电源通过电刷接通电枢绕组,使电枢导体有电流流过。

(2) 电机主磁极建立磁场。

(3) 载流的转子(即电枢)导体在磁场中将受到电磁力 f 的作用。

(4) 所有导体产生的电磁力作用于转子,形成电磁转矩,驱使转子旋转,以拖动机械负载。

注意:在直流电动机中,外加直流电压并非直接加于线圈,而是通过电刷和换向器加到线圈上。通过电刷和换向器的作用,导体中的电流成为交变电流,从而使电磁转矩的方向始终保持不变,以确保直流电动机旋转方向一定。

3. 直流电机的可逆原理

直流发电机和直流电动机的工作原理结构模型完全相同,但工作过程不相同。

1)直流发电机

如图 5-1 所示,当带上负载,比如接上一灯泡后,就有电流流过电枢线圈和负载,其方向与电枢电动势方向相同。根据电磁力定律,载流导体在磁场中会受到电磁力作用,形成电磁转矩,其方向与旋转方向相反。可见电磁转矩为制动转矩,阻碍发电机旋转。因此,原动机必须用足够大的驱动转矩来克服电磁转矩的制动作用,以维持发电机的稳定运行。直流发电机从原动机吸收机械能,转换成电能输出给负载。

　　2) 直流电动机

　　如图 5-2 所示,当电动机旋转起来后,电枢导体切割磁力线产生感应电动势,用右手定则判断出其方向与电流方向相反。可见电枢电动势是一反电动势,它阻碍电流流入电动机。因此,直流电动机必须施加直流电源以克服反电动势的作用,将直流电流输入电动机。电动机从直流电源吸收电能,将电能转换成机械能输出。

　　综上所述,无论是直流发电机还是直流电动机,电枢电动势和电磁转矩是同时存在的。从原理上来说,发电机和电动机只是外界条件不同而已。一台电机,既可作为发电机运行,也可作为电动机运行,直流电机具有可逆性。但在设计电机时,会考虑两者的运行特点。如果是发电机,则同一电压等级下发电机比电动机额定电压略高,以补偿线路电压降。

5.1.2　直流电机的基本结构

　　直流电机的结构是多种多样的,图 5-4 为国产 Z2 系列直流电机的剖视图。由图可见,直流电机由定子与转子两大部分构成,通常把产生磁场的部分做成静止的,称为定子;把产生感应电势或电磁转矩的部分做成旋转的,称为转子(又叫电枢)。定子与转子间因有相对运动,故有一定的空气隙,一般小型电机的空气隙为 $0.7 \sim 5$ mm,大型电机的为 $5 \sim 10$ mm。

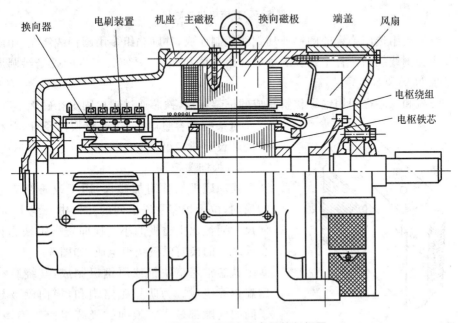

图 5-4　国产 Z2 系列直流电机的剖视图

1. 定子

定子由主磁极、换向磁极、机座、端盖和电刷装置等组成。

1）主磁极

主磁极的作用是产生主磁通。主磁极由铁芯和励磁绕组组成，如图 5-5 所示。铁芯包括极身和极靴两部分，其中极靴的作用是支撑励磁绕组和改善气隙磁通密度的波形。铁芯通常由 0.5～1.5 mm 厚的硅钢片或低碳钢板叠装而成，以减少因电机旋转时极靴表面磁通密度变化而产生的涡流损耗。

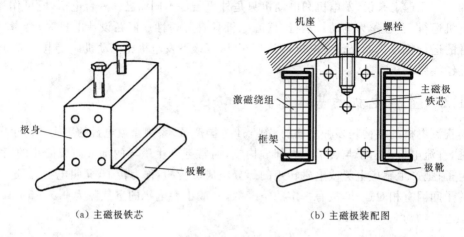

（a）主磁极铁芯　　　　　　　　（b）主磁极装配图

图 5-5　直流电机主磁极

励磁绕组选用绝缘的圆铜或扁铜线绕制而成，并励绕组多用圆铜线绕制，串励绕组多用扁铜线绕制。各主磁极的励磁绕组串联相接，但要使其产生的磁场沿圆周交替呈现 N 极和 S 极。

绕组和铁芯之间用绝缘材料制成的框架相隔，铁芯通过螺栓固定在磁轭上。

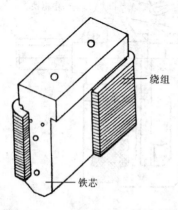

图 5-6　直流电机换向磁极

对某些大容量电机，为改善换向条件，常在极靴处装设补偿绕组。

2）换向磁极

换向磁极又称附加磁极，用于改善直流电机的换向，位于相邻主磁极间的几何中心线上，其几何尺寸明显比主磁极的小。换向磁极由铁芯和套在铁芯上的换向磁极绕组组成，如图 5-6 所示。

铁芯常用整块钢或厚钢板制成，其绕组一般用扁铜线绕成。为防止磁路饱和，换向磁极与转子间的气隙都较大。换向磁极绕组匝数不多，与电枢绕组串联。换向磁极的极数一般与主磁极的极数相同。换向磁极与电枢之间的气隙可以调整。

3）机座和端盖

机座的作用是支撑电机、构成相邻磁极间磁的通路，故机座又称磁轭。机座一般用铸钢或厚钢板焊成。

机座的两端各有一个端盖，用于保护电机和防止触电。在中小型电机中，端盖还通过轴承担负支持电枢的作用。对于大型电机，考虑到端盖的强度，一般采用单独的轴承座。

4）电刷装置

电刷装置的作用是使转动部分的电枢绕组与外电路连通，将直流电压、电流引出或引入电枢绕组。电刷装置由电刷、刷握、刷杆、刷杆座和汇流条等零件组成，如图5-7所示。

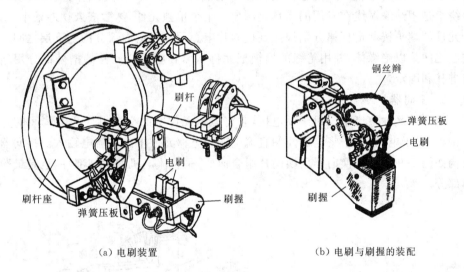

（a）电刷装置　　　　　　　　　　　　（b）电刷与刷握的装配

图 5-7　电刷装置

电刷一般采用石墨和铜粉压制烧焙而成，它放置在刷握中，由弹簧将其压在换向器的表面上，刷握固定在与刷杆座相连的刷杆上，每个刷杆装有若干个刷握和相同数目的电刷，并把这些电刷并联形成电刷组，电刷组的个数一般与主磁极的个数相同。

2. 转子

转子由铁芯、绕组、换向器、转轴和风扇等组成。

1）电枢铁芯

电枢铁芯的作用是构成电机磁路和安放电枢绕组。通过电枢铁芯的磁通是交变的，为减少磁滞和涡流损耗，电枢铁芯常用 0.35 mm 或 0.5 mm 厚冲有齿和槽的硅钢片叠压而成，为加强散热能力，在铁芯的轴向留有通风孔，较大容量的电机沿轴向将铁芯分成长 4～10 cm 的若干段，相邻段间留有 8～10 mm 的径向通风沟

(见图 5-8)。

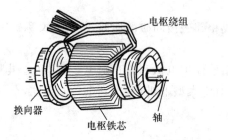

图 5-8　电枢

2) 电枢绕组

电枢绕组的作用是产生感应电动势和电磁转矩,从而实现机电能量的转换。电枢绕组是用绝缘铜线在专用的模具上制成一个个单独元件,然后嵌入铁芯槽中,每一个元件的端头按一定规律分别焊接到换向片上。元件在槽内部分的上下层之间及与铁芯之间垫以绝缘体,并用绝缘的槽楔把元件压紧在槽中。元件的槽外部分用绝缘带绑扎和固定。

3) 换向器

换向器又称整流子。对于发电机,它将电枢元件中的交流电变为电刷间的直流电输出;对于电动机,它将电刷间的直流电变为电枢元件中的交流电输入。换向器的结构如图 5-9 所示。换向器由换向片组合而成,是直流电机的关键部件,也是最薄弱的部分。

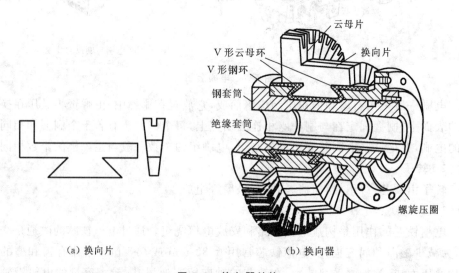

(a) 换向片　　　　　　　　　(b) 换向器

图 5-9　换向器结构

　　换向片采用导电性能好、硬度大、耐磨性能好的紫铜或铜合金制成。换向片凸起的一端称为升高片,用来与电枢绕组端头相连。换向片的底部做成燕尾形状,各换向片拼成圆筒形套入钢套筒上,相邻换向片间垫以 0.6～1.2 mm 厚的云母片绝缘,换向片下部的燕尾嵌在两端的 V 形钢环内,换向片与 V 形钢环之间用 V 形云母片绝缘,最后用螺旋压圈压紧。换向器固定在转轴的一端。

3. 气隙

　　气隙是电机磁路的重要部分,气隙磁阻远大于铁芯磁阻。一般小型电机的气隙为 0.7 mm,大型电机的气隙为 5～10 mm。

5.1.3　直流电机的铭牌

　　为正确地使用电机,使电机在既安全又经济的情况下运行,电机在外壳上都装有一个铭牌,上面标有电机的型号和有关物理量的额定值。

1. 型号

　　型号表示的是电机的用途和主要的结构尺寸,如 Z2-42 的含义是普通用途的直流电动机,第二次改型设计,4 号机座,2 号铁芯长度。

2. 额定值

　　铭牌中的额定值有额定功率、额定电压、额定电流和额定转速等。额定值是指按规定的运行方式,在该数值情况下运行的电机既安全又经济。

　　(1) 额定功率　额定条件下电机所允许的输出功率。

　　对于发电机,额定功率是指电刷间输出的电功率。

　　对于电动机,额定功率是指转轴输出的机械功率。

　　(2) 额定电压　在正常运行时,电机出线端的电压值。

　　对于发电机,它是指输出额定电压;对于电动机,它是指输入额定电压。

　　(3) 额定电流　在额定电压下,运行于额定功率时对应的电流值。

　　对于发电机,它是指输出额定电流;对于电动机,它是指输入额定电流。

　　(4) 额定转速　在额定电压、额定电流下,运行于额定功率时对应的转速。

　　(5) 额定励磁电流 I_{fN}　指在额定电压、额定电流、额定转速和额定功率条件下通过电机励磁绕组的电流。

　　(6) 励磁方式　指直流电机的电枢绕组和励磁绕组的连接方式。按励磁绕组和电枢绕组的供电关系,可把直流电机分为他励、并励、串励和复励四种方式。

　　除以上标识外,电机铭牌上还标有额定温升、工作方式、出厂日期、出厂编号等。

　　额定值之间的关系为

　　发电机　　　　　　　　　　$P_N = U_N I_N$　　　　　　　　　　　　　　(5-1)

　　电动机　　　　　　　　　　$P_N = U_N I_N \eta_N$　　　　　　　　　　　　(5-2)

　　电机运行时,当各物理量均处在额定值时,电机处在额定状态运行;若电流超过额定值运行称为过载运行;电流小于额定值运行称为欠载运行。电机长期过载或欠载运行都是不好的,应尽可能使电机靠近额定状态运行。如何根据负载选择电机将在以后介绍。

例 5-2 一台 Z2 型直流电动机,额定功率为 $P_N=160$ kW,额定电压 $U_N=220$ V,额定效率 $\eta_N=90$ %,额定转速 $n_N=1\ 500$ r/min,求该电机的额定电流。

解 $$I_N=\frac{P_N}{U_N\eta_N}=\frac{160\times10^3}{220\times0.9}\ A=808\ A$$

例 5-3 一台 Z2 型直流发电机,额定功率为 $P_N=145$ kW,额定电压 $U_N=230$ V,额定转速 $n_N=1\ 450$ r/min,求该发电机的额定电流。

解 $$I_N=\frac{P_N}{U_N}=\frac{145\times10^3}{230}\ A=630.4\ A$$

5.1.4 直流电机的励磁方式

直流电机在进行能量转换时,必须以气隙中的主磁场作为媒介。一般在小容量电机中可采用永久磁铁作为主磁极。其他直流电机给主磁极绕组通入直流以产生主磁场。

主磁极上励磁绕组获得电源的方式称为励磁方式。直流电机的励磁方式分为他励和自励两大类,其中自励又分为并励、串励和复励三种形式。直流电机各种励磁方式的接线如图 5-10 所示。

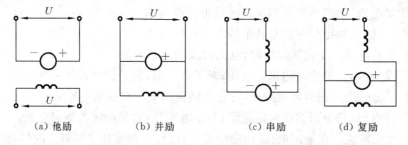

| (a) 他励 | (b) 并励 | (c) 串励 | (d) 复励 |

图 5-10 直流电机各种励磁方式接线图

(1) 他励 他励直流电机的励磁绕组由单独直流电源供电,与电枢绕组没有电的联系,励磁电流的大小不受电枢电流影响,接线如图 5-10(a)所示。用永久磁铁作为主磁极的电机也属他励电机。

(2) 并励 并励直流电机的励磁绕组与电枢绕组并联,如图 5-10 (b)所示。该励磁方式的励磁绕组匝数较多,采用的导线截面较小,励磁电流一般为电机额定电流的 1%～5%。

(3) 串励 串励直流电机的励磁绕组与电枢绕组串联,如图 5-10 (c)所示。该励磁绕组与电枢绕组通过相同的电流,故励磁绕组的截面较大,匝数较少。

（4）复励　复励直流电机在主磁极铁芯上缠有两个励磁绕组,其中一个与电枢绕组并联,一个与电枢绕组串联,如图 5-10(d)所示。在复励方式中,通常并励绕组产生的磁势不少于总磁势的70%。当串励磁势与并励磁势方向相同时,称为积复励;当串励磁势与并励磁势方向相反时,称为差复励。

不同的励磁方式对直流电机的运行性能有很大的影响。直流发电机的励磁方式主要采用他励、并励和复励,很少采用串励方式。直流电动机因励磁电流都是外部电源供给的,因此不存在自励,所说的他励是指励磁电流和电枢电流不是由同一电源供给的。

5.2　直流电机的电枢电动势与电磁转矩

5.2.1　直流电机的电枢电动势

直流电机运行时,电枢绕组在气隙磁场中运动,即导体切割磁力线,就产生感应电动势。直流电机的电枢电势是指正、负电刷间的电势。

1. 计算公式

当电刷放置在主磁极轴线上,电枢导体总数为 N,电枢支路数为 $2a$ 时,直流电机的电枢电势为

$$E_a = \frac{N}{2a}e_{av} = \frac{N}{2a} \times 2p\Phi\frac{n}{60} = \frac{Np}{60a}\Phi n = C_e\Phi n \tag{5-3}$$

式中 : C_e——由电机结构决定的电势常数, $C_e = \frac{pN}{60a}$。

顺便指出,当电刷不在主磁极轴线上时,支路中将有一部分元件的电势被抵消,故电枢电势将有所减小。

2. 物理意义

式(5-3)表明,电枢电动势的大小取决于转速和每极磁通的大小。当转速 n 恒定时,电势 E_a 和每极磁通 Φ 成正比;当每极磁通 Φ 恒定时,电势 E_a 和转速 n 成正比。

5.2.2　直流电机的电磁转矩

电机运行时,电枢绕组有电流流过,载流导体在磁场中将受到电磁力的作用,该电磁力对转轴产生的转矩叫做电磁转矩,用 T 表示。

1. 计算公式

电磁转矩为

$$T = \frac{pN}{2a\pi}\Phi I_a = C_T\Phi I_a \tag{5-4}$$

式中 : I_a——电枢电流,A;

C_T——由电机结构决定的转矩常数,$C_T = \dfrac{pN}{2a\pi}$。

C_T 与 C_e 之间有固定比值关系,即

$$\frac{C_T}{C_e} = \frac{\dfrac{pN}{2\pi a}}{\dfrac{pN}{60a}} = \frac{60}{2\pi} = 9.55 \tag{5-5}$$

2. 物理意义

式(5-4)表明,电磁转矩的大小取决于电枢电流和每极磁通的大小。当电枢电流 I_a 恒定时,电磁转矩 T 和每极磁通 Φ 成正比;当每极磁通 Φ 恒定时,电磁转矩 T 和电枢电流 I_a 成正比。

5.2.3 直流电机的电磁功率

一切能量形式均遵守能量守恒原理,在直流电机中能量形式的转换也不例外。通过电磁转换实现机械能和电能的相互转换,通常把电磁转矩所传递的功率称为电磁功率。由力学知识可知,电机的电磁功率为

$$P = T\Omega$$

式中：Ω——电枢转动的角速度,$\Omega = \dfrac{2\pi n}{60}$。

因此

$$P = T\Omega = \frac{Np}{2\pi a}\Phi I_a \times \frac{2\pi n}{60} = \frac{Np}{60a}\Phi n I_a = E_a I_a \tag{5-6}$$

式(5-6)表明,电磁功率这个物理量从机械角度讲是电磁转矩与角速度的乘积,属于机械能;从电的角度讲是电枢电动势与电枢电流的乘积,属于电能。这两者是同时存在并能相互转换的。

5.3 直流发电机

目前,直流发电机的生产已经很少,它最终必将被体积小、效率高、成本低、使用和维护方便的整流电源所代替。本节仅介绍目前仍有不少场合还在使用的并励直流发电机。

5.3.1 并励直流发电机的基本方程

1. 电势平衡方程式

图 5-11 为一台并励发电机的原理接线图,图中标出的有关物理量为选定的正方向,根据电路定律可列出电枢回路的电压平衡方程式,即

$$E_a = U + I_a R_a \tag{5-7}$$

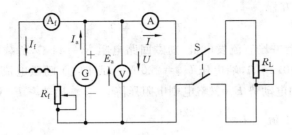

图 5-11　并励发电机原理接线图

式中：U——发电机端电压，V；

R_a——电枢回路总电阻，Ω。

由式(5-7)可知，负载时电枢电流通过电枢总电阻产生电压降，故发电机负载时端电压低于电枢电动势。

2. 功率平衡方程

功率平衡方程说明了能量守恒的原则，并励发电机的功率流程如图 5-12 所示。

由图可知：

$$P_M = P_2 + p_{Cua} + p_{Cuf} \qquad (5-8)$$

式中：P_2——发电机的输出功率，$P_2 = UI$；

p_{Cua}——电枢回路的铜损耗，$p_{Cua} = I_a^2 R_a$；

p_{Cuf}——励磁回路的铜损耗，$p_{Cuf} = I_f^2 R_f$。

由式(5-8)可知，发电机的输出功率等于电磁功率减去电枢回路和励磁回路的铜损耗。

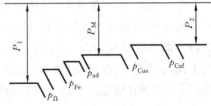

图 5-12　并励发电机的功率流程图

电磁功率等于原动机输入的机械功率 P_1 减去空载损耗功率 p_0。p_0 包括轴承、电刷及空气磨擦所产生的机械损耗 p_Ω，电枢铁芯中磁滞、涡流产生的铁损耗 p_{Fe} 以及附加损耗 p_{ad}。

输入功率平衡方程为

$$P_1 = P_M + p_\Omega + p_{Fe} + p_{ad} = P_M + p_0 \qquad (5-9)$$

将式(5-8)代入式(5-9)，可得功率平衡方程式

$$P_1 = P_2 + \sum p \qquad (5-10)$$

$$\sum p = p_{Cua} + p_{Cuf} + p_\Omega + p_{Fe} + p_{ad} \qquad (5-11)$$

式中：$\sum p$——电机总损耗。

3. 直流发电机的转矩平衡方程

直流发电机在稳定运行时存在 3 个转矩：对应原动机输入功率 P_1 的转矩 T_1，对应电磁功率 P_M 的电磁转矩 T，对应空载损耗功率 p_0 的转矩 T_0。其中 T_1 是驱动性质的，T 和 T_0 是制动性质的，当发电机处于稳态运行时，根据转矩平衡原则，可得出

发电机转矩平衡方程

$$T_1 = T + T_0 \tag{5-12}$$

例 5-4 一台并励直流发电机,励磁回路电阻 $R_f = 44\ \Omega$,负载电阻 $R_L = 4\ \Omega$,电枢回路电阻 $R_a = 0.25\ \Omega$,端电压 $U_N = 220\ \text{V}$。试求:① 励磁电流 I_f 和负载电流 I;② 电枢电流 I_a 和电动势 E_a(忽略电刷电阻压降);③ 输出功率 P_2 和电磁功率 P_M。

解 ①励磁电流 $\quad I_f = \dfrac{U}{R_f} = \dfrac{220}{44}\ \text{A} = 5\ \text{A}$

负载电流 $\quad I = \dfrac{U}{R_L} = \dfrac{220}{4}\ \text{A} = 55\ \text{A}$

② 电枢电流 $\quad I_a = I + I_f = (55 + 5)\ \text{A} = 60\ \text{A}$

电枢电动势 $\quad E_a = U + I_a R_a = (220 + 60 \times 0.25)\ \text{V} = 235\ \text{V}$

③ 输出功率 $\quad P_2 = UI = 220 \times 55\ \text{W} = 12\ 100\ \text{W}$

电磁功率 $\quad P_M = E_a I_a = 235 \times 60\ \text{W} = 14\ 100\ \text{W}$

5.3.2 并励直流发电机的外特性

当 $n = n_N$、$R_f =$ 常数时,发电机端电压与负载电流的关系曲线,即 $U = f(I)$ 称为并励发电机的外特性曲线。R_f 是励磁回路的总电阻。用试验方法求并励发电机的外特性曲线的接线如图 5-11 所示。闭合开关 S,调节励磁电流使电机在额定负载时端电压为额定值,保持励磁回路电阻 $R_f =$ 常数,然后逐点测出不同负载时的端电压值,便可得到并励发电机的外特性曲线,如图 5-13 所示。

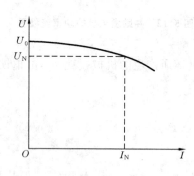

并励发电机的外特性是一条向下弯的曲线,其原因是:① 电枢电阻产生了电压降;② 受电枢反应的去磁影响;③发电机端电压下降使与电枢并联的励磁线圈中的励磁电流 I_f 减少了。

发电机端电压随负载的变化程度可用电压变化率来表示。并励发电机的额定电压变化率是指发电机从额定负载过渡到空载时,端电压变化的数值对额定电压的百分比,即

图 5-13 并励发电机的外特性曲线

$$\Delta U = \frac{U_0 - U_N}{U_N} \times 100\ \% \tag{5-13}$$

电压变化率 ΔU 是表示发电机运行性能的一个重要数据,并励发电机的电压变化率一般为 $20\% \sim 30\%$,如果负载变化较大,则不宜作恒压源使用。

5.3.3 复励发电机的外特性

复励发电机是在并励发电机的基础上增加一个串励绕组而成的,其原理接线如

图 5-14 所示。复励又分为积复励和差复励两种：当串励绕组磁场对并励磁场起增强作用时，称为积复励；当串励绕组磁场对并励磁场起减弱作用时，称为差复励。

积复励发电机能弥补并励时电压变化率较大的缺点。一般来说，串励磁场要比并励磁场弱得多，并励绕组使电机建立空载额定电压，串励绕组在负载时可弥补电枢电阻压降和电枢反应的去磁作用，以使发电机端电压能在一定的范围内稳定。积复励中根据串励磁场弥补的程度又分为 3 种情况：若发电机在额定负载时端电压恰好与空载时相等，则称为平复励；若弥补过剩，使得额定负载时端电压高于空载电压，则称为过复励；若弥补不足，则称为欠复励。复励发电机的外特性曲线如图 5-15 所示。差复励的外特性曲线是随负载增大端电压急剧下降的一条曲线。

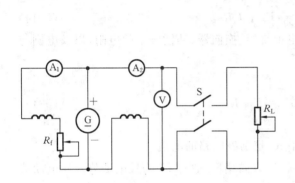

图 5-14 复励发电机的原理接线图   图 5-15 复励发电机的外特性曲线

积复励发电机用途比较广，如电气铁道的电源等。

差复励发电机只用于要求恒电流的场合，如直流电焊机等。

5.4 直流电动机的机械特性

5.4.1 直流电动机的基本方程

与直流发电机一样，直流电动机也有电动势、功率和转矩等基本方程式，它们是分析直流电动机各种运行特性的基础。下面以并励直流电动机为例进行讨论。

1. 直流电动机的电动势平衡方程

直流电动机运行时，电枢两端接入电源电压 U，若电枢绕组电流 I_a 的方向以及主磁极的极性如图 5-16 所示，则可由左手定则决定的电动机产生的电磁转矩 T 将驱动电枢以转速 n 旋转，旋转的电枢绕组又将切割主磁极磁场，感应电动势 E_a。由右手定则决定的电动势 E_a 的方向与电枢电流 I_a 的方向是相反的。各物理量按图 5-16(b) 所示的方向，可得电枢回路的电动势方程为

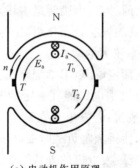 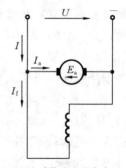

(a) 电动机作用原理　　　　(b) 电动势和电流方向

图 5-16　并励电动机的电动势和电磁转矩

$$U = E_a + I_a R_a \tag{5-14}$$

式中:R_a 为电枢回路的总电阻,包括电枢绕组、换向器、补偿绕组的电阻,以及电刷与换向器间的接触电阻等。

对于并励电动机,电枢电流

$$I_a = I - I_f \tag{5-15}$$

式中:I——输入电动机的电流;

I_f——励磁电流,$I_f = U/R_f$,其中 R_f 是励磁回路的电阻。

由于电动势 E_a 的方向与电枢电流 I_a 方向相反,故称 E_a 为反电动势。反电动势 E_a 的计算公式与发电机的相同。

由式(5-14)可知:$U > E_a$,电源电压 U 决定了电枢电流 I_a 的方向。

2. 直流电动机的功率平衡方程

并励电动机的功率流程如图 5-17 所示。图中 P_1 为电动机从电源输入的电功率,$P_1 = UI$。输入的电功率 P_1 扣除小部分在励磁回路的铜损耗 p_{Cuf} 和电枢回路铜损耗 p_{Cua} 便得到电磁功率 P_M,$P_M = E_a I_a$。电磁功率 $E_a I_a$ 全部转换为机械功率,此机械功率扣除机械损耗 p_Ω、铁损耗 p_{Fe} 和附加损耗 p_{ad} 后,即为电动机转轴上输出的机械功率 P_2,故功率方程式为

$$P_M = P_1 - (p_{Cua} + p_{Cuf}) \tag{5-16}$$

$$P_2 = P_M - (p_\Omega + p_{Fe} + p_{ad}) = P_M - p_0 \tag{5-17}$$

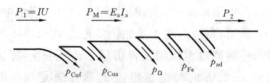

图 5-17　并励电动机的功率流程图

$$P_2 = P_1 - \sum p = P_1 - (p_{Cua} + p_{Cuf} + p_\Omega + p_{Fe} + p_{ad}) \tag{5-18}$$

式中：p_0——空载损耗，$p_0 = p_\Omega + p_{Fe} + p_{ad}$；

$\sum p$——电机的总损耗，$\sum p = p_{Cua} + p_{Cuf} + p_\Omega + p_{Fe} + p_{ad}$。

3. 直流电动机的转矩平衡方程

将式(5-17)除以电机的角速度 Ω，可得转矩方程为

$$\frac{P_2}{\Omega} = \frac{P_M}{\Omega} - \frac{p_0}{\Omega}$$

即
$$T_2 = T - T_0$$

或
$$T = T_2 + T_0 \tag{5-19}$$

电动机的电磁转矩 T 为驱动转矩。转轴上机械负载转矩 T_2 和空载转矩 T_0 是制动转矩。式(5-19)表明，电动机在转速恒定时，驱动性质的电磁转矩 T 与负载制动性质的转矩 T_2 和空载转矩 T_0 相平衡。

$$T_2 = \frac{P_2}{\Omega} = \frac{P_2}{2\pi n/60} = 9.55 \frac{P_2}{n}$$

$$T_N = 9.55 \frac{P_N}{n_N}$$

例 5-5　判断直流电机运行状态的依据是什么？何时为发电机状态？何时为电动机状态？

答：由电动势平衡方程 $E_a = U \pm I_a R_a$ 知，当 $E_a > U$ 时为发电机运行状态；当 $E_a < U$ 时为电动机运行状态。

例 5-6　一台并励直流电动机，$P_N = 17\ kW$，$U_N = 220\ V$，$n_N = 3\ 000\ r/min$，$I_N = 88.9\ A$，电枢回路总电阻 $R_a = 0.114\ \Omega$，励磁回路电阻 $R_f = 181.5\ \Omega$，忽略电枢反应的影响，求：

（1）电动机的额定输出转矩；（2）额定负载时的电磁转矩；（3）额定负载时的效率。

解　（1）额定输出转矩　$T_N = 9\ 550 \frac{P_N}{n_N} = 9\ 550 \times \frac{17}{3\ 000}\ N \cdot m = 54.1\ N \cdot m$

（2）励磁电流　$I_f = \frac{U_N}{R_f} = \frac{220}{181.5}\ A = 1.21\ A$

电枢电流　$I_a = I_N - I_f = (88.9 - 1.21)\ A = 87.7\ A$

$$C_e \Phi_N = \frac{U_N - I_a R_a}{n_N} = \frac{220 - 87.7 \times 0.114}{3\ 000} = 0.07$$

额定负载时电磁转矩

$$T_N = C_T \Phi_N I_a = 9.55 C_e \Phi_N I_a = 9.55 \times 0.07 \times 87.7\ N \cdot m = 58.63\ N \cdot m$$

（3）额定负载时效率　$\eta_N = \frac{P_N}{P_1} = \frac{P_N}{U_N I_N} = \frac{17\ 000}{220 \times 88.9} = 0.869$

5.4.2 他励直流电动机的机械特性

在直流电力拖动系统中,他励和并励电动机的应用比较广泛。由于并励直流电动机在电枢电压一定时,与他励直流电动机无本质的区别,所以不单独讨论,本节仅着重对他励直流电动机的机械特性进行比较全面的分析。

直流电动机的机械特性是指电动机在电枢电压、励磁电流、电枢回路电阻为恒定值的条件下,即电动机处于稳定运行时,电动机的转速 n 与电磁转矩 T 之间的关系: $n = f(T)$。利用电动机的机械特性和生产机械的负载特性可以确定电力拖动系统的稳态转速,分析电动机启动、制动或调速的动态过程中,转速、转矩及电流随时间变化而变化的规律。可见,电动机的机械特性对分析电力拖动系统的运行是非常重要的。

1. 机械特性方程

图 5-18 为他励直流电动机的电路原理图。在电枢电路中串联了一附加电阻 R_S,励磁电路中串联了一附加电阻 R_{Sf}。这时电动机的电压方程为

$$U = E_a + RI_a \qquad (5-20)$$

式中:$R = R_a + R_S$,为电枢回路总电阻。

将电枢电动势 $E_a = C_e \Phi n$ 和电磁转矩 $T = C_T \Phi I_a$ 代入式(5-20)中,经整理可得他励直流电动机的机械特性方程为

$$n = \frac{U}{C_e \Phi} - \frac{R}{C_e C_T \Phi^2} T = n_0 - \beta T = n_0 - \Delta n \qquad (5-21)$$

式中:C_e、C_T 分别为电动势常数和转矩常数($C_T = 9.55 C_e$);

$n_0 = \dfrac{U}{C_e \Phi}$ ——电磁转矩 $T = 0$ 时的转速,称为理想空载转速;

$\beta = \dfrac{R}{C_e C_T \Phi^2}$ ——机械特性曲线的斜率;

$\Delta n = \beta T$ ——转速降。

如图 5-19 所示,当电源电压 $U =$ 常数,电枢电路总电阻 $R =$ 常数,励磁电流 $I_f =$

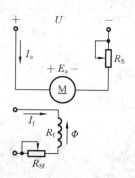

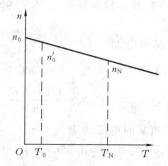

图 5-18 他励直流电动机的电路原理图   图 5-19 他励直流电动机的机械特性

常数时,电动机的机械特性曲线 $n=f(T)$ 是一条以 β 为斜率、向下倾斜的直线。

图 5-19 中的 n_0' 为电动机的实际空载转速。当电动机空载运行,即 $T=T_0$ 时,实际空载转速为

$$n_0' = \frac{U}{C_e\Phi} - \frac{R}{C_eC_T\Phi^2}T_0 \tag{5-22}$$

$\Delta n = n_0 - n = \beta T$ 是理想空载转速与实际转速之差,在转矩一定时,与机械特性的斜率 β 成正比;在机械特性的斜率 β 一定时,负载越大,转速降越大。通常称 β 大的机械特性为软特性,而称 β 小的特性为硬特性。

电动机的机械特性分为固有机械特性和人为机械特性。

2. 固有机械特性

他励直流电动机的固有机械特性是指在额定电压和额定磁通下,电枢电路没有外接电阻时,电动机转速与电磁转矩的关系。根据 $U=U_N$,$\Phi=\Phi_N$,$R=R_a$ 的条件,得固有机械特性方程

$$n = \frac{U_N}{C_e\Phi_N} - \frac{R_a}{C_eC_T\Phi_N^2}T \tag{5-23}$$

如图 5-20 所示,因为电枢电阻 R_a 很小,特性斜率 β 很小,故他励直流电动机的固有机械特性属硬特性。

机械特性只表述电机电磁转矩和转速之间的函数关系,是电机本身的能力,至于电机具体运行于什么状态,还要看拖动什么样的负载。

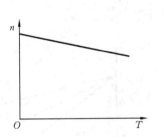

图 5-20　他励直流电动机固有
机械特性曲线

例 5-7　一台他励直流电动机的铭牌数据为 $P_N=5.5$ kW,$U_N=110$ V,$I_N=62$ A,$n_N=1\,000$ r/min,$R_a=0.172$ Ω。求固有机械特性方程式。

解　(1)求固有机械特性方程式:

$$C_e\Phi_N = \frac{U_N-I_NR_a}{n_N} = \frac{110-62\times0.172}{1\,000} \text{ V/(r}\cdot\text{min}^{-1}) = 0.099 \text{ V/(r}\cdot\text{min}^{-1})$$

$$C_T\Phi_N = 9.55C_e\Phi_N = 9.55\times0.099 \text{ V/(r}\cdot\text{min}^{-1}) = 0.945 \text{ V/(r}\cdot\text{min}^{-1})$$

$$n_0 = \frac{U_N}{C_e\Phi_N} = \frac{110}{0.099} \text{ r/min} = 1\,111 \text{ r/min}$$

$$\beta = \frac{R_a}{C_e\Phi_N\cdot C_T\Phi_N} = \frac{0.172}{0.099\times0.945} = 1.84$$

固有机械特性方程为　　　　$n=n_0-\beta T=1\,111-1.84T$

3. 人为机械特性

人为地改变固有特性三个条件中($U=U_N$,$\Phi=\Phi_N$,$R=R_a$)任何一个条件后得到的机械特性称为人为机械特性。

1）电枢回路串电阻时的人为机械特性

保持 $U=U_N$，$\Phi=\Phi_N$ 不变，在电枢回路中串入电阻 R_S 时的人为机械特性方程为

$$n = \frac{U_N}{C_e\Phi_N} - \frac{R_a+R_S}{C_eC_T\Phi_N^2}T \tag{5-24}$$

如图 5-21 所示，与固有机械特性相比，电枢串电阻人为机械特性的特点如下。

（1）理想空载转速 n_0 不变。

（2）机械特性的斜率 β 随 R_a+R_S 的增大而增大，特性变软。

（3）电枢串不同电阻时的人为机械特性是一簇放射形的直线。

电枢串电阻的人为特性是研究他励直流电动机串电阻分级起动的基础，也是起重机和电车常用的一种调速方法。

2）降低电枢电源电压时的人为机械特性

保持 $R=R_a(R_S=0)$，$\Phi=\Phi_N$ 不变，降低电枢电压为 U 时的人为机械特性方程为

$$n = \frac{U}{C_e\Phi_N} - \frac{R_a}{C_eC_T\Phi_N^2}T \tag{5-25}$$

如图 5-22 所示，与固有机械特性相比，降低电枢电压时的人为机械特性的特点如下。

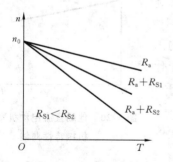

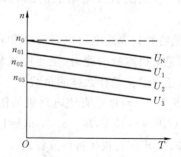

图 5-21　电动机串电阻的人为机械特性　　图 5-22　改变电枢电压时的人为机械特性

（1）斜率 β 不变。

（2）理想空载转速 n_0 与电枢电压 U 成正比。

（3）对应不同电枢电压时的人为机械特性是一组低于固有机械特性的平行线。

利用改变电压能保持特性硬度不变的优点，生产中需要平滑调速的生产机械，如机床、造纸机等常用此来调压调速。

3）减弱励磁磁通时的人为机械特性

一般电动机在额定磁通下运行时，电机磁路已接近饱和，因此只能是减弱磁通。在如图 5-18 所示电路中，励磁回路有一调节电阻 R_{sf}，改变 R_{sf} 的大小也就改变了励磁电流，从而改变了励磁磁通。

保持 $R=R_a(R_S=0)$，$U=U_N$ 不变，只减弱磁通时的人为机械特性为

$$n = \frac{U_N}{C_e\Phi} - \frac{R_a}{C_e C_T \Phi^2}T \qquad (5\text{-}26)$$

减弱磁通的人为机械特性曲线如图 5-23 所示，与固有机械特性相比，减弱磁通的人为机械特性的特点如下。

（1）磁通减弱会使 n_0 升高，n_0 与 Φ 成反比。

（2）磁通减弱会使斜率 β 加大，β 与 Φ^2 成反比。

（3）人为机械特性是一族直线，但既不平行，又非放射形。磁通减弱时，特性上移，而且变软。

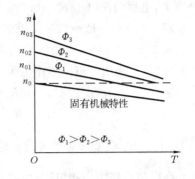

图 5-23　改变磁通时的人为机械特性

5.5　直流电动机的启动和反转

直流电动机的启动是指电动机接通电源后，由静止状态加速到稳定运行状态的过程。

1. 启动电流

全压启动就是指直流电动机电枢上加以额定电压的启动方式。除极小容量电动机外，不允许全压启动。

因启动瞬间，转速 $n=0$，故反电动势 $E_a = C_e\Phi n = 0$，即

$$I_{st} = \frac{U_N}{R_a} \qquad (5\text{-}27)$$

由于电枢电阻 R_a 很小，所以直接启动电流将达到额定电流的 $10 \sim 20$ 倍。

这样大的电流会使电动机换向困难，甚至产生环火烧坏电机。另外，过大的启动电流会引起电网电压下降，影响电网上其他用户的正常用电。因此，必须把启动电流限制在一定的范围内，除极小容量电动机外，不允许全压启动。

2. 启动转矩

$$T_{st} = C_T\Phi I_{st} \qquad (5\text{-}28)$$

式中：Φ——每极磁通；

I_{st}——启动电流。

由 T_{st} 的表达式可以看出，这是因为在同样的启动电流下，Φ 大则 T_{st} 大；而在同样的启动转矩下，Φ 大则 I_{st} 就可以小一些。因此，启动前应将励磁回路可变电阻调至零，使励磁电流最大，以保证电动机的磁通达到最大值。

例 5-8　一台他励直流电动机，$P_N = 10$ kW，$U_N = 220$ V，$n_N = 1\ 500$ r/min，$I_N =$

53.8 A,电枢回路电阻 $R_a=0.286$ Ω,计算直接启动时启动电流。

解 $I_{st}=U_N/R_a=220/0.286$ A$=769.2$ A $I_{st}/I_N=14.3$

例 5-9 上例中,若限制启动电流不超过 100 A,则(1)采用减压启动,启动电压为多少?(2)采用电枢回路串电阻启动,启动时应串多大电阻?

解 $$U_{st}=I_{st}R_a=100\times0.286 \text{ V}=28.6 \text{ V}$$

$$R_{st}=U_N/I_{st}-R_a=(220/100-0.286) \text{ Ω}=1.914 \text{ Ω}$$

5.5.1 电枢电路串电阻启动

在电枢回路中串接电阻,可将启动电流限制在容许的范围内,但需要在启动过程中将启动电阻分段切除。

电动机启动前,应使励磁电路的调节电阻 $R_{sf}=0$,励磁电流 I_f 达到最大值,以保证磁通 Φ 最大,从而得到足够大的启动转矩。电枢回路串接启动电阻 R_{st},电动机加上额定电压,这时启动电流为

$$I_{st}=\frac{U_N}{R_a+R_{st}} \tag{5-29}$$

式中:R_{st} 值应使 I_{st} 不大于允许值。对没有特殊要求的直流电动机,可取 $I_{st}\leqslant(1.5\sim2.5)I_N$。一般 150 kW 以下的直流电动机取上限,150 kW 以上的直流电动机取下限。

由启动电流产生的启动转矩使电动机开始转动并逐渐加速,随着转速 n 的升高,电枢电动势$(E_a=C_e\Phi n)$也逐渐增大,使电枢电流$\left(I_a=\dfrac{U_N-E_a}{R_a+R_{st}}\right)$逐渐减小,电磁转矩$(T=C_T\Phi I_a)$也随之减小,这样转速的上升就逐渐缓慢下来。为了缩短启动时间,保证电动机在启动过程中的加速度不变,就要求在启动过程中电枢电流维持不变,因此随着电动机转速的升高,应将启动电阻平滑地切除,最后使电动机转速达到运行值。

欲按要求平滑地切除启动电阻,在实际上是不可能的,一般是将启动电阻分成若干段(一般取 2~5 段)加以切除。分段数目越多,启动过程就越平滑,但所需的控制设备也越多,投资也越大。为减少控制电器数量,提高工作的可靠性,段数不宜过多,只要将启动电流的变化保持在一定的范围内即可。下面对电枢串多级(段)电阻的启动过程进行定性分析。

图 5-24 为采用三级电阻启动时电动机的电路原理图及其对应的机械特性(电枢串电阻的人为机械特性)。电枢利用接触器 KM 接入电网,启动电阻 R_{st1}、R_{st2}、R_{st3} 利用接触器的 KM$_1$、KM$_2$、KM$_3$ 触点来切除。

启动开始时,接触器的触点 KM 闭合(KM$_1$、KM$_2$、KM$_3$ 断开),电枢电路接入全部启动电阻 R_3($R_3=R_a+R_{st1}+R_{st2}+R_{st3}$),启动电流 $I_1=U_N/R_3$($n=0$,$E_a=C_e\Phi n=0$),此时启动电流 I_1 和启动转矩 T_1 均达到最大值(通常取额定值的两倍左

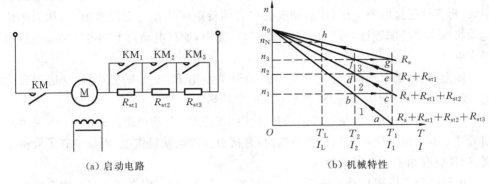

（a）启动电路　　　　　　　　　（b）机械特性

图 5-24　他励直流电动机三级电阻启动

右）。接入全部启动电阻的人为机械特性曲线如图 5-23（b）中直线 1 所示。启动瞬间对应于 a 点，电动机的电磁转矩 T_1（启动转矩）大于负载转矩 T_L，电动机开始加速，电动势 E_a 逐渐增大，电枢电流和电磁转矩随 E_a 的逐渐增大而逐渐减小，工作点沿直线 1 箭头方向移动。当转速升高至 n_1、电流降至 I_2、转矩减至 T_2（见图 5-23（b）中 b 点）时，接触器 KM_3 触头闭合，切除电阻 R_{st3}。I_2 称为切换电流，一般取 $I_2 = (1.1 \sim 1.2)I_N$ 或 $T_2 = (1.1 \sim 1.2)T_N$。电阻 R_{st3} 切除后，电枢回路电阻减小为 $R_2 = R_a + R_{st1} + R_{st2}$，与之对应的人为机械特性曲线为图 5-23（b）中的直线 2。在切除电阻的瞬间，由于机械惯性，转速不能突变，电动机的工作点由 b 点沿水平方向跃变到直线 2 上的 c 点。选择恰当的各级启动电阻，可使 c 点的电流仍为 I_1，转矩仍为 T_1，工作点沿直线 2 箭头方向移动。当到达 d 点时，转速升至 n_2，电流又降至 I_2，转矩也降至 T_2，此时接触器 KM_2 闭合，将 R_{st2} 切除，电枢回路电阻变为 $R_1 = R_a + R_{st1}$，工作点由 d 点平移到人为机械特性曲线 3 上的 e 点。e 点的电流和转矩仍为最大值，电动机又在最大转矩 T_1 下加速，工作点在直线 3 上移动。当转速升至 n_3 时，即在 f 点，接触器 KM_1 闭合切除最后一级电阻 R_{st1} 后，电动机将过渡到固有机械特性曲线上运行，并沿固有机械特性曲线加速，到达 h 点时，电磁转矩与负载转矩相等，电动机便在 h 点稳定运行，启动过程结束。

小容量直流电动机中或在实验室里的直流电动机，常用人工手动办法来启动。常用的有三点或四点启动变阻器启动。在电动机启动前，先把启动手柄处于零位，即具有最大电阻值位置。然后闭合电源开关，缓慢地移动启动器手柄（相当于自动控制中闭合接触器触点），逐步减小启动电阻，使电动机启动。

5.5.2　降压启动

由前面的分析可知，降低直流电动机的电枢电压，同样可以减小启动直流。当直流电源电压可调时，就应选择降压启动。降压启动时，以较低的电源电压启动电动机,启动电流便随电压的降低而成正比减小。随着电动机转速的上升,反电动势逐渐增大,再逐渐提高电源电压,使启动电流和启动转矩保持在一定的数值上,从而保证电动机按需要的加速度升速,直到电动机启动完毕,加在电动机上的电压即是电机的额定电压。

注意:电动机启动前,应使励磁电路的调节电阻 $R_{sf}=0$,励磁电流 I_f 达到最大值,以保证磁通 Φ 最大,从而得到足够大的启动转矩。

可调压的直流电源,在过去是采用直流的发电机-电动机组。近些年,多采用晶闸管整流器作为调压电源取代直流机组,直接给直流电动机供电,不仅节省了设备投资,而且更有利于实现自动控制。

电枢回路串电阻启动方法所需设备较简单,价格较低,但在启动过程中有能量损耗。降压启动没有启动电阻,启动过程平滑,启动过程中能量损耗少,但专用降压设备复杂,成本较高。对于小直流电机、容量稍大但不需经常启动的电机一般可用串电阻启动,而需经常启动的电机,如起重、运输机械上的电机,则宜用降压启动。

5.5.3　直流电动机的反转

在生产实际中,许多生产机械要求电动机做正、反转运行,例如:直流电动机拖动龙门刨床的工作台往复运动,矿井卷扬机的上下运动,起重机的升、降等。

要改变直流电动机的旋转方向,就需要改变电动机的电磁转矩方向,而电磁转矩由主极磁通和电枢电流相互作用产生。由电动机电磁转矩的表达式 $T=C_T\Phi I_a$ 可知,改变电磁转矩方向的方法有两种:一种是改变电枢电流方向,即改变电枢电压极性;另一种是改变励磁电流(主极磁场)方向。

注意:同时改变电枢电流和励磁电流的方向,则电动机的转向不变。

改变电动机转向中应用较多的是改变电枢电流的方向,即采用电枢反接法。原因有两方面:一方面是并励直流电动机励磁绕组匝数多,电感较大,切换励磁绕组时会产生较大的自感电压,危及励磁绕组的绝缘;另一方面是励磁电流的反向过程比电枢电流反向要慢得多,影响系统快速性。所以,改变励磁电流方向只用于正、反转不太频繁的大容量系统。

5.6　他励直流电动机的调速

根据他励直流电动机的转速公式

$$n = \frac{U - I_a(R_a + R_S)}{C_e\Phi} \tag{5-30}$$

可知,在一定负载下(电枢电流 I_a 不变时),通过改变串入电枢回路的电阻 R_S、外加于电枢两端的电压 U 及主磁通 Φ 三者之中的任意一个量,都可以改变转速 n,从而达到速度调节的目的。因此,他励直流电动机的调速方法有三种:①改变串入电枢回路电阻 R_S;②改变电枢供电电压 U;③改变磁通 Φ。

5.6.1　改变串入电枢回路电阻调速

我们知道,在电枢回路串入不同的电阻后,n_0 不变,而转速降 Δn 与电阻成正比,使机械特性变软。对应不同的电阻,可得到不同的人为机械特性。现用图 5-25 来说明电枢回路串电阻的调速原理及调速过程。

用此法调速时,保持电机端电压为额定电压、磁通为额定磁通不变。在调速过程中,设电动机拖动恒转矩负载。

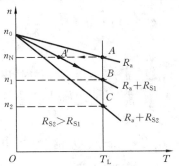

图 5-25　电枢回路串电阻调速

调速前,电动机带额定负载,运行在对应于 $T=T_L$ 的固有机械特性曲线上的 A 点,其转速为 n_N,电枢电流为 I_N。

当电枢串入调节电阻 R_{S1} 时,电动机的机械特性曲线变为直线 $n_0 B$,电枢电流为

$$I_a = \frac{U_N - C_e \Phi_N n_N}{R_a + R_{S1}} \tag{5-31}$$

在此瞬间,由于系统的机械惯性,电动机的转速不能突变(E_a 不变),于是电枢电流及电磁转矩减小,这时运行点由固有机械特性上的 A 点过渡到人为特性上的 A' 点。在 A' 点,按假设条件 T_L 不变,则 $T < T_L$,由拖动系统运动方程可知,电动机的转速开始下降。转速下降的同时,电动机的电动势($E_a = C_e \Phi_N n$)与转速成正比地减小,使得电枢电流及电磁转矩又重新增大,$n(E_a)$ 及 $T(I_a)$ 沿着人为特性曲线由 A' 点向 B 点沿箭头方向移动。当到达 B 点时,$T = T_L$,达到了新的平衡,电动机便在转速 n_1 下稳定运行。因为 $T = T_L$ 不变,磁通 Φ 不变,即 $I_A = I_B = I_N$,故新的稳定转速为

$$n_1 = n_0 - \frac{R_a + R_{S1}}{C_e \Phi_N} I_N = n_0 - \frac{R_a + R_{S1}}{C_e C_T \Phi_N^2} T_N \tag{5-32}$$

这种调速方法的优点是设备简单,操作方便。

缺点:(1) 由于电阻只能分段调节,所以调速的平滑性差;

(2) 低速时,特性较软,稳定性较差;

(3) 轻载时调速范围小,额定负载时调速范围为 $D \leqslant 2$;

(4) 因为电枢电流不变,电阻损耗与电阻成正比,转速越低,须串入的电阻越大,电阻损耗越大,效率越低。这种调速方法不太经济。

因此,电枢串电阻调速多用于对调速性能要求不高,运行时间短的生产机械上。例如,起重和运输牵引装置多采用这种调速方法。

需指出,作为调速用的电阻 R_S(调速电阻)和作为启动用的电阻 R_{st}(启动电阻),都是用来得到不同的机械特性,但是启动电阻是按短时工作设计的,而调速电阻则应按长期工作考虑。因此,不能把启动电阻当作调速电阻使用。

例 5-10 一台直流他励电动机额定数据: $P_N=17$ kW,$U_N=220$ V,$I_N=90$ A,$n_N=1\,500$ r/min,$R_a=0.23$ Ω。试问:当轴上负载转矩为额定时,在电枢串入调节电阻 $R_S=1$ Ω,电动机的转速是多少?

解 (1) $C_e\Phi_N=\dfrac{U_N-I_NR_a}{n_N}=\dfrac{220-90\times0.23}{1\,500}$ V/(r·min^{-1})

$$=0.133 \text{ V/(r·min}^{-1})$$

当 $T_L=T_N$,得 $I_a=I_N$ 时,串入电阻后的稳定转速为

$$n=\frac{U_N-I_N(R_a+R_S)}{C_e\Phi_N}=\frac{220-90(0.23+1)}{0.133} \text{ r/min}=822 \text{ r/min}$$

5.6.2 降低电枢供电电压调速

电动机的工作电压不允许超过额定电压,因此只能采用降低电枢供电电压调速。降低电压的人为机械特性是与固有机械特性平行且低于固有机械特性的直线,因此调速只在额定转速以下进行。

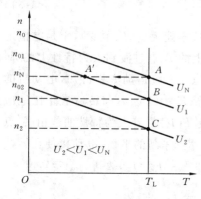

图 5-26 降低电枢供电电压的调速

现用图 5-26 来说明降低电枢供电电压的调速原理及调速过程。

采用这种方法调速,电动机应采取他励方式,保持励磁磁通不变,电枢回路不串电阻。在调速过程中,电动机拖动恒转矩负载。调速前,电动机运行于 $T=T_L$ 的固有机械特性上的 A 点,其转速为 n_N,电枢电流为 I_N。当电源电压由 U_N 降至 U_1 时,电动机的人为机械特性曲线变为直线 $n_{01}B$,电枢电流为

$$I_a=\frac{U_1-C_e\Phi_N n_N}{R_a} \qquad (5-33)$$

在此瞬间,由于系统的机械惯性,电动机的转速不能突变(E_a 不变),于是电枢电流因电压的降低而减小,电磁转矩也相应减小。这时运行点由固有机械特性曲线的 A 点过渡到人为机械特性曲线上的 A' 点。在 A' 点,$T<T_L$,由拖动系统运动方程可知,电动机的转速开始下降。转速下降的同时,电动机的电动势($E_a=C_e\Phi_N n$)与转速成正比地减小,使得电枢电流及电磁转矩又重新增大,$n(E_a)$ 及 $T(I_a)$ 沿着人为机械特性曲线由 A' 点向 B 点沿箭头方向移动。当到达 B 点时,$T=T_L$,达到了新的平衡,电动机便在转速 n_1 下稳定运行。因为 $T=T_L$ 不变,磁通 Φ 不变,即 $I_A=I_B=I_N$,故新的稳定转速为

$$n_1 = \frac{U_1}{C_e \Phi_N} - \Delta n_N = n_{01} - \Delta n_N \qquad (5\text{-}34)$$

这种调速方法的优点有:

(1) 电源电压能够平滑调节,实现无级调速;

(2) 由于机械特性的硬度不变,当负载变化时,速度稳定性好;

(3) 无论轻载还是负载,调速范围广;

(4) 调速过程中能量损耗较小,调速经济性好。

降压调速的缺点是调压电源设备复杂,投资较大。

由于降压调速性能好,广泛用于自动控制系统中。

例 5-11 一台他励直流电动机额定数据为:$P_N = 7.5$ kW,$U_N = 220$ V,$I_N = 40$ A,$n_N = 1\,000$ r/min,$R_a = 0.5$ Ω。当电源电压降到 180 V 时,电动机拖动额定负载转矩时的转速与电枢电流各为多少?

解 电动机的电动势系数

$$C_e \Phi_N = \frac{U_N - I_N R_a}{n_N} = \frac{220 - 40 \times 0.5}{1\,000} = 0.2$$

降低电压到 180 V 时的转速为

$$n = \frac{U - I_N R_a}{C_e \Phi} = \frac{180 - 40 \times 0.5}{0.2} \text{ r/min} = 800 \text{ r/min}$$

降压后拖动额定转矩时的电流为 $\qquad I_a = I_N = 40$ A

5.6.3 减弱电动机的磁通调速

他励和并励电动机改变磁通的方法比较简单,在励磁电路中通过串联调节电阻来改变励磁电流,从而达到改变磁通的目的。通常是在额定磁通下减弱磁通调速。

现用图 5-27 来说明减弱磁通的调速原理及调速过程。

设在调速过程中,保持电枢端电压为额定电压,电枢回路不串电阻,电动机拖动额定恒转矩负载。调速前,电动机在 $\Phi = \Phi_N$ 的固有机械特性曲线的 A 点运行,其转速为 n_N,电枢电流为 I_N。当增加励磁电路调节电阻时,磁通减小,电动机的反电动势随之减小,虽然反电动势和磁通减小不多,但由于电枢内电阻很小,故电枢电流将急剧增加。以例 5-11 的电动机

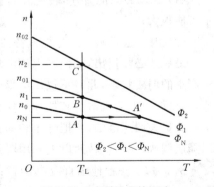

图 5-27 减弱磁通的调速

为例,$E_a = U_N - I_N R_a = (220 - 40 \times 0.5)$ V $= 200$ V,若将磁通减至原有值的 0.8 倍,并认为初始瞬间电动机转速来不及改变,则得

$$I_a' = \frac{U_N - 0.8 C_e \Phi_N n_N}{R_a} = \frac{220 - 0.8 \times 200}{0.5} \text{ A} = 120 \text{ A} = 3I_N$$

此瞬间电动机的电磁转矩 $\qquad T' = C_T \Phi I_a' = 0.8 C_T \Phi_N \times 3I_N = 2.4 T_N$

在此瞬间,由于系统的机械惯性,电动机的转速不能突变,电枢电流和电磁转矩因磁通的减小而增大。这时运行点固有机械特性曲线的 A 点过渡到人为机械特性曲线上的 A' 点,在 A' 点,$T > T_L$,由拖动系统运动方程可知,电动机的转速开始上升。转速上升的同时,反电动势 E_a 随之增大,使得电枢电流及电磁转矩减小,工作点沿 $A'B$ 方向移动,当到达 B 点时,$T = T_L$,出现了新的平衡,电动机便在较高的转速 n_1 下稳定运行。在新的稳定点 B 点,由 $T = C_T \Phi_N I_N = C_T \Phi_1 I_a$ 得电枢电流

$$I_a = \frac{\Phi_N}{\Phi_1} I_N \qquad\qquad (5\text{-}35)$$

由此可以看出,对于恒转矩负载,若调速前后电动机的电磁转矩不变,因磁通减小了,调速后的稳定电枢电流要增大。

新的稳定转速为

$$n_1 = \frac{U_N - I_a R_a}{U_N - I_N R_a} \cdot \frac{C_e \Phi_N}{C_e \Phi_e} \cdot n_N \approx \frac{\Phi_N}{\Phi_1} n_N \qquad\qquad (5\text{-}36)$$

这种调速方法的优点有:

(1) 调速在励磁电路里进行,因励磁电流较小,能量损耗小;

(2) 控制起来很方便,设备也简单,投资小;

(3) 调速的平滑性较好;

(4) 调速前后,电动机的效率基本不变,因此弱磁调速经济性较好。

缺点:

(1) 因弱磁只能升速,转速升高受到电机换向能力和机械强度的限制,调速范围不可能很大;

(2) 因弱磁调速的人为机械特性曲线的斜率变大,特性变软,稳定性较差。

最后还必须指出,如他励直流电动机在运行过程中励磁回路突然断线,电动机处于严重的弱磁状态,此时不仅使电枢电流猛增,且电动机的转速也将上升到危险的高速,有可能使电动机遭受破坏性的损伤,所以必须采取相应的保护措施。

为扩大调速范围,常把降压和弱磁两种调速方法结合起来。在额定转速以下采用降压调速,在额定转速以上采用弱磁调速。

例 5-12 一台他励直流电动机的额定数据为:$U_N = 220$ V,$I_N = 41.1$ A,$n_N = 1\ 500$ r/min,$R_a = 0.4\ \Omega$,保持额定负载转矩不变,求磁通减弱为 $90\ \%\Phi_N$ 时的稳态转速及电枢电流。

解 $\qquad\qquad I_a = \frac{\Phi_N}{\Phi} I_N = \frac{1}{0.9} \times 41.1 \text{ A} = 45.7 \text{A}$

$$C_e\Phi_N = \frac{U_N - I_N R_a}{n_N} = \frac{220 - 41.1 \times 0.4}{1\,500} \text{ V/(r} \cdot \text{min}^{-1}) = 0.136 \text{ V/(r} \cdot \text{min}^{-1})$$

$$n_1 = \frac{U_N - R_a I_a}{C_e\Phi} = \frac{220 - 0.4 \times 45.7}{0.9 \times 0.136} \text{ r/min} = 1\,648 \text{ r/min}$$

用近似公式求：
$$n_1 \approx \frac{\Phi_N}{\Phi} n_N = \frac{\Phi_N}{0.9\Phi_N} n_N = 1666.7 \text{ r/min}$$

5.7　直流电动机制动

他励直流电动机的制动有能耗制动、反接制动和回馈制动 3 种方式。

5.7.1　能耗制动

图 5-28 为他励直流电动机能耗制动的接线图，当开关 S 接电源时，电动机处于电动工作状态，此时电动机的电枢电流、电枢电动势、电磁转矩和转速的方向如图中实线所示。当需要制动时，保持励磁电流不变，将电枢两端的电源断开，接到制动电阻 R_B 上。在这一瞬间，由于拖动系统的机械惯性作用，电动机的转速来不及改变，又由于磁通不变，于是 E_a 的大小和方向均未变。此时 $U=0$，E_a 将在电枢闭合回路中产生电流 I_{aB}，$I_{aB} = -\dfrac{E_a}{R_a + R_B}$。电流为负值，表明它的方向与电动状态时相反，如图中虚线所示。由此而产生的电磁转矩 T_B 也与电动状态时的 T 相反，成为制动转矩对电动机进行制动。这时电动机由生产机械的惯性作用拖动而发电，将生产机械储存的动能转换成电能，消耗在电阻 $(R_a + R_B)$ 上，直到电动机停止转动为止，所以这种制动方式称为能耗制动。

能耗制动时，因 $U=0$，$\Phi=\Phi_N$，$R=R_a+R_B$，这样电动机的人为机械特性方程为

$$n = -\frac{R_a + R_B}{C_e C_T \Phi_N^2} T \tag{5-37}$$

或
$$n = -\frac{R_a + R_B}{C_e \Phi_N} I_a \tag{5-38}$$

由式(5-38)可知，机械特性曲线为通过坐标原点的直线，它的斜率 $\beta = \dfrac{R_a + R_B}{C_e C_T \Phi_N^2}$，与电动状态下电枢串电阻 R_B 时的人为机械特性曲线的斜率相同。由于 n 为正时，I_a 和 T 为负，所以特性曲线位于第二象限，如图 5-29 所示。

能耗制动时，电机工作点的变化情况用机械特性曲线说明。设制动前，电机工作在电动状态下的固有机械特性曲线上的 A 点运行，这时 $n>0$，$T>0$，T 为驱动转矩。开始制动时，n 不能突变，工作点过渡到能耗制动特性曲线的 B 点。在 B 点，$n>0$，$T<0$ 为制动性质转矩，电动机开始减速，工作点沿 BO 方向移动。

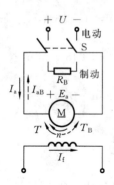

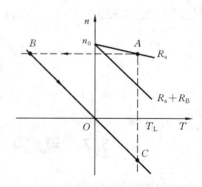

图 5-28 能耗制动接线图　　　图 5-29　能耗制动时机械特性曲线

如果负载是反抗性负载,旋转系统到达 O 点时,$n=0$,$T=0$,电动机便停转。

如果负载是位能性负载,到达 O 点时,虽然 $n=0$,$T=0$,但 $T_L\neq0$,电动机在位能负载转矩的作用下反转并加速,工作点沿机械特性曲线 OC 方向移动。此时,n,E_a 的方向均与电动运行状态时相反,由 E_a 产生的 I_a 的方向却与电动运行状态时相同,$T=C_T\Phi I_a$ 的方向也与电动运行状态时相同,即 $n<0$,$T>0$,所以电磁转矩仍为制动转矩。随着反向转速的增加,制动转矩也不断增大,当增到 $T=T_L$ 时,电机便在某一转速下稳定运行,即匀速下放重物,如图 5-28 所示中的 C 点。

为满足不同的制动要求,可在电枢回路串接不同的制动电阻,从而可以改变起始制动转矩的大小,以及下放位能负载时的稳定转速,R_B 越小,机械特性曲线的斜率越小,起始制动转矩越大,而下放位能负载的转速就越低。

能耗制动的接线和操作都比较简单,在制动过程中,电动机已从电网断开,不需从电网输入电功率,因而比较经济,而且用这种方法实现停车比较准确。但也存在着一定的缺点,即随着转速的下降,制动电流和制动转矩也随之减小,制动效果变差。若为了使电机能更快地停转,可以在转速降到一定程度时切除一部分制动电阻(二级能耗制动),使制动转矩增大,加强制动作用,也可以与机械制动配合使用。

5.7.2 反接制动

反接制动可以用两种方法来实现,即电压反接与倒拉反转反接。

1. 电压反接制动

(1)制动原理和机械特性 图 5-30 为电压反接制动的接线图。当开关 S 投向"电动"侧时,电动机在正常电动状态运行,电动机的转速 n、电动势 E_a、电枢电流 I_a、电磁转矩 T 的方向如图 5-30 中实线所示。若将开关 S 投向"制动"侧,这时加到电枢绕组两端电源电压的极性便和电动运行时的相反。因为这时磁场和转向不变,电动势方向不变,于是外加电压方向便与电动势方向相同。这时电枢电流为

$$I_{aB} = \frac{-U_N - E_a}{R_a + R_B} = -\frac{U_N + E_a}{R_a + R_B} \tag{5-39}$$

电枢电流 I_{aB} 方向与电动状态时的相反,变为负值,电磁转矩 T_B 方向也就随之改变,如图 5-30 所示。此时的电压起制动作用使转速迅速下降,所以称电压反接制动。

电压反接时的机械特性曲线是在 $U = -U_N$,$\Phi = \Phi_N$,$R = R_a + R_B$ 条件下的一条人为机械特性曲线,即

$$n = -\frac{U_N}{C_e \Phi_N} - \frac{R_a + R_B}{C_e C_T \Phi_N^2} T \tag{5-40}$$

或

$$n = -\frac{U_N}{C_e \Phi_N} - \frac{R_a + R_B}{C_e \Phi_N} I_a \tag{5-41}$$

可见,特性曲线是一条理想空载点坐标为 $(0, -n_0)$,斜率为 $\dfrac{R_a + R_B}{C_e C_T \Phi_N^2}$,与电动状态时电枢串入电阻 R_B 时的人为机械特性曲线相平行的直线,如图 5-31 所示。

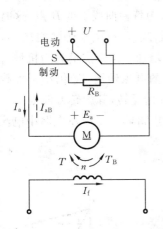

图 5-30　电压反接制动的接线图

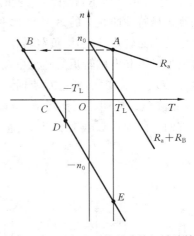

图 5-31　电压反接制动的机械特性

电压反接制动时电机工作点的变化情况可用图 5-31 说明:设电动机原来工作在固有机械特性曲线上的 A 点,当串加电阻并将电源反接瞬间,电动机过渡到电源反接的人为机械特性曲线上的 B 点,电动机的电磁转矩变为制动转矩开始反接制动,工作点沿 BC 方向移动,当到达 C 点时,制动过程结束;在 C 点,$n = 0$,但制动性质的电磁转矩 $T_B \neq 0$,根据负载性质的不同,电机工作点的变化情况又分为两种。

如果负载是反抗性负载,并且 C 点的制动电磁转矩 $|T_B| \leqslant |T_L|$,电动机便停止不转;如果 $|T_B| \geqslant |T_L|$,在反向的电磁转矩作用下,电动机将反向启动,沿机械特性曲线到 D 点,$|T_B| = |T_L|$,电动机以 $-n$ 的转速稳定运行(通常把运行点在第三象限时称为反向电动);如果制动的目的仅是为了停车,当电动机转速 n 接近于零时,立即断开电源。

如果负载是位能性负载,则过 C 点以后,电动机将反向加速,一直到 E 点,电动机的电磁转矩与位能负载转矩平衡时,便稳定运行。

在反接制动过程中(图 5-31 所示的 BC 段),U、I_a、T 均为负值,n、E_a 为正值。输入功率 $P_1 = UI_a > 0$,输出功率 $P_2 = T_2\Omega \approx T\Omega < 0$,表明电动机从电源输入电功率,从电动机轴上输入机械功率(将下放重物时的机械位能变为电能),把这两部分电能都消耗在电枢回路的电阻($R_a + R_B$)上,所以电压反接制动在电能利用方面是不经济的。

2. 倒拉反转反接制动

倒拉反转反接制动仅适用于位能性恒转矩负载。现以起重机下放重物为例说明在电机倒拉反转反接制动时工作点的变化情况。

图 5-32 (a)标出了正向电动状态(提升重物)时电动机的各物理量方向,此时电动机工作在固有机械特性曲线(图 5-32(c))上的 A 点,这时在保持电动机接线不变的情况下,在电枢回路串入一个较大的电阻 R_B,这时的人为机械特性曲线如图 5-32 (c)中的直线 $n_0 D$ 所示,在串入电阻的瞬间,由于系统的惯性,转速不能突变,工作点由固有机械特性曲线上的 A 点沿水平方向跳跃到人为特性曲线上的 B 点,这时电动机产生的电磁转矩 T_B 小于负载转矩 T_L,电动机开始减速,反电动势随之减小,与此同时电枢电流和电磁转矩又随反电动势减小而重新增加。工作点沿人为机械特性曲线由 B 点向 C 点变化,到达 C 点时,$n = 0$,因电动机的电磁转矩 T_K 仍小于负载转矩 T_L,所以在负载位能转矩作用下,将电动机倒拉而开始反转,其旋转方向变为下放重物的方向。因为励磁电流不变,E_a 随 n 的反向而改变方向,于是电枢电路中电流为

$$I_a = \frac{U - (-E_a)}{R_a + R_B} = \frac{U + E_a}{R_a + R_B} \tag{5-42}$$

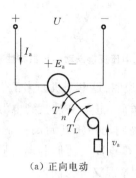 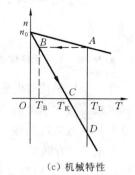

(a) 正向电动   (b) 倒拉反转   (c) 机械特性

图 5-32　倒拉反转反接制动

由于电枢电流方向未变,这时电动机电磁转矩方向也不变,但因旋转方向已改变,所以电磁转矩为制动转矩,电动机处于制动状态。随着电机反向转速的增加,E_a 增大,电枢电流 I_a 和制动的电磁转矩 T 也相应增大,当到达 D 点时,电磁转矩与负载转矩平衡,电机便以稳定的转速匀速下放重物。

倒拉反转反接的机械特性方程就是电枢回路串电阻时的机械特性方程,只不过由于串入的电阻值较大,出现 $\frac{R_a+R_B}{C_e C_T \Phi_N^2} T > n_0$,即 $n = n_0 - \frac{R_a+R_B}{C_e C_T \Phi_N^2} T < 0$。因此倒拉反转反接的机械特性曲线是电动状态时的机械特性曲线在第四象限的延伸部分。另外,当电枢回路串入不同阻值的电阻时,电动机最后稳定下放重物的转速是不同的。

倒拉反转反接时,电网仍向电动机输送功率,同时下放重物时的机械位能转变为电能,这两部分电能都消耗在电阻 $(R_a + R_B)$ 上,由此看出倒拉反转反接制动在电能利用方面也是不经济的。

5.7.3　回馈制动

在电动状态下运行的电动机,如遇到起重机下放重物或电车下坡时,使电动机的转速高于理想空载转速,电动机便处于回馈制动(再生制动)状态。

回馈制动的机械特性方程式与电动状态时的完全一样,只不过 $n > n_0$ 时,$E_a = C_e \Phi_N n > U$,电枢电流 $I_a = \frac{U - E_a}{R} < 0$,即为负值,电磁转矩 T 随 I_a 的反向而反向,对电动机起制动作用。电动状态时,电枢电流为正值,由电网的正端流向电动机。回馈制动时,电枢电流为负值,电流由电枢流向电网的正端,将机械能转变成电能回馈给电网,由此称这种状态为回馈制动状态。

回馈制动分为正向回馈制动(机械特性曲线位于第二象限)和反向回馈制动(机械特性曲线位于第四象限)。下面分两种情况说明回馈制动时电机工作点的变化情况。

第一,电机拖动位能性负载下放重物。这个过程就是电压反接制动的过程,其电压反接制动的接线与电压反接制动的机械特性曲线已做了介绍,不再详述。电机经制动减速,反向电动加速,最后到达 E 点,制动的电磁转矩与重物作用力平衡,电力拖动系统便在反向回馈制动状态下稳定运行,即匀速下放重物。为防止转速过高,可在反向回馈制动后将电枢回路串联电阻全部切除,使电动机运行在电压反接的固有机械特性曲线的反向回馈制动状态,如图 5-33 所示中的 B 点。

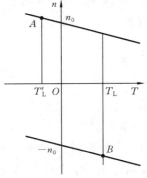

图 5-33　回馈制动机械特性

第二,电车下坡时。如图 5-34 所示,电车走平路时电机工作在正向电动状态,电动机的电磁转矩 T 与反抗性负载转矩 T_L 平衡,并以 n_a 的转速稳定运行在固有机械特性曲线的 a 点上,如图 5-34(c)所示。当电车下坡时,因重力作用而产生的下滑力超过摩擦力时,负载转矩就从反抗性变为位能性。其方向与摩擦转矩的方向相反,与运动方向相同,应为负值,负载机械特性曲线在第二象限。在电动机电磁转矩和负载位能转矩共同作用下,电动机开始加速,当电动机的转速 $n>n_0$ 时,$E_a>U$,$I_a=\dfrac{U-E_a}{R_a}<0$,$T=C_T\Phi_N I_a<0$,电动机的电磁转矩变为制动转矩,对下滑起抑制作用,当到达 b 点时,电动机的电磁转矩与负载转矩平衡,电车以 n_b 稳定转速下坡。此时,电机工作在正向回馈制动状态,将电车的动能变为电能回馈到电网。

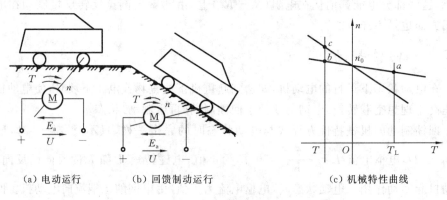

(a) 电动运行　　　　(b) 回馈制动运行　　　　(c) 机械特性曲线

图 5-34　正向回馈制动

说明:正向回馈制动运行在第二象限,起重机下放重物的反向回馈制动运行在第四象限,其实是由于规定提升方向为正,下放为负而产生的。

回馈制动时,由于有功率回馈到电网,因此与能耗制动和反接制动相比,从能量观点看是比较经济的。

小　结

直流电机的结构包括定子和转子两大部件。定子的主要部件有主磁极、换向磁极、机座和电刷装置,主磁极产生主磁场,而换向磁极则起改善换向的作用。转子的主要部件是换向器、电枢铁芯和电枢绕组。换向器与电刷配合起整流作用,电枢绕组在运行时产生感应电动势和电磁转矩,实现机电能量的转换。

直流发电机的励磁方式可以他励,也可以自励。自励的方式主要有并励和复励。

电枢电势、电磁转矩和电磁功率的计算公式是关于直流电机的基本公式,我们应当掌握它的意义和本质。电磁功率 $P_M=T\Omega=E_a I_a$ 表明直流电机通过电磁感应实现了机电能量的转换。

直流发电机的基本方程有:电动势方程 $U=E_a-I_a R_a$;转矩方程 $T_1=T_0+T$。直流电动机的基本方程有:电动势方程 $U=E_a+I_a R_a$;转矩方程 $T_2=T-T_0$。

他励直流电动机的机械特性指稳态运行时转速与电磁转矩之间的关系。机械特

性的一般表达式为

$$n = \frac{U}{C_e\Phi} - \frac{R}{C_e C_T \Phi^2} T$$

当 $U=U_N$、$\Phi=\Phi_N$、$R=R_a$ 时的机械特性为固有机械特性。当 U, Φ, R 中任意一个参数改变时的机械特性称为人为机械特性。

直流电动机启动瞬间 $n=0$，$E_a=0$，启动电流 I_{st} 可达 I_N 的十几倍，这是不允许的，为了限制启动电流，通常采用电枢回路串入附加电阻分级和降低电枢电压启动。

电动机的反转通常采用改变电枢电流方向来达到改变电动机转向的目的。

直流电动机的调速是人为地改变电气参数使电动机在不同的人为机械特性上运行，使生产机械的工作速度得到改变，以满足生产的需要。他励直流电动机的调速方法有：电枢串电阻调速，降低电枢电压调速，减弱磁通调速。串电阻调速和降低电压调速属恒转矩调速，弱磁调速属恒功率调速。注意，恒转矩调速方式适合于拖动恒转矩负载，恒功率调速方式适合于拖动恒功率负载。

直流电动机有 3 种制动方法：能耗制动、反接制动（电压反接和倒拉反转反接）和回馈制动。制动运行的特点是 T 与 n 的方向相反，电磁转矩 T 对拖动系统起制动作用，机械特性曲线处于第二、四象限。

思考题与习题

1. 说明直流发电机的工作原理。

2. 说明直流电动机的工作原理。

3. 直流电机的主要额定参数有哪些？

4. 直流电机的励磁方式有哪几种？在各种不同励磁方式的电机中，电机电流与电枢电流及励磁电流有什么关系？

5. 直流电机有哪些主要部件？各部件的作用是什么？

6. 说明直流电动机输入功率 P_1、电磁功率 P_M、输出功率 P_2 的含义，以及这 3 个物理量之间的关系。

7. 输入功率 P_1 对于直流电动机和直流发电机来说，它代表的功率性质是否相同？区别在哪里？

8. 他励直流电动机的机械特性指的是什么？

9. 什么叫他励直流电动机的固有机械特性？什么叫人为机械特性？

10. 试说明他励直流电动机三种人为机械特性的特点。

11. 直流电动机为什么不能直接启动？如果直接启动会引起什么后果？

12. 直流电动机的启动方法有哪几种？

13. 当电动机拖动恒转矩负载时，应采用什么调速方式？拖动恒功率负载时，又应采用什么样的调速方式?

14. 他励直流电动机的三种调速方法各属于什么调速方式?

15. 如何改变他励直流电动机的旋转方向?

16. 怎样实现他励直流电动机的能耗制动?

17. 采用能耗制动和电压反接制动进行系统停车时都需要在电枢回路串入制动电阻,哪一种串入的电阻更大些? 为什么?

18. 什么叫回馈制动? 有何特点?

19. 当提升机下放重物时,要使他励电动机在低于理想空载转速下运行,应采用什么制动方法? 若在高于理想空载转速下运行,又应采用什么制动方法?

20. 一台四极直流发电机,额定功率 P_N 为 55 kW,额定电压 U_N 为 550 V,额定转速 n_N 为 1500 r/min,额定效率 η_N 为 0.9。试求额定状态下电机的输入功率 P_1 和额定电流 I_N。

21. 一台直流电动机的额定数据为:额定功率 $P_N = 17$ kW,额定电压 $U_N = 220$ V,额定转速 $n_N = 1500$ r/min,额定效率 $\eta_N = 0.83$。求它的额定电流 I_N 及额定负载时的输入功率。

22. 一台并励直流发电机,额定电压 $U_N = 440$ V,励磁回路总电阻 $R_f = 44$ Ω,电枢回路总电阻 $R_a = 0.55$ Ω,负载电阻 $R_L = 4$ Ω,求:(1)励磁电流 I_f、电枢电流 I_a;(2)电枢电势 E_a;(3)输出功率 P_2 及电磁功率。

23. 一台额定功率 $P_N = 6$ kW,额定电压 $U_N = 110$ V,额定转速 $n_N = 1440$ r/min,$I_N = 70$ A,$R_a = 0.08$ Ω,$R_f = 550$ Ω 的并励直流电动机,求额定运行时:(1) 电枢电流及电枢电动势;(2) 电磁功率、电磁转矩及效率。

24. 一台直流他励电动机的额定数据为:$P_N = 51$ kW,$U_N = 550$ V,$I_N = 115$ A,$n_N = 950$ r/min,$R_a = 0.45$ Ω。求固有机械特性方程。

25. 一台他励电动机的铭牌数据为:$P_N = 40$ kW,$U_N = 550$ V,$I_N = 507.5$ A,$R_a = 0.067$ Ω。(1) 如果电枢电路不串接电阻启动,则启动电流为额定电流的几倍?(2) 如将启动电流限制为 $1.5I_N$,求应串入电枢电路的电阻值。

26. 一台 Z_z-61 他励直流电动机,$P_N = 10$ kW,$U_N = 550$ V,$I_N = 53.8$ A,$n_N = 1500$ r/min,电枢电阻 $R_a = 0.13$ Ω。试计算:(1) 直接启动时,最初启动电流;(2) 若限制启动电流不超过 100 A,则采用电枢串阻启动时应串入的最小启动电阻值。

27. 一台他励直流电动机数据为:$P_N = 7.5$ kW,$U_N = 110$ V,$I_N = 79.84$ A,$n_N = 1500$ r/min,电枢回路电阻 $R_a = 0.1014$ Ω,求:(1) $U = U_N$,$\Phi = \Phi_N$ 条件下,电枢电流 $I_a = 60$ A 时转速是多少? (2) $U = U_N$ 条件下,主磁通减少 15%,负载转矩为 T_N 不变时,电动机电枢电流与转速是多少? (3) $U = U_N$,$\Phi = \Phi_N$ 条件下,负载转矩为 $0.8T_N$,转速为(-800) r/min,电枢回路应串入多大电阻?

第6章 控制电机

学习目标

1. 了解几种主要控制电机的特点、类型和用途。
2. 掌握伺服电动机、测速电机和步进电机的工作原理及控制方法。
3. 了解自整角机和旋转变压器结构。

在自动控制系统中，作为测量和比较的元件、放大元件、执行和计算元件的电机统称为控制电机。在性能的要求上，对于一般电机着重于要求启动和运转状态时的力能指标，而对于控制电机则着重于输出量的大小、特性的精确度和灵敏度、工作的稳定性及特性曲线的线性度等方面的要求。

6.1 伺服电动机

伺服电动机把输入的电压信号变换成转轴上的角位移或角速度再输出，它在自动控制系统中作为执行元件，故又称为执行电动机。伺服电动机转轴的转向与转速随着输入控制电压信号的方向和大小的改变而改变，并且能带动一定大小的负载。例如，在雷达天线系统中，雷达天线就是由交流伺服电动机拖动的。

自动控制系统对伺服电动机的基本要求如下。

（1）宽广的调速范围　伺服电动机的转速随着控制电压的改变能在宽广的范围内连续调整。

（2）机械特性和调节特性均为线性　伺服电动机线性的机械特性和调速特性有利于提高自动控制系统的动态精度。

（3）无"自转"现象存在　伺服电动机在控制电压为零时能立即自行停转。消除自转是自动控制系统正常工作的必要条件。

（4）快速响应　伺服电动机的机电时间常数要小，相应地要有较大的堵转转矩和较小的转动惯量。这样，电动机的转速能够随着控制电压的改变而迅速地发生相应变化。

伺服电动机按其使用电源性质的不同，可分为直流伺服电动机和交流伺服电动机两大类。直流伺服电动机一般用于功率较大的控制系统中，其输出功率通常为1～600 W，但也有的可达数千瓦。交流伺服电动机一般用于功率较小的控制系统中，输出功率为 0.1～100 W。

6.1.1　直流伺服电动机

直流伺服电动机是指使用直流电源的伺服电动机。

1. 直流伺服电动机的结构和控制方式

他励和永磁式直流伺服电动机与普通的直流电动机在结构上并无本质差别,由于永磁式直流伺服电动机的结构简单、体积小、效率高,因此应用广泛。

他励直流伺服电动机的控制方式分为电枢控制和磁场控制两种。采取电枢控制时,控制信号施加于电枢绕组回路,励磁绕组接于恒定电压的直流电源上。采取磁场控制时,控制信号施加于励磁绕组回路,电枢绕组接于恒定电压的直流电源上。由于电枢控制的特性好、电枢控制回路电感小而响应迅速,则控制系统多采用电枢控制。下面仅以电枢控制方式为例说明其特性。

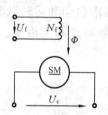

**图 6-1　电枢控制式直流伺服
电动机原理图**

2. 电枢控制方式的工作原理

电枢控制时直流伺服电动机的原理如图 6-1 所示。

从工作原理来看,直流伺服电动机与普通直流电动机是完全相同的。伺服电动机由励磁绕组接于恒定直流电源 U_f 上,由励磁电流 I_f 产生磁通 Φ。电枢绕组施加控制电压 U_c,电枢绕组内的电流与磁场作用,产生电磁转矩,电动机转动;控制电压消失后,电动机立即停转,保证了电动机无"自转"现象。

3. 电枢控制方式的特性

1) 机械特性

电枢控制时,直流伺服电动机的机械特性和他励直流电动机改变电枢电压时的人为机械特性相似。

$$n = \frac{U_c}{C_e \Phi} - \frac{R_a}{C_e C_T \Phi^2} T \tag{6-1}$$

由式(6-1)可见,当控制电压 U_c 一定时,直流伺服电动机的机械特性是线性的,且在不同的控制电压下,得到一簇平行直线,如图 6-2 所示。从图中还可知:控制电压 U_c 越大,$n=0$ 时对应的启动转矩 T 也越大,越利于启动。

2) 调节特性

调节特性是指电磁转矩 T 一定时,电动机转速 n 与控制电压 U_c 的关系。根据式(6-1)可得到调节特性曲线,如图 6-3 所示。显然调节特性也是线性的,当 T 一定时,U_c 越高,n 也越高。

当转速为零时,对应不同的负载转矩可得到不同的启动电压。当电枢电压小于启动电压时,伺服电动机不能启动。总的来说,直流伺服电动机的调节特性也是比较理想的。

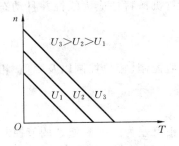

图 6-2 电枢控制直流伺服电动机
的机械特性曲线

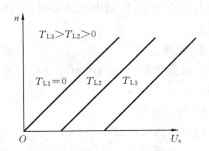

图 6-3 直流伺服电动机的调节
特性曲线

6.1.2 交流伺服电动机

1. 结构简介

交流伺服电动机实际上是两相异步电动机,由定子和转子两部分组成。定子绕组为两相绕组,结构完全相同,并在空间相距 90°电角度。定子绕组中的一相绕组用作励磁绕组,另一相绕组用作控制绕组。交流伺服电动机的转子有鼠笼型和空心杯型两种。无论哪种转子,它的转子电阻都做得比较大,目的是使转子在移动时产生制动转矩,使伺服电动机在控制绕组不加电压时,能及时制动,防止自转。其余的部件与普通异步电动机的相同。

2. 基本工作原理

交流伺服电动机工作时,励磁绕组接单相交流电压 U_f,控制绕组接控制信号电压 U_c,这两个电压同频率,相位互差 90°。图 6-4 为交流伺服电动机的工作原理图。当励磁绕组和控制绕组均加上相位互差 90°的交流电压时,若控制电压和励磁电压的幅值相等,则在空间形成圆形轨迹的旋转磁场;若控制电压和励磁电压的幅值不相等,则在空间形成椭圆形轨迹的旋转磁场,从而产生电磁转矩。转子在电磁转矩作用下旋转,转速为 n。

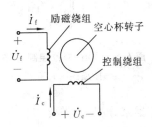

图 6-4 交流伺服电动机
的工作原理图

交流伺服电动机必须像直流伺服电动机一样具有伺服性,当控制信号不为零时,电动机旋转;当控制信号电压等于零时,电动机应立即停转。如果像普通两相异步电动机那样,电动机一经启动,即使控制信号消失,转子仍继续旋转,这种失控现象称为"自转",是不符合控制要求的。为了消除自转现象,将伺服电动机的转子电阻设计得较大,使其有控制信号时,迅速启动;一旦控制信号消失,就立即停转。

另外,与普通两相异步电动机相比,交流伺服电动机应当有宽广的调速范围;当励磁电压不为零、控制电压为零时,其转速也应为零;机械特性应为线性并且动态特性要好。

3. 控制方式

交流伺服电动机的控制方式有三种,分别是幅值控制、相位控制以及幅值-相位控制。

1) 幅值控制

始终保持可控制电压 U_c 与励磁电压 U_f 之间的相位差为 $90°$,只通过调节控制电压的大小改变伺服电动机的转速,这种控制方式称为幅值控制。使用时,励磁电压保持为额定值,控制电压 U_c 的幅值在额定值与零之间变化,伺服电动机的转速也就在最高转速至零转速之间变化,如图6-4所示。

2) 相位控制

这种控制方式是通过调节控制电压与励磁电压之间的相位角 β 来改变伺服电动机的转速,控制电压和励磁电压均保持为额定值。当 $\beta=0°$ 时,控制电压与励磁电压同相位,气隙磁动势为脉振磁动势,故电动机停转,$n=0$;当 $\beta=90°$ 时,磁动势为圆形旋转磁动势,电动机转速最高;当 $\beta=0\sim90°$ 时,电动机的转速由低向高变化,如图 6-4所示。

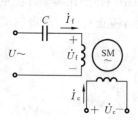

图 6-5 幅值-相位控制接线图

3) 幅值-相位控制

这种控制方式对幅值和相位差都进行控制,即通过改变控制电压的幅值及控制电压与励磁电压间的相位差 β 来控制伺服电动机的转速,如图 6-5 所示,当调节控制电压的幅值来改变电动机的转速时,由于转子绕组的耦合作用,励磁绕组中的电流随之发生变化,励磁电流的变化引起电容的端电压变化,致使控制电压与励磁电压之间的相位角 β 也改变,所以这是一种幅值和相位的复合控制方式。这种控制方式是利用串联电容器来分相,不需要移相器,所以设备简单,成本较低,成为实际应用中最常用的一种控制方式。

6.2 测速发电机

测速发电机是一种测量转速的信号元件,它将输入的机械转速变换为与转速成正比的电压信号输出。在自动控制及计算装置中,可作为检测、阻尼、计算和角加速信号元件。

1. 测速发电机的分类

根据输出电压的不同,测速发电机分为以下几类。

$$测速发电机\begin{cases}直流测速发电机\begin{cases}永磁式直流测速发电机\\电磁式直流测速发电机\end{cases}\\交流测速发电机\begin{cases}同步测速发电机\\异步测速发电机\end{cases}\end{cases}$$

直流测速发电机的输出电压为直流电压；交流测速发电机的输出电压为交流电压。

2. 对测速发电机的主要要求

（1）测速发电机的输出电压与输入的机械转速要保持严格的正比关系。

（2）测速发电机的转动惯量要小，响应快。

（3）测速发电机的灵敏度要高，使得较小的转速变化也可以引起输出电压的相应变化。

6.2.1　直流测速发电机

1. 直流测速发电机的结构和工作原理

1）基本结构

直流测速发电机的结构与普通直流发电机的相同，实际上是一种微型直流发电机。直流测速发电机按励磁方式又可分为他励式发电机和永磁式发电机。由于测速发电机的功率较小，而永磁式又不需另加励磁电源，且温度对磁钢特性的影响也没有因励磁绕组温度变化而影响输出电压那么严重，所以应用广泛。

2）工作原理

他励式直流测速发电机的工作原理如图 6-6 所示。励磁绕组接一恒定直流电源 U_f，通过电流 I_f 产生磁通 Φ。根据直流发电机原理，在忽略电枢反应的情况下，电枢的感应电动势为

$$E_a = C_e \cdot \Phi \cdot n = k_e \cdot n \quad (6-2)$$

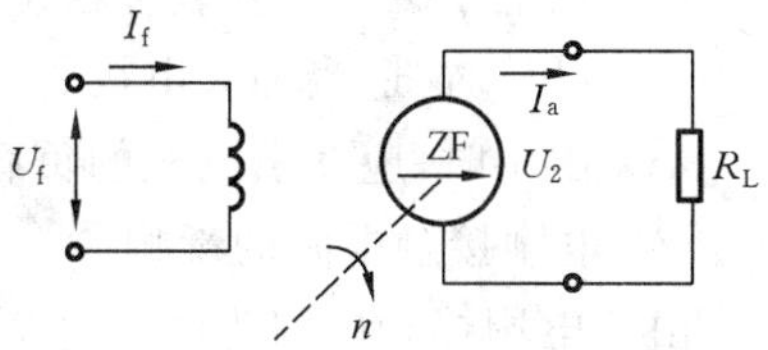

图 6-6　直流测速发电机原理图

带上负载后，电刷两端输出电压为

$$U_a = E_a - I_a R_a \quad (6-3)$$

式中：R_a——电枢回路的总电阻。

带负载后负载电流与负载电压 U_2 的关系为

$$I_a = U_2 / R_L \quad (6-4)$$

式中：R_L——负载电阻。

由于电刷两端的输出电压 U_a 与负载上电压 U_2 相等，所以将式（6-4）代入式（6-3）可得

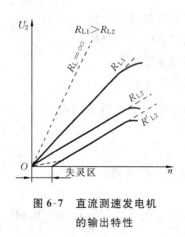

图 6-7　直流测速发电机
的输出特性

$$U_2 = E_a - R_a U_2 / R_L$$

经过整理后可得

$$U_2 = \frac{E_a}{1 + \dfrac{R_a}{R_L}} = C \cdot n \qquad (6\text{-}5)$$

式中:C——测速发电机输出特性的斜率,

$C = k_e / (1 + R_a / R_L)$。

从式(6-5)可见,直流测速发电机的输出电压 U_2 与转速 n 成正比,输出特性 $U_2 = f(n)$ 为线性,如图 6-7 所示。对于不同负载电阻 R_L,测速发电机的输出特性斜率也有所不同,它随负载电阻 R_L 的减小而降低。

2. 直流测速发电机产生误差的原因和减小误差的方法

实际上,直流测速发电机的输出电压与转速之间并不是保持严格的正比关系,产生误差的主要原因如下。

1)电枢反应

直流测速发电机电枢反应的去磁作用使得主磁通 Φ 发生变化,所以式(6-2)中的电动势系数 k_e 将不再为常值,而是随负载电流的变化而变化,负载电流升高导致电动势系数 k_e 略有减小,输出特性曲线向下弯曲。

为了消除电枢反应的影响、改善输出特性,应尽量使电机的磁通 Φ 保持不变。为此常采取以下措施。

(1) 在定子磁极上安装补偿绕组进行补偿。

(2) 设计时,适当加大电机的气隙尺寸。

(3) 使用时,应使发电机的负载电阻值等于或大于负载电阻的规定值。

2)电刷接触电阻的影响

由于电刷接触电阻为线性电阻,当测速发电机的转速较低时,电刷接触电阻较大,此时电刷接触电阻压降在总电枢电压中所占比重大,测速发电机的实际输出电压较小;而当电机转速升高时,电刷接触电阻变小,接触电阻压降也将减小。考虑到电刷接触电阻影响后的输出特性曲线如图 6-8 所示。在转速较低时,电机的实际输出特性上出现一个不灵敏区。

为减小电刷接触电阻的影响,使用时常采用接触电阻压降较小的铜-石墨电

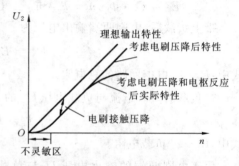

图 6-8　直流测速发电机的实际输出特性

刷。在高精度的直流测速发电机中,也有采用铜电刷的,并在与换向器相接触的表面上镀银。

3) 纹波影响

由于直流测速发电机的换向片数是有限的,因此它的实际输出电压是一个脉动的直流电压,称为纹波。虽然脉动分量在整个输出电压中所占比例并不大(最高转速时约占 1 %),但对于高精度的自动控制系统和计算装置都是不允许的。

为了消除纹波影响,可在直流测速发电机的电压输出电路中加入滤波电路。

图 6-9 是直流测速发电机在恒速控制系统中的应用原理图。若单独采用直流伺服电动机来拖到这个机械负载,由于直流伺服电动机的转速是随负载转矩变化而变化的,所以不能实现负载转矩变化而负载转速恒定的要求。因此,为了实现系统的转速恒定,采用与直流伺服电动机同轴连接一个直流测速发电机的方法来达到目的。

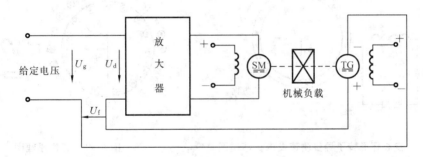

图 6-9 恒速控制系统中的应用原理图

6.2.2 交流测速发电机

交流测速发电机分为同步测速发电机和异步测速发电机两种。

同步测速发电机的输出电压大小及频率均随转速(输入信号)的变化而变化,因此一般用作指示式转速计,很少用于控制系统中的转速测量。而异步测速发电机输出电压的频率与励磁电压的频率相同且与转速无关,其输出电压的大小与转速 n 成正比,因此在控制系统中应用广泛。异步测速发电机分为笼型和空心杯型两种,笼型测速发电机没有空心杯型测速发电机的测量精度高,而且空心杯型结构的测速发电机的转速惯量也小,适合于快速系统,因此目前空心杯型测速发电机应用比较广泛。下面介绍它的基本结构和工作原理及使用特性。

1. 基本结构

空心杯型转子异步测速发电机的定子上有两相互垂直的分布绕组,其中一相为励磁绕组,另一相为输出绕组。转子是空心杯,用电阻率较大的青铜制成,属于非磁性材料。杯子里边还有一个由硅钢片叠成的定子,称为内定子,这样可以减少主磁路的磁阻。图 6-10 为一台空心杯形转子异步测速发电机的简单结构图。

2. 工作原理

励磁绕组的轴线为 d 轴,输出绕组的轴线为 q 轴。工作时,电机励磁绕组加上恒频恒压的励磁电压时,励磁绕组中有励磁电流流过,产生与励磁电压同频率的 d 轴脉振磁动势 F_d 和脉振磁通 Φ_d,电机转子逆时针旋转,转速为 n,如图 6-11 所示。电机转子和输出绕组中的电动势及由此而产生的反应磁动势,根据电机的转速可分两种情况。

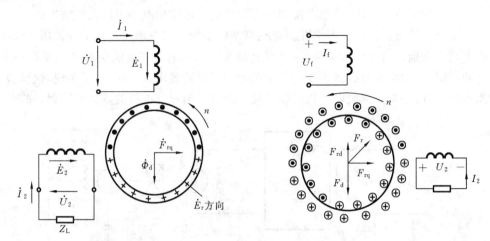

图 6-10　空心杯形转子异步测速发电机结构图　　图 6-11　工作原理图

1)电机不转

当电机不转时,转速 $n=0$,由纵轴磁通 Φ_d 交变在空心杯转子感应的电动势称为变压器性质电动势,转子电流产生的转子磁动势性质和励磁磁动势性质相同,均为直轴磁动势;输出绕组由于与励磁绕组在空间位置上相差 90°电角度,因而不产生感应电动势,这样输出电压 $U_2=0$。

2)电机旋转

当转子转动时,转速 $n\neq0$,转子切割脉振磁通 Φ_d,产生的电动势称为切割电动势 E_r,其大小为

$$E_r = C_r \cdot \Phi_d \cdot n \tag{6-6}$$

式中:C_r——转子电动势常数;

Φ_d——脉振磁通幅值。

从式(6-6)可以看出,转子电动势 E_r 的大小与转速 n 成正比,转子电动势的方向可用右手定则判断。

转子中的感应电动势 E_r 在转子杯中产生转子电流,考虑到转子漏抗的影响,转子电流将在相位上滞后于电动势 E_r 一个电角度。此转子电流产生转子脉振磁动势 F_r,它可分解为直轴磁动势 F_{rd} 和交轴磁动势 F_{rq}。直轴磁动势 F_{rd} 将影响励磁磁动势

F_f，使励磁电流 I_f 发生变化，而交轴磁动势 F_{rd} 产生交轴磁通 Φ_q。交轴磁通 Φ_q 交链输出绕组，从而在输出绕组中感应出频率与励磁频率相同、幅值与交轴磁通 Φ_q 成正比的输出电动势 E_2。

由于 $\qquad\qquad\qquad\qquad \Phi_q \propto F_{rq} \propto F_r \propto E_r \propto n$

所以 $\qquad\qquad\qquad\qquad E_2 \propto \Phi_q \propto n$

可以看出，异步测速发电机输出电动势 E_2 的频率即为励磁电源的频率，而与转子转速 n 的大小无关；输出电动势的大小则正比于转子转速 n，即输出电压 U_2 也只与转速 n 成正比。这就克服了同步测速发电机存在的缺点，因此空心杯转子异步测速发电机在自动控制系统中得到了广泛的应用。

3. 异步测速发电机的误差

异步测速发电机的主要误差包括剩余电压误差、幅值和相位误差两种。

1）剩余电压误差

电机定、转子部件加工工艺的误差以及定子磁性材料性能的不一致性造成测速发电机转速为零时，实际输出电压并不为零，此电压称为剩余电压。剩余电压的存在引起的测量误差称为剩余电压误差。减小剩余电压误差的方法是选择高质量、各方向特性一致的磁性材料，为了在加工工艺过程中提高精度，还可采用装配补偿绕组进行补偿等方法。

2）幅值和相位误差

若想异步测速发电机输出电压严格正比于转速 n，则励磁电流产生的脉振磁通 Φ_d 应保持为常数。实际上，当励磁电压为常数时，励磁绕组漏电抗的存在致使励磁绕组电流与外加励磁电压有一个相位差，随着转速的变化使得 Φ_d 的幅值和相位均发生变化，造成输出电压的误差。为减小此误差可增大转子电阻。

6.3 步进电动机

步进电动机是一种用电脉冲信号进行控制，并将电脉冲信号转换成相应的角位移的控制电机。它由专用的驱动电源供给电脉冲，每输入一个电脉冲，电动机就移进一步，即它是步进式运动的，故称为步进电动机。

步进电动机是自动控制系统中一种十分重要而且常用的功率执行元件。步进电动机在数字控制系统中一般采用开环控制。由于计算机应用技术的迅速发展，目前步进电动机常常和计算机结合起来组成高精度的数字控制系统，如机械数控系统、平面绘图机、自动记录仪表和航空航天系统等。

按结构和工作原理的不同来分，步进电动机可分为反应式步进电动机、永磁式步进电动机和永磁感应子式步进电动机三大类；按相数可分为单相、两相、三相和多相等形式。下面以应用较多的三相反应式步进电动机为例，介绍其结构和工作原理。

6.3.1 三相反应式步进电动机的结构和工作原理

1. 结构

三相反应式步进电动机模型的结构如图 6-12 所示。它的定子、转子铁芯都由硅钢片叠成。定子上有六个极,每两个相对的磁极绕有同一相绕组,三相绕组接成星形作为控制绕组;转子铁芯上没有绕组,只有四个齿,齿宽等于定子极靴宽。

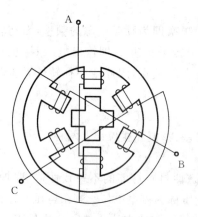

图 6-12 三相步进电动机模型的结构示意图

2. 工作原理

图 6-13 为一台三相反应式步进电动机的工作原理图。它由定子和转子两大部分组成,在定子上有三对磁极,磁极上装有励磁绕组。励磁绕组分为三相,分别为 A 相、B 相和 C 相绕组。步进电动机的转子由软磁材料制成,在转子上均匀分布四个凸极,极上不装绕组,转子的凸极也称为转子的齿。

当步进电动机的 A 相通电,B 相及 C 相不通电时,由于 A 相绕组电流产生的磁通要经过磁阻最小的路径形成闭合磁路,所以将使转子齿 1、齿 3 同定子的 A 相对齐,如图 6-13(a)所示。当 A 相断电,改为 B 相通电时,同理 B 相绕组电流产生的磁通也要经过磁阻最小的路径形成闭合磁路,这样转子顺时针在空间转过 30°电度角,使转子齿 2、齿 4 与 B 相对齐,如图 6-13(b)所示。当由 B 相改为 C 相通电时,同样可使转子顺时针转过 30°电度空间角度,如图 6-13(c)所示。若按 A—B—C—A 的通电顺序往复进行下去,则步进电动机的转子将按一定速度顺时针方向旋转,步进电动机的转速取决于三相控制绕组的通、断电源的频率。当依照 A—C—B—A 顺序通电时,步进电动机将变为逆时针方向旋转。

(a) A 相通电情况 (b) B 相通电情况 (c) C 相通电情况

图 6-13 三相反应式步进电动机工作原理图

　　在步进电动机的控制过程中,定子绕组每改变一次通电方式,称为一拍。上述的通电控制方式,由于每次只有一相控制绕组通电,故称为三相单三拍控制方式。除此之外,还有三相单、双六拍控制方式及三相双三拍控制方式,在三相单、双六拍控制方式中,控制绕组通电顺序为 A—AB—B—BC—C—CA—A(转子顺时针旋转)或 A—AC—C—CB—B—BA—A(转子逆时针旋转)。在三相双三拍控制方式中,若控制绕组的通电顺序为 AB—BC—CA—AB,则步进电动机顺时针旋转;若控制绕组的通电顺序为 AC—CB—BA—AC,则步进电动机反转。

　　步进电动机每改变一次通电状态(即一拍),转子所转过的角度称为步距角,用 θ_{se} 来表示。从图 6-13 中可以看出,三相单三拍的步距角为 30°,而三相单、双六拍的步距角为 15°,三相双三拍的步距角则为 30°。

　　上述分析的是最简单的三相反应式步进电动机的工作原理,这种步进电动机具有较大的步距角,不能满足生产实际对精度的要求,如使用在数控机床中就会影响到加工工件的精度。为此,近年来实际使用的步进电动机是定子和转子齿数都较多、步距角较小、特性较好的小步距角步进电动机。

6.3.2　小步距角三相反应式步进电动机

　　图 6-14 是最常用的一种小步距角的三相反应式步进电动机的原理图。

　　定子有三对磁极,每相一对,相对的极属于一相,每个定子磁极的极靴上各有许多小齿,转子周围上均匀分布着许多个小齿。根据步进电动机工作要求,定子、转子的齿距必须相等,且转子齿数不能为任意数值。因为在同相的两个磁极下,定子、转子齿应同时对齐或同时错开,才能使几个磁极作用相加,产生足够磁阻转矩,所以,转子齿数应是每相磁极的整倍数。除此之外,在不同相的相邻磁极之间的齿数不应是整数,即每一极距对应的转子齿数不是整数。定子、转子齿相对位

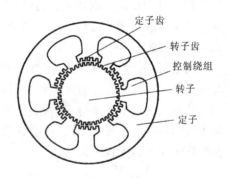

图 6-14　小步距角的三相反应式步进电动机的原理图

置应依次错开 t/m(m 为相数,t 为齿距),这样才能在连续改变通电状态下获得不间断的步进运动;否则,当任一相通电时,转子齿都将处于磁路的磁阻最小的位置,各相轮流通电时,转子将一直处于静止状态,电动机将不能运行。

　　步进电动机的步距角 θ_{se} 为

$$\theta_{se} = 360°/mZ_rC \tag{6-7}$$

式中:m——步进电动机的相数,对于三相步进电动机,$m=3$;

　　　　C——通电状态系数,当采用单拍或双拍方式工作时,$C=1$;当采用单双拍混合

方式工作时,$C=2$;

Z_r——步进电动机的转子齿数。

步进电动机的转速 n 为

$$n = 60f/mZ_rC \tag{6-8}$$

式中:f——步进电动机每秒的拍数(或每秒的步数),称为步进电动机的通电脉冲频率。

应予以说明的是:减小步距角有利于提高控制精度;增加拍数可缩小步距角。拍数取决于步进电动机的相数和通电方式。除常用的三相步进电动机以外,还有四相、五相、六相等形式,然而相数增加使步进电动机的驱动器电路复杂,工作可靠性降低。

6.4　旋转变压器

旋转变压器是自动装置中的一类精密控制微电机。当旋转变压器的一次侧外施单相交流电压励磁时,其二次侧的输出电压与转子转角将严格保持某种函数关系。在自动控制系统中它可以作为解算元件进行三角函数运算、坐标变换等,也可以在随动系统中作为同步元件传输与转角相应的电信号;此外,还可用作移相器和角度-数字转换装置。

旋转变压器有多种分类的方法。按有无电刷和滑环之间的滑动接触来分,旋转变压器可分为接触式旋转变压器和非接触式旋转变压器两类。在非接触式旋转变压器中又可再细分为有限转角和无限转角两种。通常在无特别说明时,均是指接触式旋转变压器。

按电机的极对数多少来分,旋转变压器可分为单对极旋转变压器和多对极旋转变压器两类。通常在无特别说明时,均是指单对极旋转变压器。

按它的使用要求来分,旋转变压器可分为用于解算装置的旋转变压器和用于随动系统的旋转变压器,等等。但就它们的原理与结构来说,基本上相同,本节仅以正、余弦旋转变压器为代表来分析。

6.4.1　旋转变压器的基本结构

旋转变压器的结构与绕线式异步电动机的相似,一般都是一对极。其定子、转子铁芯是采用高磁导率的铁镍软磁合金片或高硅钢经冲制、绝缘、叠装而成。为了使旋转变压器的导磁性能沿气隙圆周各处均为一致,在定子、转子铁芯叠片时采用每片错过一齿槽的旋转叠片方法。定子铁芯的内圆周上和转子铁芯的外圆周上都冲有均匀的齿槽。定子上装有两套完全相同的绕组 D 和 Q,在空间上相差 90°,每套绕组的有效匝数为 N_1,D 绕组轴线 d 为电机的纵轴,Q 绕组轴线 q 为电机的横轴。转子上也装有两套完全相同的、互相垂直的绕组 A 和 B,分别经滑环和电刷引出,每套绕组的有效匝数为 N_2。转子的转角是这样规定的:以 d 轴为基准,转子绕组 A 的轴线与 d

轴的夹角 α 为转子的转角,如图 6-15(a)所示。

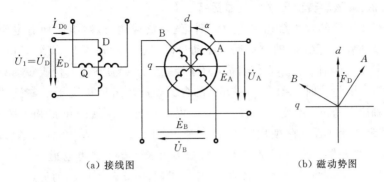

（a）接线图　　　　　　　　　　（b）磁动势图

图 6-15　空载时的正、余弦旋转变压器

6.4.2　正弦、余弦旋转变压器的工作原理

1. 正弦、余弦旋转变压器的空载运行

旋转变压器的 D 绕组为励磁绕组,接交流电压 U_1,转子上的绕组开路,称为空载运行。

空载时,D 绕组中有励磁电流 I_{D0} 和励磁磁动势 $F_D = I_{D0} N_1$,F_D 是 d 轴方向上空间正弦分布的脉振磁动势,在图 6-15(b)所示的空间磁动势图上画出了 F_D 的位置。

把 $\dot{F}_D$ 分成两个脉振磁动势 $\dot{F}_A$ 和 $\dot{F}_B$,$\dot{F}_A$ 在绕组 A 的轴线上,$\dot{F}_B$ 在绕组 B 的轴线上,则

$$\dot{F}_D = \dot{F}_A + \dot{F}_B$$
$$F_A = F_D \cos\alpha$$
$$F_B = F_D \sin\alpha$$

$\dot{F}_A$ 在 $+A$ 轴线方向产生正弦分布的脉振磁密,在转子的绕组 A 中产生感应电动势 $\dot{E}_A$,磁路不饱和时,E_A 的大小正比于磁密且正比于磁动势 F_A,也就是说 E_A 的大小与余弦 $\cos\alpha$ 成正比。同理可知,转子的绕组 B 中产生的感应电动势 E_B 的大小正比于磁动势 F_B,也就是说 E_B 的大小与正弦 $\sin\alpha$ 成正比,即

$$E_A \propto F_A = F_D \cos\alpha$$
$$E_B \propto F_B = F_D \sin\alpha$$

忽略各绕组的漏阻抗,则绕组 A 和绕组 B 的端电压为

$$U_A = E_A \propto \cos\alpha \tag{6-9}$$
$$U_B = E_B \propto \sin\alpha \tag{6-10}$$

这就是正弦、余弦旋转变压器的工作原理。使用时,转角 α 的大小可以根据需要来进行调节,但不论 α 角为多大,只要是某一常数,则输出绕组(转子绕组)就输出与

α 角的正弦量或余弦量成正比的电压。

2. 正弦、余弦旋转变压器的负载运行

当旋转变压器的输出绕组接上负载时，就是负载运行，绕组中便有电流，会产生电枢反应磁动势。绕组 A 的电枢反应磁动势肯定在＋A 轴线上，绕组 B 的电枢反应磁动势肯定在＋B 轴线上。它们若同时存在，就会使 q 轴方向上合成磁动势为零，这是最理想的。因为此时只剩下 d 轴方向的合成磁动势可以被定子励磁磁动势平衡，仍保持 d 轴磁动势 F_D 不变，输出的电压可以保持与转角 α 的正弦和余弦关系。所以正、余弦旋转变压器实际使用时即便是一个输出绕组工作，另一绕组也要通过阻抗短接，称为副边补偿。还可以是定子上的 Q 绕组短接，在副边电枢反应产生 q 轴方向磁动势时，Q 绕组便可以感应电动势，有电流，产生 q 轴方向磁动势，补偿电枢反应 q 轴磁动势，这被称为原边补偿。使用时，如果不采用副边或原边补偿，q 轴方向有磁动势会引起输出电压的畸变，从而使旋转变压器产生误差，这是不行的。因此实际使用中，接线如图 6-16 所示，正、余弦旋转变压器的原、副边均进行补偿，而且阻抗 Z_A 和 Z_B 尽量大些为好。

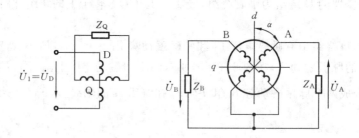

图 6-16　原、副边补偿的正、余弦旋转变压器

6.5　自整角机

自整角机是一种能对角位移或角速度的偏差进行指示、传输及自动整步的感应式控制电机。它被广泛用于随动控制系统中，作为角度的传输、变换和指示，通常是两台或多台组合使用。自整角机的作用是通过两台或多台电机在电路上的联系，使机械上互不相连的两根或多根转轴能够自动地保持同步转动。

在随动控制系统中，多台自整角机协调工作，其中产生控制信号的主自整角机称为发送机，接受控制信号、执行控制命令并与发送自整角机保持同步的自整角机称为接收机。

自整角机根据功能的不同可分为力矩式自整角机和控制式自整角机两类。

1) 力矩式自整角机

力矩式自整角机主要用于指示系统中。这类自整角机的特点是本身不能放大力矩,要带动接收机轴上的机械负载,必须由发送机一方的驱动装置供给转矩。力矩式自整角机只适用于接收机轴上负载很轻(如指针、刻盘等)、角度转换精度要求不高的控制系统中。

2) 控制式自整角机

控制式自整角机主要用于由自整角机和伺服机构组成的随动系统中。这类自整角机的特点是接收机转轴不直接带动负载,即没有力矩输出。当发送机和接收机转子之间存在角位差(即失调角)时,在接收机上将有与此失调角呈正弦函数关系的电压输出,此电压经放大器放大后,再加到伺服电动机的控制绕组中,使伺服电动机转动,从而使失调角减小,直到失调角为零,使接收机上输出电压为零,伺服电动机立即停转。

力矩式自整角机组成的系统一般为开环系统,精度较低,而控制式自整角机组成的是闭环系统,因此精度较高。

6.5.1　自整角机的工作原理

1. 力矩式自整角机的工作原理

图 6-17 为力矩式自整角机的工作原理图。图中有两台自整角机,系统中与主令轴相连接的是发送机,与输出轴相连的是接收机。图 6-17 所示左方的为发送机,右方是接收机,并且两台电机的结构参数一致。在工作过程中两台电机的励磁绕组并接在同一单相交流励磁电源上,它们的三相整步绕组彼此对应相序相连。为便于分析,规定励磁绕组与整步绕组的 a 相轴线的夹角 θ 作为转子位置角。此时,发送机转子的位置角为 θ_1,接收机转子位置角为 θ_2,则失调角

$$\theta = \theta_1 - \theta_2 \tag{6-11}$$

当 $\theta_1 = \theta_2$ 时,$\theta = \theta_1 - \theta_2 = 0$,系统中发送机和接收机的定子绕组中对应的电动势相互平衡,定子绕组中无电流流过,转子相对静止,系统处于协调位置。

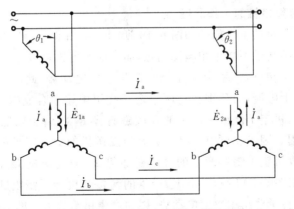

图 6-17　力矩式自整角机的工作原理图

当发送机转子逆时针转过 θ_1 角,接收机的转子尚未转动,即 $\theta_2 = 0$ 时,失调角 θ 不为零,发送机、接收机定子绕组相对应的电动机不平衡,产生电流,自整角机中出现整步转矩。由于发送机的转子与主令轴刚性连接,不能任意转动,所以整步转矩迫使接收机向失调角减小的方向转动,直至 $\theta = 0$。在主令轴与输出轴之间犹如有一根无形的轴,使输出轴跟着主令轴旋转,保持 $\theta = 0$,即保持同步,转子停止转动,系统进入新的协调位置。可见,力矩式自整角机一旦出现失调角,便有自整步能力。

图 6-18 所示的为液面位置指示器。浮子随着液面的上升或下降,通过绳索带动自整角机发送机转子转动,将液面位置转换成发送机的转角。自整角发送机和接收机之间通过导线远距离连接起来,于是自整角接收机转子就带动指针准确地跟随自整角发送机转子的转角变化而偏转,从而实现了远距离液面位置的指示。这种系统还可以用于电梯和矿井提升机构位置的指示及核反应堆中的控制棒指示器等装置中。

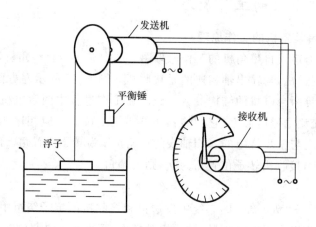

图 6-18 液面位置指示器

2. 控制式自整角机的工作原理

控制式自整角机的工作原理如图 6-19 所示。由图 6-19 可知,在控制式自整角机系统中接收机的转子不接单相电源励磁,而与放大器连接。

当发送机转子转过 θ_1 后,其定子绕组产生感应电动势,此电动势使发送机与接收机定子绕组产生电流,而分别在这两个定子绕组中建立合成磁通势 F_1 和 F_2。根据楞次定律,发送机定子绕组中产生的合成磁通势 F_1 与转子励磁磁通势 F_f 的方向相反,起去磁作用。因接收机中的定子电流与发送机的对应定子电流大小相等而方向相反,所以接收机定子绕组产生的合成磁通势 F_2 与发送机 F_1 的方向相反,即与 F_f 的方向相同,如图 6-19 所示。由 F_2 产生的与接收机转子绕组轴线重合的磁场分量将在接收机的转子绕组中感应电动势,因而产生供给放大器的电压为

$$U_2 = U_{2m}\sin(\theta_1 - \theta_2) = U_{2m}\sin\theta$$

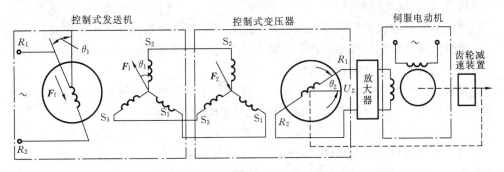

图 6-19　控制式自整角机的工作原理图

式中: U_{2m}——接收机转子绕组的最大输出电压。

由于控制式接收机运行于变压器状态,故称控制式变压器。其输出电压 U_2 经放大器放大后输出至交流伺服电动机的控制绕组,使伺服电动机驱动负载同时带动控制式变压器的转子转动,直至 $\theta_1 = \theta_2$,即失调角 θ 为零。此时 $U_2 = 0$,放大器无电压输出,伺服电动机停止旋转,系统进入新的协调位置。

由上可见,控制式自整角机的负载能力取决于伺服电动机的功率,故能驱动较大负载。控制式自整角机与放大器及伺服电动机所组成的闭环系统提高了系统精度,同时控制式自整角机的结构在与力矩式自整角机相似的情况下,控制式发送机的定子绕组为正弦绕组,控制式变压器的转子为隐极式,嵌有单相正弦绕组,因此也提高了控制式自整角机的精度。

小　　结

本章从使用的角度介绍了常用的几种控制电机:测速发电机、伺服电动机、旋转变压器、自整角机、步进电动机等。

伺服电动机在自动控制系统中主要作为执行元件机。伺服电动机分为直流伺服电动机和交流伺服电动机两类。

直流伺服电动机的工作原理与普通直流电动机的相同。直流伺服电动机有两种控制方式:电枢控制和磁场控制。由于电枢控制方式的机械特性和调节特性均为线性,响应迅速,故电枢控制方式得到广泛应用。

交流伺服电动机的工作原理和两相交流电动机的相同。控制绕组的信号电压为零时,气隙中只产生脉振磁场,电动机无启动转矩;控制绕组有信号电压时,电动机气隙中形成旋转磁场,电动机产生启动转矩而转动。但电动机一经启动,即使控制信号消失,转子仍继续旋转,这种失控现象称为“自转”,是不符合控制要求的。为了消除自转现象,将伺服电动机的转子电阻设计得较大,使其有控制信号时迅速启动;一旦控制信号消失,就立即停转。

交流伺服电动机的控制方式有三种:幅值控制、相位控制、幅值-相位控制。

测速发电机是信号检测元件。根据测速发电机所发出电压的不同,它可分为直流测速发电机和交流测速发电机两类。

直流测速发电机的结构和工作原理与直流发电机的相同。造成直流测速发电机线性误差的原因是电枢反应、电刷接触电阻的影响和纹波影响。

交流测速发电机分为同步测速发电机和异步测速发电机两种,其中异步测速发电机又分为笼型和空心杯两种。交流测速发电机的误差主要有:幅值及相位误差、剩余电压误差。使用测速发电机时,应当尽量减少误差的影响。

步进电动机是一种用电脉冲信号进行控制,并将电脉冲信号转换成相应的角位移(或线位移)的控制电机,以实现对生产过程或设备的数字控制。每输入一个脉冲,步进电动机就移进一步。

步进电动机通过改变电脉冲频率的高低就可以在很大的范围内调节电动机的转速高低,并具有能快速启动、制动及反转的特点。在控制过程中,工作不失步,通过控制步距而得到的小步距步进电动机的精度更高。

步进电动机广泛应用于开环的控制系统,尤其是数控机床的控制系统中。当采用了速度和位置检测装置后,它也可以用于闭环系统中。

旋转变压器是自动装置中的一类精密控制电机,当旋转变压器的一次侧(定子绕组)外施单相交流电压励磁时,其二次侧(转子绕组)的输出电压将与转子转角之间严格保持某种函数关系。在自动控制系统中它可以作为解算元件进行三角函数运算、坐标变换等;在随动系统中,它可用来传输与转角相应的电信号;旋转变压器还可以作为移相器。旋转变压器的种类较多,但就其原理与结构来说,基本上相同,以正、余弦旋转变压器最具有代表性。

自整角机是一种能对角位移或角速度的偏差进行自动整步的感应式控制电动机。在自动控制系统中,用以实现角度的变换、传输和接收,它们都是两台或两台以上组合使用。按使用方式的不同,它分为力矩式和控制式自整角机。力矩式自整角机只适用于接收机轴上负载很轻,且角度传输精度要求不高的指示系统中。在控制式自整角机系统中,接收机的转轴不直接带动机械负载而工作于变压器状态,其输出电压与失调角呈正弦函数关系,此电压经功率放大后再控制伺服机构,因而能带动较大负载,精度也较高。

思考题与习题

1. 在自动控制系统中,常用的控制电机主要有哪些?
2. 控制电机的应用领域和主要功能是什么?

3. 控制电机和普通旋转电机在性能上的主要差别为何？

4. 为什么交流测速发电机输出电压的大小与电机转速成正比，而频率却与转速无关？

5. 若直流测速发电机的电刷没有放在几何中心线上，试问这时电机正、反转时的输出特性是否一样？为什么？

6. 何谓交流测速发电机的剩余电压？简要说明剩余电压产生的原因及其减小的方法。

7. 为什么直流测速发电机的负载电阻阻值应等于或大于负载电阻的规定值？

8. 伺服电动机的作用是什么？

9. 交流伺服电动机的"自转"现象是指什么？如何消除？

10. 若直流伺服电动机的励磁电压下降，将对电机的机械特性和调节特性产生哪些影响？

11. 直流伺服电动机常用什么控制方式？为什么？

12. 旋转变压器是怎样的一种控制电机，常应用于什么控制系统？

13. 旋转变压器定子上的两套绕组在结构和空间位置上关系如何？旋转变压器一般做成几对极？

14. 在正、余弦旋转变压器中，为何要采用原边补偿或副边补偿？

15. 力矩式自整角机和控制式自整角机工作原理上各有何特点？各适用于怎样的随动系统？

16. 步进电动机的转速与哪些因数有关？如何改变其转向？

17. 何谓步进电动机的步距角？三相反应式步进电动机的步距角如何计算？

18. 三相六极反应式步进电动机的步距角为 $1.5°/0.75°$，求转子的齿数？若频率为 2 000 Hz，则电动机转速为多大？

第7章　电力拖动系统中电动机的选择

学习目标

1. 了解电动机的绝缘材料及允许温度、电动机的允许温升、电动机的发热过程、电动机的冷却过程。

2. 掌握电动机的三种工作制特点。

3. 掌握电动机容量选择的一般原则、步骤和计算方法。

4. 了解电动机种类、型式、电压和转速的选择。

要使电力拖动系统经济而可靠地运行,就必须正确选择电动机,其中容量的选择是最重要的,也是最复杂的一项工作,本章以介绍电动机容量的选择为重点。此外,还应根据具体情况,正确选择电动机的类型、额定电压、额定转速。

7.1　电动机容量选择的基本知识

7.1.1　电动机容量选择的一般原则

选择电动机容量的目的是使电动机在能够满足生产机械负载要求的前提下,尽可能得到充分利用。在选择电动机的容量时,必须从生产机械的工艺、负载转矩的性质、电动机的工作制及经济性几个方面综合考虑。如果电动机的容量选得过大,则不但设备投资增加,而且电动机欠载运行,效率及功率因数较低,运行费用较高,极不经济;反之,如果电动机的容量选得过小,则电动机将过载运行,使电动机过热而过早损坏,而且容量过小,一般也难以满足冲击性负载及启动的要求。因此,合理选择电动机的容量是非常必要的。

选择电动机容量的一般原则如下:

(1)电动机的容量尽可能得到充分利用;

(2)电动机的最高运行温度不超过允许值;

(3)电动机的过载能力和启动能力均应满足负载要求。

7.1.2　电动机容量选择的一般步骤

选择电动机容量时,对于不同性质的负载及不同的工作制,选择过程有所不同,但一般步骤如下:

（1）确定负载的功率 P_L；

（2）根据负载功率预选一台功率相当的电动机，即 $P_N \geqslant P_L$；

（3）对预选的电动机进行发热、过载能力和启动能力进行校验，若不合格，则应另选一台额定功率稍大的再进行校验，直至合格为止。

7.1.3　电动机的绝缘材料及允许温度

电动机在负载运行时，其内部损耗转变为热量使电动机温度升高。在电动机中，耐热最差的就是绕组的绝缘材料，若电动机的损耗太大而使温度超过绝缘材料的允许最高温度时，绝缘材料的寿命就会急剧缩短，严重时会使绝缘遭到破坏，电动机烧毁。因此绝缘材料所允许的最高温度就是电动机允许的最高温度，绝缘材料的寿命就是电动机的寿命。

根据绝缘材料允许的最高温度不同，绝缘材料可分为 Y、A、E、B、F、H 和 C 七个等级，其中 Y 级和 C 级在电动机中一般不采用。现将常用的 A、E、B、F、H 五个等级绝缘材料的性能介绍如下。

（1）A 级绝缘　指经过绝缘浸渍处理的棉纱、丝、纸等，普通漆包线的绝缘漆，允许的最高温度为 105 ℃。

（2）E 级绝缘　指高强度漆包线的绝缘漆，环氧树脂，三醋酸纤维薄膜、聚酯薄膜及青壳纸，纤维填料塑料，允许的最高温度为 120 ℃。

（3）B 级绝缘　指用有机材料黏合或浸渍的云母、玻璃纤维、石棉等，以及矿物填料塑料，允许的最高温度为 130 ℃。

（4）F 级绝缘　指用耐热优良的环氧树脂黏合或浸渍的云母、玻璃纤维、石棉等，允许的最高温度为 155 ℃。

（5）H 级绝缘　指用硅有机树脂黏合或浸渍的云母、玻璃纤维、石棉，硅有机橡胶，无机填料塑料，允许的最高温度为 180 ℃。

7.1.4　电动机的允许温升

温升是电动机发热校验中常用的一个重要概念。电动机在运行时，由于内部损耗引起发热，电动机的温度升高。电动机温度 t 与周围环境温度 t_0 的差值称为电动机的温升，用 τ 来表示，即 $\tau = t - t_0$，单位为 ℃。我国幅员辽阔，各地区温度相差较大，为了设计和选用电动机有个统一的标准，我国规定标准环境温度为 40 ℃。

电动机的允许温升是指电动机允许的最高温度与标准环境温度的差值，即

$$\tau_{\max} = t_{\max} - t_0 \tag{7-1}$$

式中：$\tau_{\max}$——电动机的允许温升，℃；

$t_{\max}$——电动机绝缘允许的最高温度，℃；

t_0——标准环境温度，40 ℃。

例如,使用 A 级绝缘材料的电动机,其允许温升为:$\tau_{\max}=(105-40)\ ^\circ\text{C}=65\ ^\circ\text{C}$。

7.1.5　电动机的发热过程

电动机发热是指运行时由于内部损耗产生的热量,使电动机的温度升高的过程。运行时电动机内部损耗产生的热量 Q,其中一部分热量储存在电动机中,使电动机的温度升高,称为储存热 Q_a。有了温升,电动机就要向周围散热,温升越高、散热越快。另一部分热量则散发到周围的介质中去,称为散发热 Q_s,即

$$Q = Q_a + Q_s$$

电动机刚开始运行时,由于温差小,它产生的热量主要用于升高电动机的温度,并存储起来。随着温度的升高、温差的增大,散发的热量逐渐增多,当散发的热量与发热量相等时,电动机的温度就不再升高,这时电动机的温升称为稳态温升 τ_{bt}。

电动机的发热过程是指电动机运行时温升 τ 随时间 t 的变化关系,即温升曲线 $\tau = f(t)$。由于电动机的热源产生在绕组、铁芯、轴承等部位,其各部位产生的热量不相等,各部位的温度也不相同,且各部位向周围介质散热的条件和方式也不相同。如果按实际情况来分析电动机的发热过程,将是十分复杂的。因此,在分析电动机发热过程中需作如下假设。

(1) 电动机是一个均匀的发热体　电动机各处的温度相等,各处的发热和散热系数相等,且等于常数。

(2) 电动机的负载恒定　电动机在单位时间内产生的热量相等。

(3) 电动机向周围介质散发的热量与温升 τ 成正比,周围环境温度不变。

由此可知,电动机单位时间内产生的热量 Q 等于电动机的损耗功率 p,故在 $\mathrm{d}t$ 时间内的发热量为

$$Q\mathrm{d}t = p\mathrm{d}t\ (\mathrm{J})$$

其中用于电动机温度升高的储存热 Q_a 为

$$Q_a = C\mathrm{d}\tau\ (\mathrm{J})$$

式中:C——热容量,是电动机温度每升高 1 $^\circ$C 时所需要的热量,J/$^\circ$C;

　　　$\mathrm{d}\tau$——电动机在 $\mathrm{d}t$ 时间内的温升,$^\circ$C。

散发到周围介质中的散热量 Q_s 为

$$Q_s = A\tau\mathrm{d}t$$

式中:A——散热系数,表示温升为 1 $^\circ$C 时每秒钟散发的热量,J/$^\circ$C·s;

　　　τ——电动机的温升。

根据热量守恒原理,电动机的热平衡方程为

$$Q\mathrm{d}t = C\mathrm{d}\tau + A\tau\mathrm{d}t \tag{7-2}$$

方程两边同时除以 $A\ \mathrm{d}t$,整理后得

$$\tau + \frac{C \mathrm{d}\tau}{A \mathrm{d}t} = \frac{Q}{A}$$

令 $T = \dfrac{C}{A}$，$\tau_{bt} = \dfrac{Q}{A}$，得基本形式的微分方程为

$$\tau + T \frac{\mathrm{d}\tau}{\mathrm{d}t} = \tau_{bt} \tag{7-3}$$

这是一个标准的一阶微分方程，其解为

$$\tau = \tau_{bt}(1 - e^{t/T}) + \tau_{af} e^{-t/T} \tag{7-4}$$

式中：τ_{bt}——$t = \infty$ 时电动机的稳态温升，℃；

　　　T——发热时间常数，s；

　　　τ_{af}——$t = 0$ 时电动机的起始温升，℃。

　　如果电动机由环境温度开始发热，起始温升 $\tau_{af} = 0$，则有

$$\tau = \tau_{bt}(1 - e^{-t/T}) \tag{7-5}$$

根据式(7-4)和式(7-5)可作出电动机发热过程
的温升曲线，如图 7-1 所示。曲线 1 表示起始温
升不为 0 的情况，曲线 2 表示起始温升为 0 的
情况。

　　电动机的稳态温升 τ_{bt} 与电动机所带的负载
大小有关，负载增加时，损耗增加，发热量增大，
故 τ_{bt} 也增大。

　　值得注意的是，发热时间常数 T 是表明电
动机温度变化快慢的物理量，而不是电动机达
到稳态温升所需的时间。

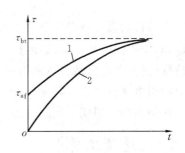

图 7-1　电动机发热过程温升图

7.1.6　电动机的冷却过程

　　电动机的冷却过程是指电动机的发热量小于散热量，电动机的温度逐渐下降，温
升逐渐减小的过程。这一过程出现在电动机所带的负载减小或停止工作的状态。因
此，电动机的冷却过程可分两种情况来分析。

　　当电动机的负载减小时，损耗减小，发热量也减小，原来的热平衡遭到破坏。发
热量小于散热量，则电动机的温度将逐渐下降，由原来的稳态温升逐渐下降到负载减
小后对应的稳态温升。此时电动机温升变化过程的表达式为

$$\tau = \tau_{bt}(1 - e^{-t/T}) + \tau_{af} e^{-t/T} \tag{7-6}$$

式中：τ_{bt}——负载减小后对应的稳态温升，℃；

　　　τ_{af}——冷却开始时的温升，℃。

　　这时 $\tau_{af} > \tau_{bt}$，温升的变化是按指数规律衰减的，电动机冷却过程温升曲线如图
7-2 中的曲线 1 所示。

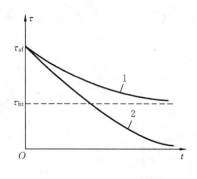

图 7-2 电动机冷却过程温升曲线

电动机停止工作时,损耗为零,发热量 $Q=0$,则稳态温升 $\tau_{bt}=0$,这时的温升曲线如图 7-2 中的曲线 2 所示,其表达式为

$$\tau = \tau_{af} e^{-t/T} \tag{7-7}$$

式(7-7)表明,电动机将内部储存的热量逐渐散发到周围的介质中,直到与周围的温度相同,温态稳升为零,这时发热时间常数用 T_0 表示。对于风扇自冷式电动机,由于风扇停转,散热条件变差,故 $T_0 > T$。对他冷式电动机,$T_0 = T$。

7.2　电动机的工作制

电动机的温升不仅与负载的大小有关,而且与负载持续时间的长短有关。也就是说,对于相同的某一负载,运行时间的长短对电动机的发热情况影响很大。若长时间持续运行,电动机必将达到稳态温升,若仅作短时间运行,将达不到稳态温升。为充分利用电动机的容量,按电动机发热的不同情况,可将电动机分为连续工作制、短时工作制和断续周期工作制三种。

7.2.1　连续工作制

连续工作制是指电动机在恒定的负载下连续运行,工作时间相当长,其温升可达稳态值。显然,工作时间 $t_w > (3 \sim 4)T$,可达几小时甚至几昼夜,属于这一类的生产机械有水泵、鼓风机、造纸机、机床主轴拖动电动机等。

连续工作制电动机的简化负载图 $P_L = f(t)$ 及温升曲线 $\tau = f(t)$ 如图 7-3 所示。

7.2.2　短时工作制

短时工作制是指电动机在恒定负载下作短时间运行,工作时间较短,$t_w < (3 \sim 4)T$,其温升达不到稳态值,而停止运行的时间又较长,$t_s > (3 \sim 4)T$,其温升能够降到零。这种电动机的容量称为短时容量,它的负载图 $P_L = f(t)$ 和温升曲线 $\tau = f(t)$ 如图 7-4 所示。由图 7-4 可以看出,短时工作电动机的最高允许温升小于稳态温升,如果电动机运行时间超过工作时间 t_w,其温升将沿曲线的虚线部分上升,超过绝缘材料的允许温升 τ_{max},这是不允许的。我国生产的这类电动机,其工作时间 t_w 有 15、30、60、90 min 四种定额。属于短时工作的生产机械有管道和水库闸门等。

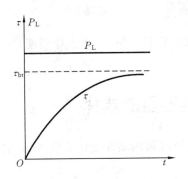

图 7-3　连续工作制电动机负载图
　　　　及温升曲线

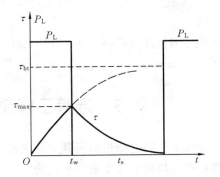

图 7-4　短时工作制电动机的负载图
　　　　及温升曲线

7.2.3　断续周期工作制

　　断续周期工作制是指电动机运行和停机周期性交替进行,其运行时间与停机时间都比较短,即 $t_w < (3 \sim 4)T, t_s < (3 \sim 4)T$;在运行期间温升来不及达到稳态值,在停机时间温升也降不到零;这种电动机的容量称为断续周期容量,其负载图 $P_L = f(t)$ 和温升曲线 $\tau = f(t)$ 如图 7-5 所示。

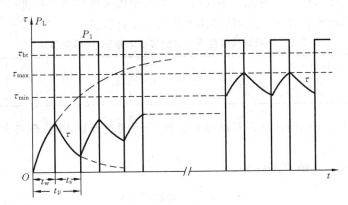

图 7-5　断续周期工作制的负载图及温升曲线

　　在开始工作的前几个周期,每次运行时起始温升和终了温升都有所增加,最后电动机的温升将在 τ_{max} 与 τ_{min} 之间上下波动。属于这类工作制的生产机械有起重机、电梯、轧钢辅助机械等。与短时工作制相似,这类电动机也不可作连续运行,否则电动机会过热而烧毁。

　　在断续周期工作制中,负载工作时间 t_w 与整个工作周期 t_p 之比称为负载持续率,用 $z_c\%$ 表示,即

$$z_c\% = \frac{t_w}{t_w + t_s} \times 100\% \tag{7-8}$$

我国规定的标准负载持续率有 15%、25%、40%、60%四种定额，一个工作周期 $t_p = t_w + t_s \leqslant 10$ min。

7.3 连续工作制电动机容量的选择

连续工作制电动机的负载可分为两类，即恒定负载和周期性变化负载，现分别介绍选择电动机额定功率的两种方法。

7.3.1 恒定负载时电动机容量的选择

在生产中属于恒定负载的生产机械很多，如水泵、风机、大型机床的主轴等。给这类生产机械选择电动机的功率比较简单，只要算出生产机械的功率 P_L，就可以选择一台额定功率 P_N 等于或稍大于负载功率 P_L 的电动机，即

$$P_N \geqslant P_L \tag{7-9}$$

因为连续工作制的电动机是按长期在额定负载下运行来设计和制造的，当 $P_N \geqslant P_L$ 时，电动机的稳态温升不会超过允许温升，因此不必进行热校验。

当环境温度与标准环境温度不同时，可对电动机实际可供容量进行修正，修正方法有计算法和经验估算法，经验估算法可按表 7-1 进行。

表 7-1 不同环境温度下电动机容量的修正(经验估算法)

环境温度/℃	30	35	40	45	50	55
可供功率变化的百分数/(%)	+8	+5	0	−5	−12.5	−25

生产机械的功率通常可在其铭牌上查得，也可通过计算求得，现将常用的几种计算方法介绍如下。

1) 作直线运动的生产机械

$$P_L = \frac{F_L v}{\eta} \times 10^{-3} \text{ kW} \tag{7-10}$$

式中：F_L——负载力，N；

v——运动速度，m/s；

η——传动装置的效率。

2) 作旋转运动的生产机械

$$P_L = \frac{T_L n}{9\,550\eta} \text{ kW} \tag{7-11}$$

式中：T_L——负载转矩，N·m；

n——负载转速，r/min；

η——传动装置的效率。

3）泵类生产机械

$$P_{\text{L}} = \frac{q\gamma h}{\eta_{\text{P}}\eta} \times 10^{-3} \text{ kW} \tag{7-12}$$

式中：q——单位时间排送液体的体积，m^3/s；

γ——液体的比重，N/m^3；

h——排送高度，m；

η_{P}——泵的效率，活塞泵为 $0.8\sim0.9$，低压泵为 $0.3\sim0.6$，高压离心泵为 $0.5\sim0.8$；

η——传动装置的效率，直接连接为 $0.95\sim1$，带连接为 0.9。

4）风机类生产机械

$$P_{\text{L}} = \frac{qP}{\eta_{\text{f}}\eta} \times 10^{-3} \text{ kW} \tag{7-13}$$

式中：q——单位时间排送气体的体积，m^3/s；

P——排除气体的压力，N/m^2；

η_{f}——风机的效率，大型风机为 $0.5\sim0.8$，中型风机为 $0.3\sim0.5$，小型风机为 $0.2\sim0.35$；

η——传动装置的效率。

例 7-1　已知一台离心式水泵的排水量为 $60 \text{ m}^3/\text{h}$，扬程总高为 18 m，转速为 $1\,450 \text{ r/min}$，泵的效率为 0.4，泵与电动机直接相连。试选择电动机的功率。

解　取水的比重为 $9\,810 \text{ N/m}^3$，则水泵的功率为

$$P_{\text{L}} = \frac{q\gamma h}{\eta_{\text{P}}\eta} \times 10^{-3} = \frac{9\,810 \times 60/3\,600 \times 18}{0.4 \times 1} \times 10^{-3} \text{ kW} = 7.358 \text{ kW}$$

查产品目录，可选 Y 系列四极鼠笼式异步电动机，额定功率 $P_{\text{N}} = 7.5 \text{ kW}$，额定转速 $n_{\text{N}} = 1\,450 \text{ r/min}$。

7.3.2　周期性变化负载时电动机容量的选择

有些生产机械的负载在连续运行中不是恒定的，时大时小，最大与最小值相差较大，但负载的变化具有周期性规律，比如大型龙门刨床和矿井提升机等。这类电动机容量的选择较为复杂，既不能按最大负载来选，也不能按最小负载来选，而是在最大值和最小值之间来选择。其选择步骤如下。

1）计算并绘制周期负载图

绘制 $P_{\text{L}} = f(t)$ 或 $T_{\text{L}} = f(t)$ 曲线，如图 7-6 所示。

2）分时间段

将一个变化周期按负载（功率或转矩）大小分成若干个时间段，在每一个时间段内负载是一定的。

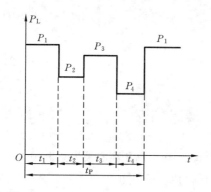

图 7-6　连续周期性变动负载图

3）根据负载图计算一个周期内的平均负载（功率或转矩）

$$P_{Lav} = \frac{\sum\limits_{i=1}^{n} P_i t_i}{\sum\limits_{i=1}^{n} t_i} \qquad (7\text{-}14)$$

$$T_{Lav} = \frac{\sum\limits_{i=1}^{n} T_i t_i}{\sum\limits_{i=1}^{n} t_i} \qquad (7\text{-}15)$$

4）根据平均负载大小预选电动机

电动机的预选额定功率为

$$P_N = (1.1 \sim 1.6) P_{Lav} \qquad (7\text{-}16)$$

或

$$P_N = (1.1 \sim 1.6) \frac{T_{Lav} n_N}{9\,550} \qquad (7\text{-}17)$$

5）对预选的电动机进行热校验

经计算，若电动机的发热小于允许发热，但相差不大，则热校验合格；否则，重新选择电动机的容量，再次进行热校验，直到合格为止。

6）过载能力校验

预选电动机的最大电磁转矩 T_m 必须大于负载图中的最大转矩 T_{Lm}，即

$$T_m \geqslant T_{Lm} \qquad (7\text{-}18)$$

注意：对于交流电动机，考虑到可能电压的波动，应取

$$T_m = (0.8 \sim 0.85) k_m T_N \qquad (7\text{-}19)$$

式中：k_m——电动机的过载倍数；

T_N——电动机的额定转矩。

7）启动能力校验

对于鼠笼式电动机，必要时要校验其启动能力。

7.3.3　热校验的方法

热校验是选择电动机容量的重要内容，所谓热校验就是要校核电动机运行时的最高温升是否超过绝缘材料所允许的最高温升。只有当电动机运行时的最高温升不大于绝缘材料所允许的最高温升时，该电动机的热校验才是合格的。热校验，理论上可以计算出电动机的运行温升，绘制温升曲线，检查最高运行温升是否小于最高允许温升，但这样直接绘制温升曲线是比较困难的（因为发热时间常数 T 和散热系数 A 难以预知），所以热校验一般都用间接的方法——平均损耗法和等效法进行。其中等效法又有等效电流法、等效转矩法和等效功率法。现就这几种间接的热校验方法介

绍如下。

1. 平均损耗法

利用电动机的效率曲线,求出每一段负载时的功率损耗 p_i,即

$$p_i = P_{i1} - P_{i2} = \frac{P_{i1}}{\eta_i} - P_{i2} \tag{7-20}$$

式中:P_{i1}——第 i 段时间电动机输入功率;

P_{i2}——第 i 段时间电动机输出功率;

η_i——第 i 段时间电动机的效率。

再求出每一周期的平均功率损耗 p_{av},即

$$p_{av} = \frac{p_1 t_1 + p_2 t_2 + \cdots + p_n t_n}{t_1 + t_2 + \cdots + t_n} = \frac{\sum_{i=1}^{n} p_i t_i}{t_p} \tag{7-21}$$

当 $p_{av} \leqslant p_N$ 时,热校验合格。p_N 是预选电动机在额定负载时的功率损耗,因电动机的发热产生于内部损耗,所以当 $p_{av} \leqslant p_N$ 时,电动机的温升不会超过允许温升。

当 $p_{av} \ll p_N$ 时,预选的电动机功率太大,电动机得不到充分利用。这时需改选功率较小的电动机,重新进行发热校验。

当 $p_{av} > p_N$ 时,说明预选的电动机功率太小,发热校验不满足要求,需重选功率较大的电动机,再进行发热校验。

这种方法可用于电动机大多数工作情况下的发热校验。其缺点是计算步骤比较复杂。

2. 等效电流法

等效电流法是用一个不变的等效电流 I_{eq} 代替实际变化的负载电流的方法。代替所需满足的条件是:在一个周期时间 t_p 内,等效电流产生的热量与实际变化的负载电流产生的热量相等,即

$$p_{eq} t_P = \sum_{i=1}^{n} p_i t_i \tag{7-22}$$

式中:p_{eq}——等效电流对应的损耗功率,相当于平均损耗。

因为电动机的损耗由不变损耗 p_0(铁损耗和机械损耗)和可变损耗(铜损耗)两部分组成,于是式(7-22)可写成

$$(p_0 + I_{eq}^2 R) t_P = \sum_{i=1}^{n} (p_0 + I_i^2 R) t_i \tag{7-23}$$

考虑到电阻 R 不变,将式(7-23)整理得

$$I_{eq} = \sqrt{\frac{I_1^2 t_1 + I_2^2 t_2 + \cdots + I_n^2 t_n}{t_P}} = \sqrt{\frac{\sum_{i=1}^{n} I_i^2 t_i}{t_P}} \tag{7-24}$$

只要预选电动机的额定电流 $I_N > I_{eq}$，则热校验合格，否则应重新选择电动机再次进行校验。等效电流法是在铁损耗和电阻 R 不变的条件下推导出来的，因此只适用于一般电动机。对于深槽式和双鼠笼式异步电动机，因在启动、制动和反转时，其铁损耗和电阻 R 均在变化，故不能使用。

3. 等效转矩法

等效转矩法是从等效电流法推导出来的。当电动机的磁通保持额定值不变时，电动机的转矩与电流成正比，则式(7-24)可以写成转矩形式，即

$$T_{eq} = \sqrt{\frac{T_1^2 t_1 + T_2^2 t_2 + \cdots + T_n^2 t_n}{t_P}} = \sqrt{\frac{\sum_{i=1}^{n} T_i^2 t_i}{t_P}} \tag{7-25}$$

式中：T_{eq}——等效转矩。

只要预选电动机的额定转矩 $T_N > T_{eq}$，则发热校验合格，否则应重新选择电动机再次校验。应用等效转矩法，除应满足等效电流法的条件外，还应满足磁通不变的条件。因此它仅适用于他励直流电动机和负载接近于额定值的异步电动机。但因电动机的负载转矩曲线容易获得，故该种方法还是得到普遍使用。

4. 等效功率法

等效功率法是由等效转矩法推导出来的，当电动机的转速基本不变时，输出功率与转矩成正比，则式(7-25)可写成

$$P_{eq} = \sqrt{\frac{P_1^2 t_1 + P_2^2 t_2 + \cdots + P_n^2 t_n}{t_P}} = \sqrt{\frac{\sum_{i=1}^{n} P_i^2 t_i}{t_P}} \tag{7-26}$$

只要预选电动机的额定功率 $P_N \geqslant P_{eq}$，则发热校验合格；反之，若 $P_N < P_{eq}$，则选过电动机重新校验，直到合格为止。

等效功率法只有恒电压、恒磁通的直流电动机和机械特性较硬的异步电动机才可以使用。

7.4 短时工作制电动机容量的选择

对于短时工作制，可以选择为连续工作制而设计的电动机，也可以选择专为短时工作制而设计的电动机。这两种情况分别介绍如下。

7.4.1 选择专为短时工作制而设计的电动机

我国专为短时工作制而设计的电动机，其工作时间有 15、30、60 和 90 min 四种定额。对于同一台电动机，对应不同的工作时间定额，其额定功率是不同的，时间定额越小，额定功率越大，其关系是 $P_{15} > P_{30} > P_{60} > P_{90}$；而电动机的最大功率是一定

的,因此其过载倍数 k_m 也不相同,其关系为 $k_{15} < k_{30} < k_{60} < k_{90}$。

如果短时负载 P_L 是恒定的,且负载的工作时间 t_w 与电动机的定额时间相同或相近,则可直接选择电动机的额定容量(额定功率),即

$$P_N \geqslant P_L$$

如果短时负载是变动的,则可按等效功率法计算出等效功率,如式(7-26)所示。再按等效功率来选择电动机的功率,即

$$P_N \geqslant P_{eq}$$

如果负载的工作时间 t_w 与电动机的定额时间 t_q 相差较大,则应先将负载在工作时间 t_w 下的负载功率 P_L 换算到电动机在定额时间 t_q 下的功率 P_{1c},再按换算后的功率 P_{1c} 来选择电动机。把 P_L 换算成 P_{1c} 的依据是在这两种情况下电动机的损耗相等,即发热相同,由此得出 P_{1c} 与 P_L 的关系为(推导过程略)

$$P_{1c} = \frac{P_L}{\sqrt{\dfrac{t_q}{t_w} + k\left(\dfrac{t_q}{t_w} - 1\right)}} \tag{7-27}$$

式中:k——电动机不变损耗与可变损耗的比值, $k = \dfrac{p_0}{p_{Cu}}$。

当 t_w 与 t_q 相差不大时,可略去 $k\left(\dfrac{t_q}{t_w} - 1\right)$,则

$$P_{1c} = \sqrt{\frac{t_w}{t_q}} P_L \tag{7-28}$$

按电动机的额定功率 $P_N \geqslant P_{1c}$ 来选择,容量确定后,还要进行过载能力和启动能力的校验。

7.4.2　选择为连续工作制而设计的电动机

若按短时负载功率来选择连续工作制的电动机,如果选择 P_N 大于或等于 P_L,则因工作时间较短,电动机的温升达不到允许值,即在工作时间 t_w 后,电动机的温升 τ_w 小于允许温升 τ_{max}。从发热角度来讲,电动机容量得不到充分利用,如图 7-7 中曲线 1 所示。

为了能充分利用电动机的容量,应选用 P_N 稍小于 P_L 的电动机,使其在工作时间 t_w 内过载运行,并满足在 t_w 时间内使电动机的温升 τ_w 等于允许温升 τ_{max} 的条件,如图 7-7 中曲线 2 所示。此时,有

$$P_N = P_L / k_w \tag{7-29}$$

式中:k_w—— 按发热观点的功率过载倍数。

$$k_w = \sqrt{\frac{1 + k e^{-t_w/T}}{1 - e^{-t_w/T}}} \tag{7-30}$$

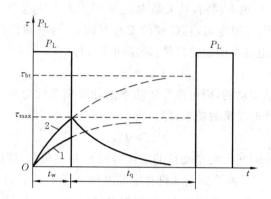

图 7-7　短时工作制电动机的负载图及温升曲线

式中:k——不变损耗与可变损耗之比,即 $\dfrac{p_0}{p_{Cu}}$。

值得注意的是,当 t_w/T 较小时,k_w 值可能大于电动机的过载倍数 k_m,例如:当 $t_w/T=0.3$ 时,$k_w=2.5$。这时应按下式选择连续工作制电动机的额定功率,即

$$P_N \geqslant P_L/k_m \tag{7-31}$$

因满足电动机的过载能力时,一般发热的情况肯定能通过,可能还有裕度,因此,不必进行发热校验。

例 7-2　一台直流电动机的额定功率为 $P_N=20$ kW,过载能力 $k_m=2$,发热时间常数 $T=30$ min,额定负载时铁损耗与铜损耗之比 $k=1$。请校核下列两种情况下是否能用此台电动机:

(1) 短期负载,$P_L=40$ kW,$t_w=20$ min;

(2) 短期负载,$P_L=44$ kW,$t_w=10$ min。

解　(1) 折算成连续工作方式下负载功率为

$$P'_L = \frac{P_L}{k_w} = P_L\sqrt{\frac{1-e^{-t_w/T}}{1+ke^{-t_w/T}}} = 40 \times \sqrt{\frac{1-e^{-20/30}}{1+e^{-20/30}}} = 22.68 \text{ kW}$$

因 $P_N < P'_L$,所以发热校验通不过,不能运行。

(2) 折算成连续工作方式下负载功率为

$$P'_L = \frac{P_L}{k_w} = P_L\sqrt{\frac{1-e^{-t_w/T}}{1+ke^{-t_w/T}}} = 44 \times \sqrt{\frac{1-e^{-10/30}}{1+e^{-10/30}}} = 17.88 \text{ kW}$$

发热校验通过,实际过载系数为

$$k'_m = \frac{P_L}{P_N} = \frac{44}{20} = 2.2$$

$k'_m > k_m$,过载能力不够,不能使用。

7.5　断续周期工作制电动机容量的选择

断续周期工作制既可以选择专门为断续周期工作制而设计的电动机,也可以选择连续工作制的电动机。

7.5.1　选择断续周期工作制的电动机

断续周期工作制是指负载的工作时间 t_w 和停机时间 t_s 是交替进行的,且每个周期时间 $t_p = t_w + t_s \leqslant 10$ min。该类电动机因频繁地启动和制动,一般的电动机难以满足其要求,故多采用专门为这类负载设计的电动机。

我国生产的这类电动机,负载持续率 $z_C\%$ 有 15%、25%、40% 和 60% 四种。对于同一台电动机而言,不同的负载持续率 $z_C\%$,其额定输出功率不同,负载持续率越大,额定输出功率越小,即 $P_{15\%} > P_{25\%} > P_{40\%} > P_{60\%}$。此外,对于同一台电动机,其最大电磁力矩 T_m 是固定的,而额定电磁转矩 T_N 与额定输出功率 P_N 成正比,额定输出功率越大,则额定电磁转矩越大,其过载能力 $k_m = T_m / T_N$ 将越小,即 $k_{15\%} < k_{25\%} < k_{40\%} < k_{60\%}$。

断续周期工作制的电动机,每一周期内都有启动、制动过程,停机时间又较短,因此其功率的选择与连续周期工作制变化负载下电动机功率选择过程是相似的。在一般情况下,也要经过预选、校验等步骤。在计算负载功率后作出生产机械负载图,初步确定负载持续率 $z_C\%$,根据负载功率的平均值(计算平均值时应是工作时间的平均值,不能计及停机时间 t_s)和 $z_C\%$ 来预选电动机的功率,然后作出电动机的负载图,进行发热、过载能力、启动能力的校验。

如果负载的实际持续率 $z_C\%$ 与标准持续率 $z_{Cb}\%$ 不相同,应向靠近的标准持续率进行折算,折算后的负载功率 P_{Lb} 与实际负载功率 P_L 之间的关系为(推导从略)

$$P_{Lb} = \frac{P_L}{\sqrt{\dfrac{z_{Cb}\%}{z_C\%} + k\left(\dfrac{z_{Cb}\%}{z_C\%} - 1\right)}} \tag{7-32}$$

也可用下式作近似计算

$$P_{Lb} \approx P_L \sqrt{\frac{z_C\%}{z_{Cb}\%}} \tag{7-33}$$

在进行发热校验时,不论用什么方法,其计算公式中都不包括停机时间 t_s。

当负载持续率 $z_C\% < 10\%$ 时,可按短时工作制选择电动机;当 $z_C\% > 70\%$ 时,可按连续工作制选择电动机。

7.5.2　选择连续工作制的电动机

当电动机以功率 P_N 连续运行时,其允许温升就是稳态温升 τ_{bt};当在同样的负载下作断续周期运行时,其最大温升 τ_{max} 肯定要比 τ_{bt} 小。为了充分利用电动机的容量,可以选择一台容量比 P_N 稍小的连续运行的电动机,使其作断续周期的过载运行,只要运行时的最大温升 τ_{max} 不超过该电动机的允许温升 τ_{bt} 即可。

预选电动机的功率 P_N 与负载功率 P_L 之间的关系式为

$$P_N = P_L \sqrt{\frac{t_w}{(k+1)(t_w + t_s)} - k} = P_L \sqrt{\frac{z_C}{k+1} - k} \tag{7-34}$$

式中: z_C——负载持续率;

k——电动机额定情况下不变损耗与可变损耗之比(普通鼠笼式电动机 $k=0.5\sim0.7$;冶金用中小型绕线式电动机 $k=0.45\sim0.6$;冶金用大型绕线式电动机 $k=0.9\sim1$;冶金用直流电动机 $k=0.5\sim0.9$;普通直流电动机 $k=1\sim1.5$)。

由上式可知,所选电动机功率 P_N 与负载持续率 $z_C\%$ 的大小有关。负载持续率越低,选用电动机的功率越小,电动机的过载能力受到限制。当过载能力不满足要求时,应按电动机的过载能力来选择。

7.6 电动机种类、型式、电压和转速的选择

7.6.1 电动机类型的选择

电动机的类型有鼠笼式异步电动机、绕线式异步电动机、同步电动机和直流电动机。类型选择的主要原则是:在满足生产机械特点的前提下,尽量优先选用结构简单、维护方便、价格便宜的电动机。

鼠笼式异步电动机具有结构简单、维护方便、运行可靠、价格便宜等优点,但其启动和调速性能较差。因此,对不要求调速的生产机械应优先选用鼠笼式异步电动机,如机床、水泵、通风机等。对要求较大启动转矩的生产机械,可选择深槽式或双鼠笼式异步电动机,如空气压缩机、皮带运输机等。

绕线式异步电动机具有较大的起动力矩和在一定范围内调速的性能,多用在启动、制动比较频繁,需要较大启动转矩、调速范围不大的生产机械上,如起重机、卷扬机、电梯、矿井提升机等。

同步电动机具有转速恒定、功率因数可调等特点。但其造价高,运行维护较复杂,因此仅用在负载功率较大,且不要求调速的生产机械上,如空气压缩机、球磨机、破碎机等。

直流电动机具有启动转矩大、调速性能好的优点。但它的结构复杂,造价高,运行维护较困难。因此,只有在交流电动机无法满足要求的生产机械上才采用,如高精密数控车床、龙门刨床、电力机车等。

随着交流调速系统的不断发展,交流电动机的调速性能不断改善,其技术经济指

标正向直流电动机接近,将使交流电动机的应用越来越广。

7.6.2　电动机额定电压的选择

电动机额定电压的选择取决于供电电网的额定电压。

交流供电电压有 220/380 V、3000 V、6000 V、10000 V 四种,对于一般中小型低压异步电动机,都采用 220/380 V,单相电动机使用单相电源电压 220 V,三相电动机使用三相电源电压 380 V。三相电动机接线形式有 Y、△ 和 Y/△ 三种,当采用 Y/△ 降压启动时,则应选择△接线的电动机。对于大功率的高压电动机,可根据供电电源情况选择 3000 V 或 6000 V 或 10000 V 的额定电压。

直流电动机的额定电压有 110、220、330、440、660 V 等,其电压的选择应根据电源装置来确定。常用的直流电源装置有直流发电机、可控硅整流装置和蓄电池组。

7.6.3　电动机额定转速的选择

电动机额定转速的高低将影响设备投资费用和工作机械的生产效率。额定功率相同的电动机,额定转速越高,额定转矩越小,则电动机的体积、重量和造价也越小,因此选用高速电动机较为经济。但是,对于一定转速的生产机械,若电动机的转速越高,势必加大传动机构的传速比,使传动机构复杂,造价高。因此,在电动机额定转速选择时,必须综合考虑电动机与生产机械两方面的情况,做出正确选择。

对于连续工作的电动机,一般从初期投资和运行维护费用来考虑,就几个不同的额定转速(即不同的传速比)方案中选出最合适的转速;对于经常启动、制动及反转,但过渡过程的持续时间对生产影响不大的电动机,除考虑初期投资外,主要根据过渡过程能量消耗为最小的条件来选择;对于经常启动、制动及反转,但过渡过程的持续时间对生产影响较大的电动机(如龙门刨床的主电机),主要根据过渡过程持续时间为最短的条件来选择。

实际上,一般都可按与系统动能储存量成正比的 $GD^2 \cdot n_N^2$ 之值为最小的条件来选择电动机的额定转速及传速比。因为过渡过程的能量损耗及持续时间都和 $GD^2 \cdot n_N^2$ 之值成正比。

7.6.4　电动机型式的选择

电动机的选择,除要进行以上几个方面的选择外,还要注意选择电动机的结构型式。

电动机的结构型式,按安装方式不同,有卧式和立式两种。一般情况多选用卧式,只有特殊情况才使用立式,如深井水泵、潜水泵和钻床等。按防护型式不同,有开启式电动机、防护式电动机、封闭式电动机、密闭式电动机和防爆式电动机等,这些型式的选择应根据电动机的使用地点、使用环境来确定。

开启式电动机有较大的通风孔,价格便宜,散热性能良好,但尘埃、水滴和铁屑等有害物质容易侵入电动机内部,影响其正常运行和使用寿命,仅在干燥和清洁的环境中使用。

防护式电动机一般可防滴、防雨、防溅,以及防止外界物体落入电动机内部,但不能防潮、防尘。因此适用于干燥、灰尘不多,没有腐蚀性爆炸性气体的环境。

封闭式电动机又分为自扇冷式、他扇冷式和封闭式三种。前两类可在潮湿、多腐蚀性灰尘、易受风雨侵蚀的环境中使用。第三类一般用于浸入水中的设备,这种电动机价格较高。

防爆式电动机是在密封式结构基础上制成隔爆式的,适用于具有易燃、易爆性气体或尘埃的环境中,如煤矿、油库、煤气站等。

小　结

电动机容量选择的一般原则是:电动机的容量尽可能得到充分的利用,运行时最高温升不超过允许值,同时应满足过载能力和启动能力的要求。

电动机容量选择的一般步骤:先确定负载功率,然后预选一台功率适当的电动机,再进行发热、过载能力和启动能力校验,直到合格为止。

在电动机运行过程中,必然产生损耗。损耗的能量在电动机中全部转化为热量,一部分热能被电动机本身吸收,使其内部的各部分温度升高,另一部分热能向周围介质散发出去。随着损耗的增加,电动机的温度不断上升,直至某一稳态值。当电动机减载或停机时,电动机的温升将逐步下降,直至某一稳态值或温升为零。

电动机允许的最大温升的高、低与电动机的绝缘等级有关。电动机的发热校验实际上就是检查电动机运行时的最大温升是否超过规定值。

电动机的工作制影响对电动机功率的选择。电动机的工作制分为连续工作制、短时工作制和断续周期工作制三种。对于不同的工作制,选择的电动机功率方法有所不同。

连续工作制的电动机功率选择分为恒定负载和周期性变化负载两种情况进行。对恒定负载,只要满足 $P_n \geqslant P_L$ 即可;对周期性变化负载,须计算其平均负载,预选某一功率,再进行发热校验、过载能力校验、启动能力校验等。发热校验一般不是直接计算温升,而是用间接的方法来校验,具体有平均损耗法、等效电流法、等效功率法、等效转矩法。

对于短时工作制和断续周期工作的电动机,既可以选用专门的电动机,也可以选用连续工作制的电动机。

电力拖动系统电动机的选择是对电动机的种类、结构型式、额定容量、额定电压和额定转速的选择。其中,正确选择电动机的容量最为重要。

思考题与习题

1. 电力拖动系统中电动机的选择包括哪些内容？其中最主要的是什么？

2. 选择电动机功率的一般原则是什么？步骤有哪些？

3. 什么是电动机的稳态温升？什么是允许温升？稳态温升与允许温升分别与哪些因素有关？

4. 两台同样的电动机，如果通风冷却条件不同，那么它们的发热情况是否一样？为什么？

5. 电动机的工作制有哪几种？各有什么特点？

6. 连续工作制下电动机功率选择的一般步骤是什么？

7. 电动机周期性地工作 15 min、休息 85 min，其负载持续率 $z_c\% = 15\%$ 对吗？它应属于哪一种工作方式？

8. 如何选择连续工作制周期性变化负载时电动机的功率？

9. 热校验的方法有哪些？它们的应用条件是什么？

10. 短时工作制负载可选择哪几种电机？选择的方法是什么？

11. 断续周期工作负载可选择哪几种电机？选择的方法是什么？负载持续率的含义是什么？

12. 将一台连续工作制电动机用于短时工作制负载时，其输出功率可以增大，试问它的过载能力如何变化？为什么？

13. 有一抽水站，欲将河水抽到 20 m 高的渠道中去，泵的流量是 600 m³/h、转速为 1 450 r/min，效率为 63%，泵与电动机直接相连，水的密度为 9 810 N/m³，环境温度最高为 40 ℃，现有功率为 22、30、37、45、55、75、90 kW 的鼠笼式电动机，试问选择哪一台比较合适？

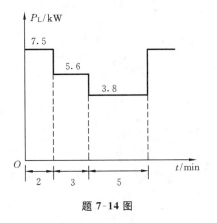

题 7-14 图

14. 一台他励式直流电动机拖动的生产机械，其负载功率如题 7-14 图所示。今欲选一台 $P_N = 5.6$ kW、$U_N = 220$ V、$n_N = 1\ 000$ r/min、过载能力 $\lambda_M = 2.3$ 的电动机，试对该电动机进行发热校验和短时过载能力校验。

15. 某生产机械的负载曲线 $T_L = f(t)$、转速曲线 $n = f(t)$ 如题 7-15 图所示，试选择标准环境温度下，$U_N = 220$ V，直流他励直冷风扇式电动机的功率，并进行热校验。

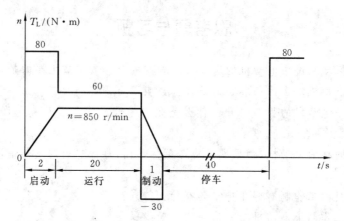

题 7-15 图

参 考 文 献

[1] 马爱芳.电机与拖动[M].武汉:华中科技大学出版社,2009.

[2] 姜玉柱.电机与电力拖动[M].北京:北京理工大学出版社,2006.

[3] 张勇.电机拖动与控制[M].北京:机械工业出版社,2001.

[4] 许晓峰.电机与拖动[M].北京:高等教育出版社,2014.

[5] 胡幸鸣.电机及拖动基础[M].北京:机械工业出版社,2008.

[6] 牛维扬.电机学[M].北京:中国电力出版社,1998.

[7] 刘景峰.电机与拖动基础[M].北京:中国电力出版社,2002.